国家“双高”建设项目成果
高等职业教育机电类专业系列教材

智能设备数字孪生应用

主　编　卞化梅
参　编　郭　勇　陈金英　李兆坤
杨晓雪　王继群　杨文洁

机 械 工 业 出 版 社

本书是数字孪生技术知识与应用的专业教程，旨在使读者全面了解数字孪生技术的基础知识、所用技术以及应用场景。本书内容包括数字孪生概述、数字孪生的相关领域、数字孪生的基础技术、数字孪生的关键技术、数字孪生的实验平台和智能制造的数字孪生生态。本书结合案例讲述了数字孪生系统的体系构建和设计内容，对数字孪生的基础技术和关键技术进行了详细讲解，对数字孪生产品的未来技术进行了展望。

全书共分6章。第1章对数字孪生技术做了概述性介绍；第2章介绍了与数字孪生紧密相关的领域；第3、4章介绍了数字孪生的基础技术与关键技术（开发平台、相关硬件等）；第5章介绍了开源平台和商业平台两类实验平台；第6章重点介绍了智能制造领域的数字孪生应用。

本书可作为职业院校机电一体化技术、机械设计与制造、电子产品制造技术、虚拟现实技术应用、人工智能技术应用、建筑智能化工程技术等相关专业的教材，也可作为数字孪生技术、工业物联网、工业4.0、智能制造等方面的培训教材，还可为制造企业数字化转型的实施人员，从事智能制造、智慧城市、自动化、虚拟现实、人工智能等工作的工程技术人员进行数字孪生的构建、设计和实现提供技术指导。

图书在版编目（CIP）数据

智能设备数字孪生应用 / 卞化梅主编. -- 北京：机械工业出版社，2024. 6. -- ISBN 978-7-111-75970-6

Ⅰ. TH166

中国国家版本馆CIP数据核字第2024SQ6540号

机械工业出版社（北京市百万庄大街22号　邮政编码100037）

策划编辑：黎　艳　　　　责任编辑：黎　艳　赵晓峰

责任校对：王小童　张　征　封面设计：张　静

责任印制：郜　敏

三河市航远印刷有限公司印刷

2024年8月第1版第1次印刷

184mm×260mm · 12印张 · 298千字

标准书号：ISBN 978-7-111-75970-6

定价：45.00元

电话服务　　　　　　　　　网络服务

客服电话：010-88361066　　机　工　官　网：www.cmpbook.com

010-88379833　　机　工　官　博：weibo.com/cmp1952

010-68326294　　金　书　网：www.golden-book.com

封底无防伪标均为盗版　　机工教育服务网：www.cmpedu.com

前言

职业教育强调对接产业需求，培养适应新技术、新业态的技能人才。数字孪生技术作为第四次工业革命的重要推手，已广泛应用于智能制造、智慧城市、智慧医疗等领域。引入数字孪生技术至职业教育，有助于及时更新教学内容和方法，使学生掌握最新数字技术，符合产业升级和技术变革对人才技能结构的要求。

本书内容主要包括数字孪生概述、数字孪生的相关领域、数字孪生的基础技术、数字孪生的关键技术、数字孪生的实验平台和智能制造的数字孪生生态。本书介绍了大量的数字孪生应用场景和案例，使读者既能学到基础理论又能学会实际应用。

本书特点如下：

1. 注重素质教育元素的融入

融入素质教育元素，在内容编排和案例选取上，有机融入素质教育内容，使之成为知识传授的有机组成部分，潜移默化地进行素质培养。

2. 书的内容与时俱进

反映时代特征，紧密结合社会发展实际，关注数字孪生的技术热点问题。

3. 从基础技术到关键技术，层层推进系统化学习

全书从逻辑性到体系化，从基础技术到关键技术再到核心功能，为读者完整呈现了数字孪生技术的理论与实践内容。

4. 案例经典，理论联系实际应用

本书对所引用的案例进行精心挑选，具有较强的针对性。每个案例讲解细致、步骤翔实、图文并茂，将复杂的知识简单化，便于读者学习。

本书由卞化梅任主编，郭勇、陈金英、李兆坤、杨晓雪、王继群、杨文洁参与编写。本书在编写过程中得到了万川梅、朱浩雪、兰晓红等多位同行的帮助，在此表示衷心的感谢。

由于编者水平有限，书中难免有疏漏和不妥之处，恳请读者批评指正。

编　者

目录

1

第1章　数字孪生概述

随着互联网、大数据、人工智能等新技术越来越深入人们的日常生活，人们投入网络游戏、社交网络、电子商务、数字办公的时间在不断地增多，个体也越来越多地以数字身份出现在社会生活中。大力发展数据经济已经成为国家助推经济高质量发展的重要手段，我国的数字经济总体框架已经基本构建。

1.1　数字孪生的定义

数字孪生（digital twin）是一种综合运用感知、计算、建模等信息技术，通过软件定义，对物理空间进行描述、诊断、预测、决策，从而实现物理空间和虚拟现实的互动映射。

1.1.1　数字孪生的基本概念

1. 数字孪生的背景

21 世纪，随着以云计算、大数据、人工智能为代表的算力技术的演进，以光纤网络、4G/5G、WiFi 为代表的网络技术的飞跃，人们对数字技术提出了更高的期望。人们希望在现有信息化的基础上，能进一步实现数字化、网络化、智能化，将澎湃的数字动能从个人消费领域转向智能城市、智能交通、智慧医疗、智慧工业化等各种垂直行业，实现全行业乃至整个社会的数字化转型。简单来说，希望数字技术除了能帮助消费者更好地社交、娱乐，还能帮助企业制造工艺升级、经营流程优化，能更加快速地提升生产力。此外，人们还希望数字技术能帮助政府提升治理能力、优化管理的效率、改善民生，能预测经济的发展，更好为决策提供服务。基于这样的时代背景，数字孪生技术诞生了。

2010 年，美国国家航空航天局利用数字孪生技术极大降低了航天器的研发成本。波音 777 客机的整个研发过程没有使用过一张图纸和一个模型，所涉及的 300 多万个零部件完全依靠数字孪生技术进行模拟、实验。据报道，该技术帮助波音公司减少了 50% 的返工量，有效缩短了 40% 的研发周期。波音 777 客机研发过程中应用的数字孪生模型如图 1-1所示。

图 1-1　波音 777 客机研发过程中应用的数字孪生模型

2011 年，美国空军实验室提出了数字孪生，主要用于战斗机维护工作的数字化。同年，美国通用电子（GE）和德国西门子（Siemens）两家公司也关注到了数字孪生。这两家公司是工业巨头，长期关注工业的自动化和数字化改造，也都在研究工业 4.0，他们认为数字孪生是信息技术发展到新一阶段的产物，是典型的工业数字化技术，代表了工业制造与数字科学的深入融合，也是未来发展的方向。为此，他们投入了大量的资源，致力于数字孪生的研发，并想将其推向全球的各个领域。

2019 年，在全球影响广泛的医疗信息技术行业大型会展之一——美国医疗信息与管理系统学会全球年会上，引人注目的西门子公司正在研发 AI 驱动的数字孪生技术，可通过数字技术了解患者的健康状况并预测治疗方案的效果。

素养园地

从我国数字孪生市场规模作为素养教育的切入点，讲解我国近几年数字孪生的增长点，我国还将数字孪生写入“十四五”规划，作为建设数字中国发展的重要方向。

2020 年，全球数字孪生市场规模为 31 亿美元。根据《数字孪生技术应用白皮书（2021）》显示，至 2026 年数字孪生市场规模将增长到 482 亿美元，年复合增长率达到 58%。2020 年 9 月 11 日，工业和信息化部强调，要前瞻部署一批 5G、人工智能、数字孪生等新技术应用标准。2021 年，我国将数字孪生技术写入“十四五”规划，作为建设数字中国的重要发展方向。工业互联网联盟增设数字孪生特设组，开展数字孪生技术产业研究，推进相关标准制定，加速行业应用推广。在市场规模方面，2020 年 4 月，国家发展改革委和中央网信办印发的《关于推进“上云用数赋智”行动　培育新经济发展实施方案》中，提出要围绕解决企业数字化转型所面临的数字基础设施、通用软件和应用场景等难题，支持数字孪生等数字化转型共性技术、关键技术研发应用，引导各方参与提出数字孪生的解决方案。

在《失控玩家》（图 1-2）这部电影中，人类可以在数字的虚拟世界中娱乐、工作，甚至恋爱。广义来讲，这部电影中描述的场景也属于数字孪生的应用。

科幻片中的“数字孪生”生活场景将快速地成为现实。那么数字孪生到底是什么？它有什么样的功能？为人们的生活带来了怎样的改变？人们怎么去创建它、使用它呢？

图 1-2　《失控玩家》

2. 数字孪生的一般定义

数字孪生，也被称为数字映射、数字镜像。通俗来讲，数字孪生是指物理世界中的物体，通过数字化的手段构建一个在数字世界中一模一样的实体，由此来实现对物理实体的了解、分析和优化。从更加专业的角度来说，数字孪生是指利用物理模型、传感器更新、运动历史等数据，聚集多学科、多物理量、多尺度、多概率的仿真过程，在虚拟空间中完成映射，从而反映实体装备全生命周期的过程。它集成了人工智能（AI）和机器学习（ML）等技术，将数据、算法和决策分析结合在一起，建立模型，对实体进行虚拟映射，在问题发生之前预测问题、监控物理对象在虚拟模型中发生的变化，进行人工智能的多维度复杂处理与异常分析，同时预测潜在的问题与风险，有效地规划或者对相关设备进行维护。

数字孪生是一种数字化理念和技术手段，它以数据与模型的集成融合为基础与核心，通过在数字空间实时构建物理对象的精准数字化映射，基于数据整合与分析预测来模拟、验证、预测、控制物理实体全生命周期过程，最终形成智能决策的优化闭环。其中，面向的物理对象包括实物、行为、过程，构建孪生体涉及的数据包括实时传感数据和运行历史数据，集成的模型涵盖物理模型、机理模型和流程模型等。

数字孪生是形成物理世界中某一生产流程的模型及其在数字世界中数字化镜像的过程和方法。数字空间与物理空间如图 1-3 所示。

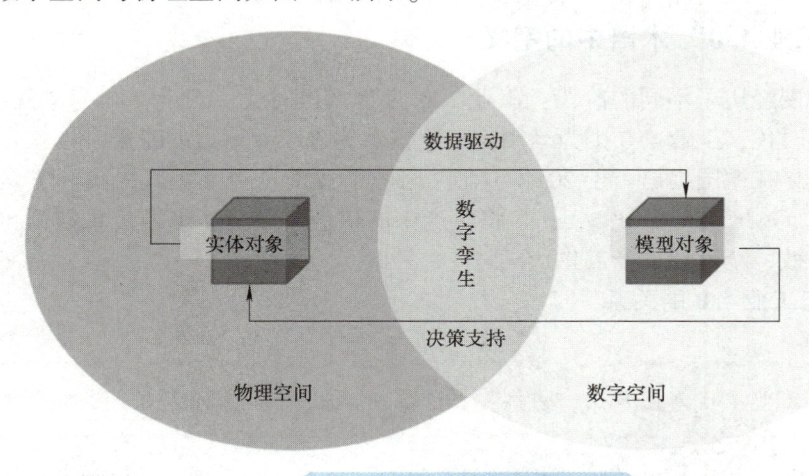

图 1-3　数字空间与物理空间

3. 数字孪生的核心要素

当前，越来越多的学者和企业关注数字孪生并开展研究与实践。但从不同的角度出发，对数字孪生的理解存在着不同的认识。总体来说，数字孪生的核心要素有模型、数据、链接、服务/功能、物理。

(1) 模型

有人认为数字孪生是三维模型、是物理实体的复制或是虚拟样机。这些认识从模型需求与功能的角度，重点关注了数字孪生的模型。

(2) 数据

数据是数字孪生最核心的要素。数据源于物理实体、传感器、运动系统等，包括仿真模型、环境数据、物理对象设计数据、维护数据、运动数据等，贯穿了物理实体运转过程的始终。数字孪生作为数据存储平台，采集各种原始数据后将数据进行合理的处理，驱动仿真模型各部分的动态运转，有效地反映各业务流程。所以，数据是数字孪生的“血液”。

(3) 链接

有人认为数字孪生是工业互联网平台或者物联网平台，其侧重点为从物理世界到虚拟世界的感知接入、可靠传输、智能服务。从物理全面链接映射与实时交互的角度和需求出发，理想的数字孪生不仅要支持跨接口、跨协议、跨平台的相互连通，还需要它们之间的双向连接、双向交互、双向驱动，并强调实时性，从而形成信息物理闭环系统。

(4) 服务/功能

数字孪生是仿真，是虚拟验证，是可视化，这类认识是从功能需求角度出发，对数字孪生的功能和服务进行解读。目前数字孪生在不同行业、不同领域得到了一些应用，基于模型和数据驱动，数字孪生可在仿真、虚拟认证、可视化等方面体现其应用价值，为不同对象和需求提供相应的功能和服务。

(5) 物理

物理实体是数字孪生的重要组成部分，数字孪生的模型、数据、功能/服务与物理实体对象是密不可分的。

1.1.2 “工业 4.0”术语中的定义

世界工业的发展经历了不同的阶段：工业 1.0 为蒸汽机时代，工业 2.0 为电气化时代，工业 3.0 为信息化时代，工业 4.0 则为运用信息化技术促进产业革命的时代，也就是智能化时代。工业 4.0 最早在德国提出，于 2013 年在汉诺威工业博览会上正式推出。它是指利用物联信息系统 CPS（cyber-physical system）将生产中的供应、制造、销售信息数据化、智能化，达到快速、有效、个性化的产品供应。

1. 中国制造与工业 4.0 的关系

素养园地

以中国制造与工业 4.0 为切入点，讲解中国在工业 4.0 中智能制造的一些举措和策略。

中国制造与工业 4.0 的合作渊源已久。2015 年，《中国制造 2025》部署要全面推荐实施制造强国战略，目前工业 4.0 已经进入整合时代。在有关工业 4.0 的合作内容中，第一条就明确提出了工业生产数字化。工业 4.0 是支持工业领域新一代革命性技术的研发和创新，它与国内的经济转型升级、制造业转型升级紧密结合在一起，其发展趋势一致，尤其在工业化、信息化上，有着高度的契合。基于工业 4.0 所受益的行业较多，例如射频识别（FRID）、传感器、机器视觉、智能机床、云计算、3D 打印、高端机器人、工业以太网、系统集成、工业自动化等。

2. 工业 4.0 与数字孪生的关系

工业 4.0 是涉及人工智能（AI）、物联网（IoT）、区块链、无人机、无人驾驶汽车、虚拟现实（VR）、5G、3D 打印、网络安全、量子计算、云计算、机器视觉、数字孪生等关键技术融合的新一代工业革命。工业 4.0 关键技术如图 1-4 所示。

图 1-4　工业 4.0 关键技术

在工业 4.0 中，数字孪生是指利用先进建模和仿真工具构建，覆盖产品全生命周期和价值链，从基础材料、设计、工艺、制造、使用到维护整个环节，集成并驱动以统一模型的核心产品设计、制作和保障的数字化数据流。简单来说，数字纽带为产品数字孪生提供访问、整合和转化能力，其目标是贯穿产品全生命周期和价值链，实现全面追溯、双向共享/交互信息、价值链协同。

那么，怎么理解数字孪生呢？用身边的感受去理解数字孪生，无论身在何处，环视一周，想象你手边的手机、身边飞驰的车辆、脚下的草地，这些每日可见的物理实体在经过数字化处理后，都可以拥有一个完全一样的数字双胞胎，1 ∶ 1 还原物理世界中的形态、颜色、结构。这些数字双胞胎就是数字孪生体。给这些物理世界的实体带上各种型号的传感器，物理世界的实体就会把它们的动态信息实时地、一对一地反馈到数字孪生体上，记录这些实体的温度、湿度、速度、颜色、动作等行为数据，就像照镜子一样，“我动你也动”。

1.2　数字孪生的特征

数字孪生采用数字化的方式将现实物理实体进行虚拟的复制，为每一个实体建立一个对应的虚拟世界的实体，可以通过虚拟实体来实现对物理实体的监控、控制、优化等功能。它的主要特征体现在虚实映射、实时同步、共生进化、闭环优化。

1. 虚实映射

数字孪生要求物理对象在数字空间的数字化表示。现实世界中的物理对象和数字空间中的孪生对象可以实现双向映射、数据连接和状态交互，对物理对象和数字空间的孪生对象进行实时数据采集和更新，利用传感器和网络技术获取实时数据，不断更新数字孪生的状态，确保数字孪生和实体世界一致。

2. 实时同步

数字孪生可以涵盖整个物理实体的方方面面，包括结构、性能、状态、行为等信息。基于实时感知等多元数据的获取，数字孪生对象可以全面、准确、动态地反映物理对象的状态变化，包括外观、性能、位置、异常等。

3. 共生进化

在理想状态下，数字孪生实现的映射和同步状态应覆盖孪生对象从设计、生产、运营到报废的整个生命周期，孪生体应随着孪生对象的生命周期过程不断进化和更新。

4. 闭环优化

数字孪生建立双生子的目的是为了对物理实体的内部机理进行描述、规律的分析以及区域的洞察，最终形成基于分析和仿真的对物理世界的优化指令和策略，从而实现物理实体的闭环优化功能。

1.3 数字孪生的应用

数字孪生就像镜子一样建立与真实世界一样的虚拟世界，但它不仅仅是一面镜子，它具有交互性，能通过物理世界的映射真实进行感知、验证以及预测物理世界系统的运行状态并不断优化，直到系统最优。数字孪生能应用到各行各业，如智能制造、航空航天、智慧医疗、智慧城市 、轨道交通、智慧园区、智能监所、数字流域、智慧交通、智慧文旅等。下面从数字孪生应用的对象、功能及其场景来分类描述数字孪生的应用。

1. 数字孪生应用对象的类别

数字孪生从应用对象进行分类，主要有静态数字孪生、详细数字孪生、建造数字孪生、基于传感器的数字孪生、响应式数字孪生、自适应数字孪生、智能数字孪生等。

(1) 静态数字孪生

静态数字孪生主要关注三维模型，不去整合物理和虚拟的环境。

(2) 详细数字孪生

详细数字孪生主要是指利用和跟踪来自建筑物系统的建筑物数据，实现更好的分析和更好的控制。

(3) 建造数字孪生

建造数字孪生主要用于新建或者改建的项目，将数据从物理结构映射到虚拟模型，手动编目和调整两者之间的差异，保持虚拟模型和物理模型之间的接近。

(4) 基于传感器的数字孪生

基于传感器的数字孪生是将数据从物理结构填充到虚拟模型中，以创建更大的系统自主性，使用户能够利用物理网网络自动化一些手动执行的流程。

(5) 响应式数字孪生

响应式数字孪生是指利用物联网的设备自主收集物理结构中的数据，如温度、湿度等类似的数据，提供实时数据，根据预先设定的参数采取行动。由于物理世界和虚拟世界之间的集成有限，可以采用基于人工智能机器学习的某些自动化流程。

(6) 自适应数字孪生

自适应数字孪生允许更多物理世界和虚拟世界之间的流动，采用更精确的算法实现更高的自动化，通过人工智能分析来创建更准确的响应，但它仍然依赖于人类的评估来验证决策的制定。

(7) 智能数字孪生

智能数字孪生是指允许数据流在虚拟环境和物理环境中完全集合，并对测试过的及其学习过的算法具有自行学习和调节性能的能力。

2. 数字孪生典型应用场景

素养园地

以数字孪生的应用作为切入点，讲解数字孪生赋能智慧城市、智能制造、智慧交通、数字流域等重要行业的情况。

(1) 数字孪生赋能智慧城市

数字孪生赋能智慧城市，主要表现在可以实现城市的智能规划、管理和服务的重大创新，这些是智慧城市建设的重要技术支撑。通过数字孪生城市的智能规划、设计和模拟，可以提前预警城市中可能产生的不利影响、冲突以及潜在危险，并提供合理的策略和有效的解决措施。

例如，广州市出台了《广州市数字政府改革建设“十四五”规划》，统筹全市数字政府建设发展目标和规划布局，并设立了广州市数字城市研究中心，加强数字政府各领域的理论和政策研究，建设集“运行监测、预测预警、协同联动、决策支持、指挥调度”五大功能于一体的“穗智管”城市运行管理中枢，如图 1-5 所示。

图 1-5 “穗智管”城市运行管理中枢

该管理中枢通过融合社会平台资源，打造扎实的数据底座，强化数据汇聚，加快推进数字化转型，构建一批协同联动的应用场景，建立“人、企、地、物、政”五张全景图和输出能力清单，为基层提供基础支撑平台。“穗智管”城市运行管理中枢采用的融合通信系统深度整合音频、视频、对讲、短信、传真等通信手段，将现实的广州城市中的环境、建筑、道路、人在内的点点滴滴，都一一对应在数字化的城市信息模型上，如影随形同生共长，这就是数字孪生城市。它赋予实体城市新的数字基因，使不可见的城市隐性秩序显性化。

(2) 数字孪生赋能智能制造

制造业是全球经济发展的重要支撑，世界各国相继出台了国家级的发展战略。我国出台了“中国制造 2025”“互联网 +”“工业互联网”等数字孪生智能制造业国家发展实施战略。数字孪生作为关键和基础的指数之一，是推动智能制造行业数字化转型，促进数字经济发展的重要抓手。

对于智能制造行业而言，通过数字孪生，在建设实体工程的同时，构建一个虚拟工厂，将实体工厂的每个车间、流水线、设备等映射在虚拟工厂上，通过虚拟的数字孪生实时监控生产状态，就可以及时发现问题，提高生产率和管控水平。数字孪生工厂如图 1-6 所示。

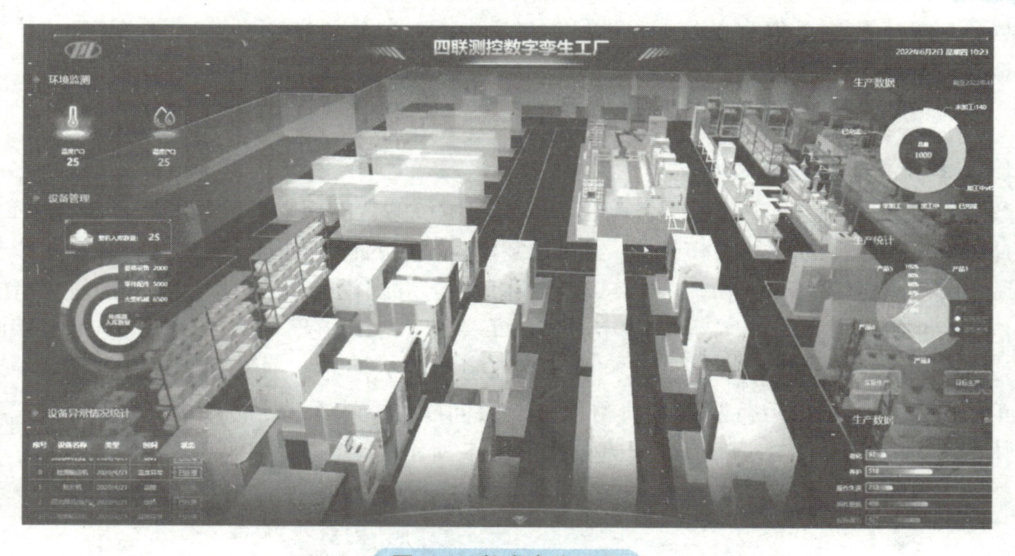

图 1-6 数字孪生工厂

数字孪生赋能智能制造行业，主要表现在产品开发、设计定制、车间性能改进、预测性维护等方面。

在产品开发方面，数字孪生可以帮助工程师在推出新产品之前测试产品的可行性，有利于工程师开始生产或将重点转移到创建可行的产品上；在设计定制方面，能借助数字孪生设计产品的各种排列，便于为客户提供个性化的产品和服务；在车间性能改进方面，数字孪生可用于监控和分析最终产品，并帮助工程师查看哪些产品有缺陷或性能低于预期；在预测性维护方面，可利用数字孪生体预测机器的潜在停机时间，以便企业最大限度地减少非增值维护活动，并提高机器的整体效率。

(3) 数字孪生赋能智慧交通

数字孪生可以从几个方面赋能智慧交通，满足未来出行的需求。首先，数字孪生可以实现同步可视、模型推演，实现数据驱动决策。数字孪生通过实时采集数据、与交通运行可视化同步，为交通模型推演提供试验空间，完成数据的驱动决策。其次，数字孪生可以提供丰富场景、实景重现，加速智能驾驶落地。数字孪生数据可根据真实数据和模型提供高精度地图，提升智能驾驶的安全稳定性，从而加速智能驾驶更安全地落地和推广。再次，数字孪生可根据全城视野、全局规划，寻找治理拥堵的最优解。由于城市区域路面复杂，交通流量变化大，能准确量化城市交通动态画像是现代交通的难点，数字孪生可通过汇聚全要素数据，进行城市画像，实现对城市交通的动态洞察。数字孪生的智慧交通如图 1-7 所示。

图 1-7　数字孪生的智慧交通

目前数字孪生在智慧交通中的应用场景主要有：城市路网运行状况实时分析，包括拥堵状况、交通运能、交通事件等；道路规划的数字化、量化评估，精准优化城市交通方案；通过大数据和人工智能，以预案管理、风险预判、实时跟踪等功能显著提升公安执法的精准性和有效性；现有路网的车路智行和车路协同；加强城市重点目标车辆检测管理，提升城市交通安全运营管控等。

数字孪生可以赋能智慧高速。当前的高速公路在智慧建设方面主要体现在高速公路的出入口，不停车收费、不停车治超监测等问题；高速公路的行车通行和道路情况的改善，解决雨雾环境、道路病害等问题；高速公路隧道、桥梁等场景下的常见难题。数字孪生可以实现全天候通行系统，通过车路两端布设的传感器，实时收集车辆、道路的数据信息，结合车道级的高精底图将最终的效果实时呈现在车端的显示屏上，辅助驾驶人了解道路情况和周边过车情况，从而保证车辆在雨雾天气正常通行，并将车辆行驶过的道路信息同步上传至数字孪生可视化平台，帮助交通管理人员对道路环境做出预警判断。

数字孪生可赋能车路协同。通过数字孪生可以构建可视化与交互系统的一张图，再现中观和微观的交通流运行过程，采用决策算法，为拥堵溯源等交通流难题提供可靠的工具，为管理者提供决策的依据，实现车路协同业务监督管理等功能，实现主动自动化预判和事件的变化，最大程度降低运营安全隐患。

数字孪生可提升智能驾驶的精确度。通过数字孪生还原物理世界运行规律，满足智能驾驶场景下人工智能算法的训练需求，提高训练的效率和安全度。通过采集激光点云数据，构建高精度地图，构建自动驾驶数字孪生模型，完成厘米级道路还原，同时对道路数据进行结构化处理，转变为机器可理解的信息，通过生成大量实际交通事故案例，训练自动驾驶算法处理突发场景的能力，最终实现高精度自动驾驶的算法测试和检测验证。数字孪生赋能智能驾驶如图 1-8 所示。

图 1-8　数字孪生赋能智能驾驶

一些大中型城市，已经在布局数字孪生交通系统。如贵阳市试点的数字孪生交通系统，利用当前路口的现有视频监控资源，融合毫米波雷达，通过对在网对象，包括机动车、非机动车、行人等交通要素的全息感知，进行充分的数据融合，把真实世界信息导入孪生的交通仿真系统中，再结合高精度地图，跟踪实时数据进行车辆定位及轨迹描绘、视频画像分析、目标个体活动意义判断，全面研究人、车、路、环境的关系，最终解决交通资源浪费、信号系统功能僵化、交通事件无法预测及快速响应等交通问题。贵阳市数字孪生交通如图 1-9 所示。

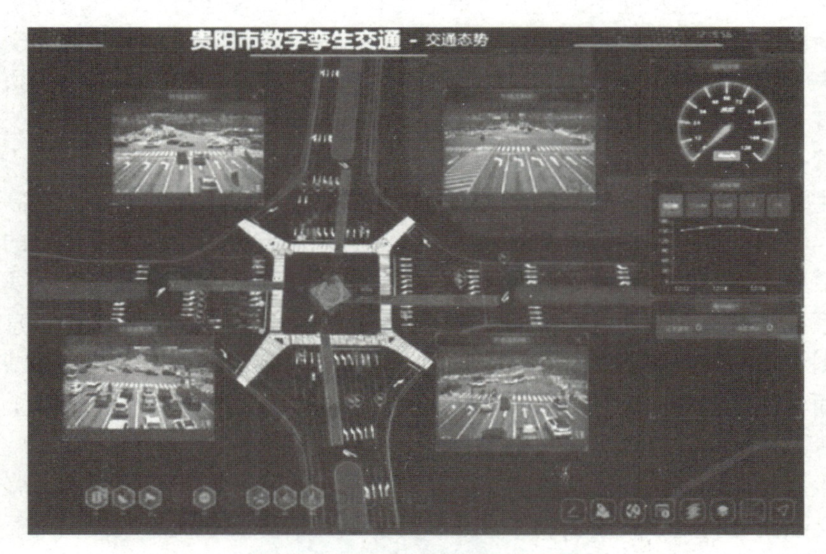

图 1-9　贵阳市数字孪生交通

(4) 数字孪生赋能数字流域

数字流域是指将物理流域映射到数字世界，如：对江川湖泊的、水坝及水力发电站的每一个水利工程部件进行建模及水质还原，在数字世界中看到的是一个三维的仿真场景，在三维场景中可以实现实时调度、实时管理的数字化流域。

数字流域综合运用了遥感（RS）、地理信息系统（GIS）、全球定位系统（GPS）、网络技术、虚拟现实技术、多媒体技术等对全流域的地理环境、生态资源、生态环境、人文景观、社会和经济状态等各种信息采集、数字化等，构建全流域综合信息平台和三维影像模型，便于宏观的资源开发与利用等决策。小流域数字孪生平台如图 1-10 所示。

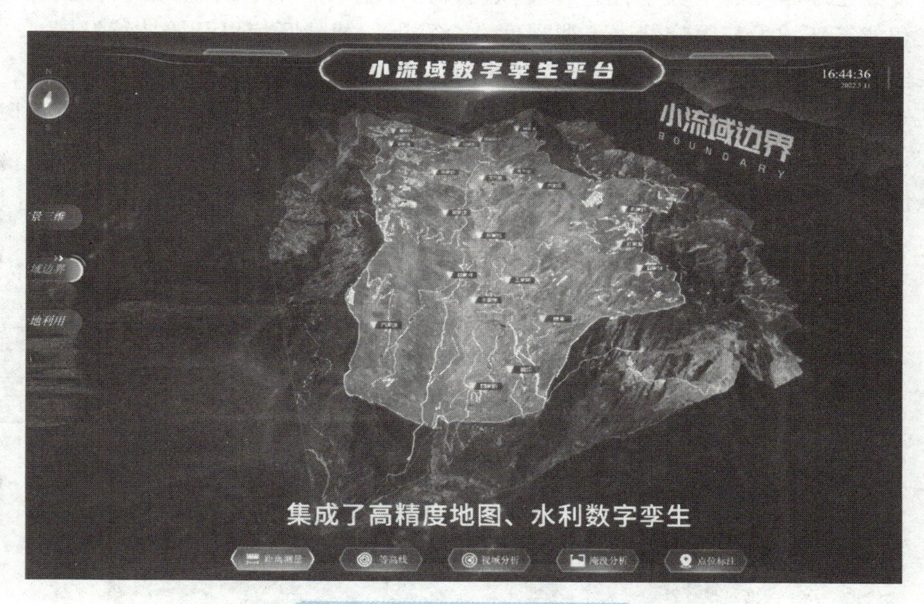

图 1-10　小流域数字孪生平台

近年来，国务院确定 150 项重大水利和《“十四五”水安全保障规划》中的智慧水利建设重点项目，其中长江流域全覆盖水监控系统建设项目是围绕数字孪生流域建设的目标任务。该项目主要通过完善视频和遥感等监测手段，构建水监测感知体系，加强监测数据汇集和处理分析，搭建监测、评估、告警、处置、总结全过程管控应用体系，提升预报、预警、预演、预案“四预”对流域治理、管理、决策的支持能力。长江流域全覆盖水监控系统建设项目成为我国首个审批立项并开工的数字孪生流域建设重大项目。数字孪生丹江口工程如图 1-11 所示。

图 1-11　数字孪生丹江口工程

（5）数字孪生赋能智慧医疗

国务院办公厅印发的《关于促进“互联网＋医疗健康”发展的意见》，将云计算、大数据、人工智能等新技术与医疗健康事业深度融合发展，智慧医疗也开始持续发展。

数字孪生将医院信息聚合，通过数字建模、三维映射、搭建智能化的数字空间，依托数据治理、知识图谱、轻量建模技术，提升医院运营管理效率。数字孪生智慧医疗可以实现线上查房、移动护理、住院服务等，有利于提升医院的信息化、医护效率，促进医患沟通，改善住院条件等。数字孪生赋能智慧医疗如图 1-12 所示。

图 1-12　数字孪生赋能智慧医疗

（6）数字孪生赋能智慧仓储物流

对于物流公司来说，如何快速实现碎片化信息的处理，实现货物的快速分拣、储存、转运等，非常重要。

数字孪生赋能智慧仓储物流，能全面提升物流仓储运维管理的智能化水平，以实现感知、调配、管理等，将真实的物流设备进行虚拟，依赖大数据、人工智能、云计算等新技术，对海量的物流数据进行分析，集成智能化技术，使物流全过程可自动感知识别、可追踪溯源、可实施应对、可智能化决策，使各环节信息系统交互集成，为企业释放更大的潜力。智慧仓储管理平台如图 1-13 所示。

数字孪生赋能智慧仓储物流，主要表现在智慧物流港、智慧仓储等。智慧物流港是以共享仓储、智慧码头、多式联运、区域共配为核心功能的现代化新兴物流示范园区，通过运用“智慧＋共享”理念，以 N 个应用系统为支撑，建立多个大物流服务应用场景，为“块状经济”的高质量发展提供创新思路，撑起区域物流产业大框架。智慧物流港如图 1-14 所示。

数字孪生赋能智慧仓储，从库区的容积、仓库内部、货物列表、货物出入库、物品出入库信息等方面进行全面的监控、匹配、管理，提高了仓储的利用率，如图 1-15 所示。

从库区容积进行整合分析，数字孪生实时记录库内工单的完成情况以及人车进出情况。在库房内部来看，数字孪生可查看实时库存情况，包括库存周转率；对订单进行数据统筹，得出订单最终完成程度；对库内环境进行实时监控，便于管理者及时发现异常；将设备的作业情况进行分类统计，使管理者了解并管理当前设备周转情况。从货架列管理角度来看，数字孪生可以浏览该列货架的所有货物，选择货物并弹出该货物的详细信息，还可通过编码快速、精准地搜索且显示货物位置。从货物出入库管理来看，运用物联网、视频监控联网技术、输送和分拣技术、灵活的叉车服务模式、智能穿梭车和货架系统、嵌入智能控制与通信模块的物流机器人技术、RFID 托盘等，使物品出入库信息可展现、可监控、可管理。从人员车辆及设备管理来看，数字孪生技术可以使仓储管理人员实时通过平台数据了解人员配置、车辆使用情况、进行设备数量监控等。

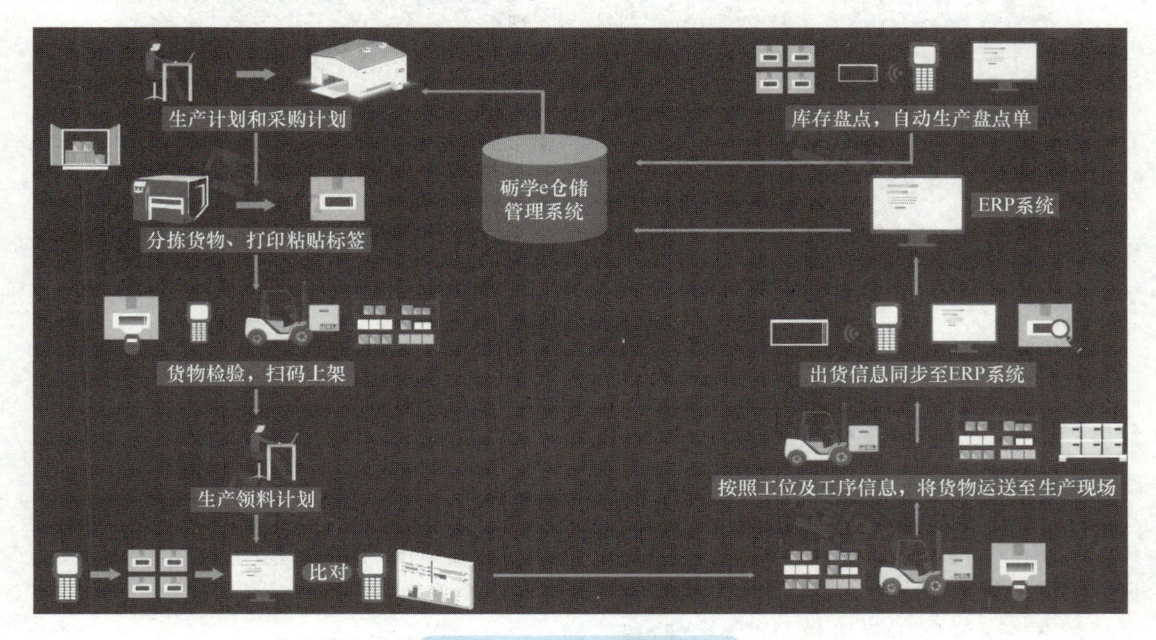

图 1-13　智慧仓储管理平台

图 1-14　智慧物流港

图 1-15　智慧仓储

1.4　数字孪生的发展与意义

1. 数字孪生的发展历程

数字孪生技术是一项近年来备受关注的新兴技术，其不仅在工业制造、医疗领域、城市规划和交通管理等方面有着广泛的应用，还有着更为深远的社会影响和发展前景。

数字孪生发展历程可以分为三个阶段，如图 1-16 所示，第一阶段为 1960—1990 年，产生数字孪生雏形；第二阶段为 2000—2012 年，为高速发展阶段；第三阶段为 2012 年至今，为数字孪生在各行各业应用阶段。

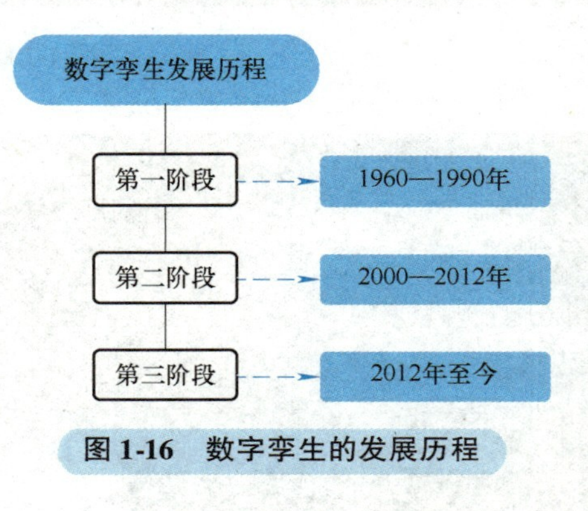

图 1-16　数字孪生的发展历程

(1) 第一阶段（1960—1990 年）

数字孪生的雏形开始出现，主要用于工程建模和控制系统的设计。在这一阶段，数字孪生仍比较简单，主要用于辅助人们进行设计和测试。美国宇航局阿波罗计划中构建了两个相同的航天飞行棋，一个发射到太空，一个留在地球用于反映工作状态。

(2) 第二阶段（2000—2012 年）

在这一阶段，数字孪生逐渐发展为一种能够模拟物理实体运行的技术，并广泛应用于航空、能源、制造等领域，数字孪生的应用越来越广泛，成为重要的生产工具。2002 年提出了数字孪生概念，2003 年首次在航天领域成功应用数字孪生；2011 年，Grieves 教授首次提出“数字孪生与数字孪生体”；2012 年，NASA（美国航空航天局）正式给出数字孪生的明确定义，之后在工业中开展应用。数字孪生发展关键拐点如图 1-17 所示。

(3) 第三阶段（2012 年至今）

随着数字技术的发展和智慧城市等新兴领域的崛起，数字孪生迎来了新的发展机遇。数字孪生的应用已经涵盖了许多领域，如城市规划、生态保护、智能交通等。欧洲也在数字孪生领域积极推动发展。2014 年，德国政府启动了“工业 4.0”战略，数字孪生技术被作为其中的关键领域之一。欧盟也将数字孪生技术作为其“数字化单一市场”的核心技术之一。

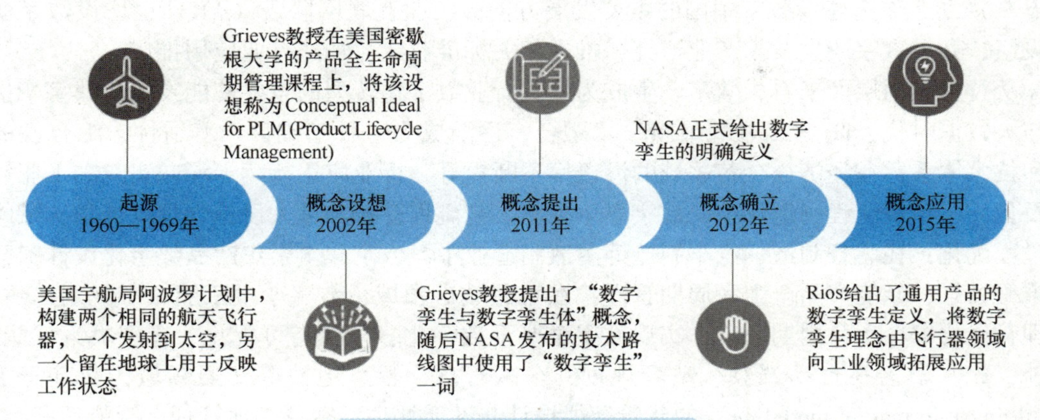

图 1-17　数字孪生发展关键拐点

2017 年，提出了“数字孪生城市”理念，并用于智慧城市规划建设。中国信息通信研究院首次提出数字孪生城市概念，即基于数字化标识、自动化感知、网络化连接、普惠化计算、智能化控制、平台化服务的信息技术体系，在数字空间再造一个与物理城市匹配对应的数字城市，全息模拟、动态监控、实时诊断、精准预测城市物理实体在现实环境中的状态，推动城市全要素数字化和虚拟化、全状态实时化和可视化、城市运行管理协同化和智能化，实现物理城市与数字城市协同交互、平行运转。同年，提出了“智慧城市数字孪生体”。佐治亚理工学院从城市平台的角度提出，智慧城市数字孪生体是一个智能的、支持物联网、数据丰富的城市虚拟平台，可用于复制和模拟真实城市中发生的变化，以提升城市的韧性、可持续发展性和宜居性。

2018 年，提出了“数字孪生五维模型”。北京航空航天大学陶飞教授提出了物理实体、虚拟实体、服务、孪生数据、连接的数字孪生的五维模型，并认为数字孪生是以数字化方式创建物理实体的虚拟模型。

2019 年之后，“数字孪生城市”被广泛推广和普遍认可。数字孪生城市是“数字孪生”概念用于智慧城市建设的一种新模式，即在数字空间再造一个与现实世界一一映射、协同交互的复杂系统，实现城市在物理维度和数字维度的虚实互动。

2. 数字孪生的发展现状

素养园地

以数字孪生发展现状为素养教育的切入点，讲解各国的数字孪生发展情况，如德国、美国、英国、中国等。

从政策层面来看，数字孪生成为各国推进经济社会数字化进程的重要抓手。国外主要发达经济体从国家层面制定相关政策、成立组织联盟、合作开展研究，加速数字孪生发展。美国将数字孪生作为工业互联网落地的核心载体，侧重军工和大型装备领域应用；德国在工业 4. 0架构下推广资产管理壳（AAS），侧重制造业和城市管理数字化；英国成立数字建造英国中心，瞄准数字孪生城市，打造国家级孪生体。2020 年，美国工业互联网联盟（IIC）和德国工业 4.0 平台联合发布数字孪生白皮书，将数字孪生纳入工业物联网技术体系。自 2019 年以来，中国政府陆续出台相关文件，推动数字孪生技术发展，将数字孪生写入“十四五”规划，作为建设数字中国的重要发展方向。工业互联网联盟（AII）也增设数字孪生特设组，开展数字孪生技术产业研究，推进相关标准制定，加速行业应用推广。

从行业应用层面来看，数字孪生成为垂直行业数字化转型的重要使能技术。数字孪生加速与大数据时代、IT、CT 领域最新技术融合，逐渐成为一种基础性、普适性、综合性的理论和技术体系，在经济社会各领域的渗透率不断提升，行业应用持续走深向实。在工业领域的石化、冶金等流程制造业中，数字孪生聚焦工艺流程管控和重大设备管理等场景，赋能生产过程优化；在装备制造、汽车制造等离散制造业中，数字孪生聚焦产品数字化设计和智能运维等场景，赋能产品全生命周期管理；在智慧城市领域，数字孪生赋能城市规划、建设、治理、优化等全生命周期环节，实现城市全要素数字化、全状态可视化、管理决策智能化。另外，数字孪生在自动驾驶、站场规划、车队管理、智慧地铁等交通领域，在基于 BIM（building information modeling）的建筑智能设计与性能评估、智慧工地管理、智能运营维护、安全应急协同等建筑领域，在农作物监测、智慧农机、智慧农场等农业领域，在虚拟人、身体机能监测、智慧医院、手术模拟等健康医疗领域也有不同程度的应用。

从市场前景层面来看，数字孪生是热度最高的数字化技术之一，有巨大的发展空间。Gartner 连续三年将数字孪生列入年度（2017—2019 年）十大战略性技术趋势，认为它在未来 5 年将产生颠覆性创新，同时预测 2024 年，超过 25% 的全新数字孪生将作为新 IoT 原生业务应用的绑定功能被采用。根据 Markets and Markets 预测，数字孪生市场规模到 2026 年将增加到 482 亿美元，年复合增长率为 58%。

从企业主体层面来看，数字孪生被纳入众多科技企业战略大方向，成为数字领域技术和市场竞争主航道。数字孪生技术价值高、市场规模大，典型的 IT、OT 和制造业龙头企业已开始布局，微软与仿真巨头 Ansys 合作，在 Azure 物联网平台上扩展数字孪生功能模块；西门子基于工业互联网平台构建了完整的数字孪生解决方案体系，并将既有主流产品及系统纳入其中；Ansys 依托数字孪生技术对复杂产品对象全生命周期建模，结合仿真分析，打通从产品设计研发到生产的数据流；阿里聚合城市多维数据，构建“城市大脑”智能孪生平台，提供智慧园区一体化方案，已在杭州萧山区落地；华为发布沃土数字孪生平台，打造“G + AI”赋能下的城市场景、业务数字化创新模式。

从标准化层面来看，数字孪生标准体系初步建立，关键领域标准制修订进入快车道。ISO、IEC、IEEE 和 ITU 等国际标准化组织推动数字孪生分技术委员会和工作组的成立，推进了标准建设、启动测试床等概念验证项目。例如：从 2018 年起，ISO/TC 184/SC 4 的 WG15 工作组推动了《面向制造的数字孪生系统框架》系列标准（ISO 23247）的研制和验证工作。2020 年 11 月，ISO/IEC JTC 1 的 SC41 更名为物联网和数字孪生分技术委员会，并成立 WG6 数字孪生工作组，负责统筹推进数字孪生国际标准化工作。

3. 数字孪生的发展趋势

数字孪生随着新技术的发展越来越成熟与完善，数字孪生通过物联网与现实孪生可以直接交互。也就是说，数字孪生可以从现实物体接收输入，通过自己内置或外挂的智能来做推理分析决策，再通过输出来调用现实物体的自动化控制指令，反向控制现实物体。

可以大胆地猜测，随着人工智能的算法越来越精确，数字孪生体作为一个对象化聚合数字能力的封装节点，与现实物体建立镜像关系，让机器的智能成了现实物体的智能，让现实物体的行动成了机器能力的一部分，现实物体组合数字孪生体的封装，成了智能化的物体，也进入了数字世界，成了大机器的一部分。世界上的每一样物体，都会有一个数字孪生体的存在。每一类产品，都会被用数字孪生的方式做一遍，并基于此生成与一个个现实物体对应的数字孪生体实例。

随着技术的发展，数字孪生的发展趋势集中为拟实化、智能化、多模态、联网化、自适应、与增强现实技术的融合。

(1) 拟实化

产品数字孪生体是物理产品在虚拟空间的真实反映，产品数字孪生体在工业领域应用的成功程度取决于产品数字孪生体的逼真程度，即拟实化程度，如图 1-18 所示。

图 1-18 拟实化

产品的每个物理特征都有其模型，从计算流动体动力模型、结构动力学模型（见图 1-19）、热力学模型（见图 1-20）、应力分析模型、疲劳损伤模型及材料状态演化模型（如材料的刚度、强度、疲劳强度的演化等，如图 1-21 所示）。将这些实体的物理属性模型进行关联，是创建数字孪生体去模拟物理实体的状态、性质、运动、变化、诊断、预测和控制的关键。集成物理实体属性的模型能更加精准地反映和映射物理实体的状态和行为，使得在虚拟世界中检测物理实体的功能和性能并最终去替代物理实体或物理样机成为可能，才能解决预测产品健康状态和剩余生命所存在的时序和几何尺度等问题。

目前已经有了这方面的研究与实践，如美国空军研究实验室采用数字孪生技术设计新型喷气教练机原型机之后，美国空军正在构建在线虚拟“罗马大角斗场”，定期开展不同技术领域的竞争选型活动。美国空军研究实验室在佛罗里达州廷德尔空军基地启动了数字孪生全息实验室，该实验室将以数字模型的形式展示空军基地，飞行员可以在虚拟环境中测试技术。

(2) 智能化

数字孪生将与人工智能、机器学习等技术相结合，实现更加智能化的模拟和预测。

(3) 多模态

数字孪生将包含更多的模态数据，例如声音、图像、运动轨迹等。

(4) 联网化

数字孪生将与物联网技术相结合，实现设备、传感器等信息的实时获取和处理，从而实现更加实时的模拟和预测。

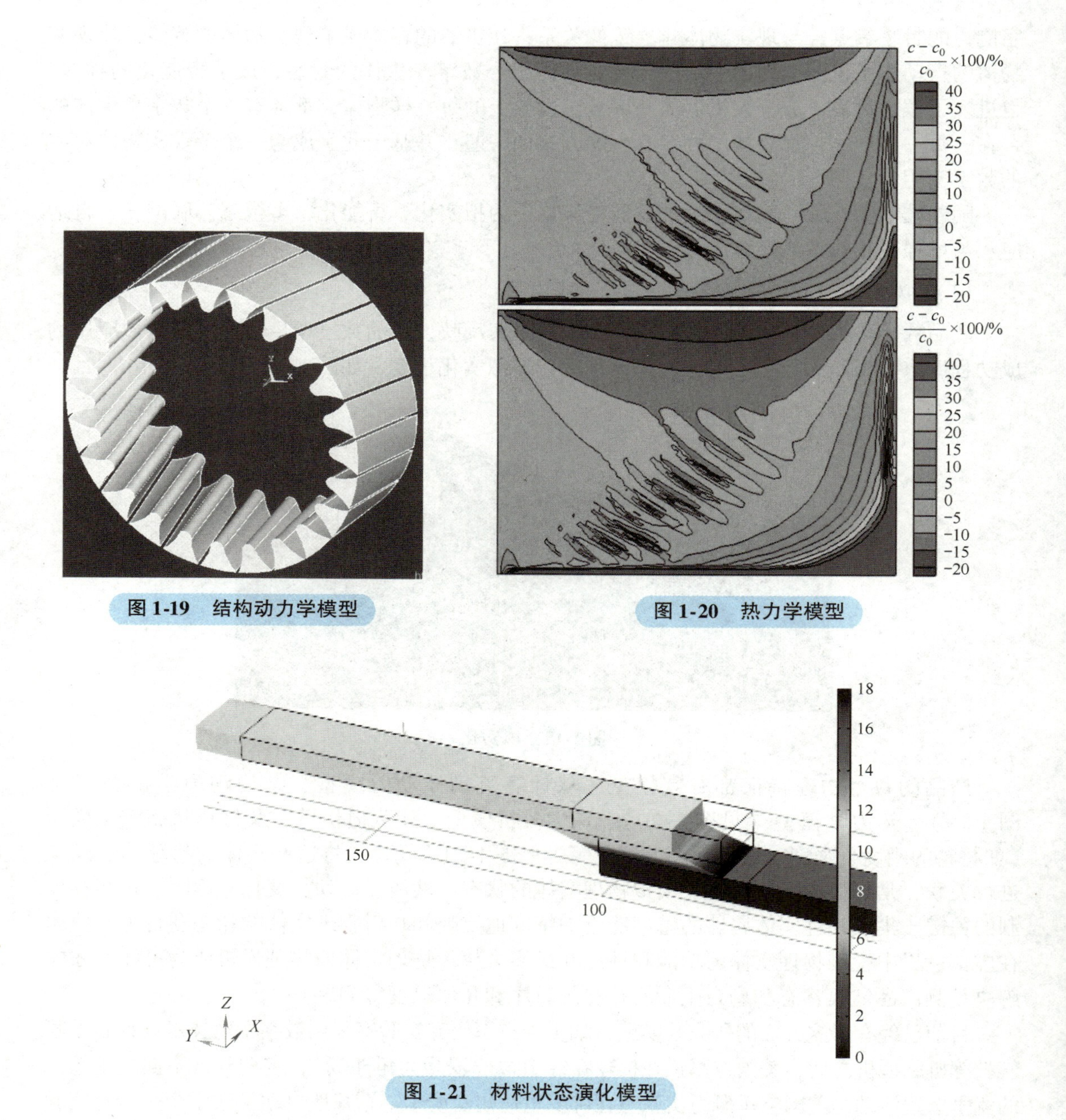

图 1-19　结构动力学模型

图 1-20　热力学模型

图 1-21　材料状态演化模型

(5) 自适应

数字孪生将实现更加自适应的模拟和预测，能够根据实际运行情况进行动态调整和优化。

(6) 与增强现实技术的融合

增强现实（AR）技术是一种实时计算摄影机影像的位置及角度并加上图像的技术，在屏幕上的虚拟世界套在现实世界上进行互动。AR 技术与产品数字孪生体融合将数字化的设计与制造技术、建筑与仿真技术、虚拟现实技术融合是数字孪生未来发展的重要方向之一。

4. 数字孪生的意义

自数字孪生被提出以来，技术在不断快速地演化，对产品的设计、制造、服务都产生了巨大的推动作用。

现在的企业通过数字孪生技术不断地推动着企业的进步与发展，未来的企业都将数字化，这里不仅仅是企业的数字化特征的产品，更是通过数字化手段去改变整个产品的全生命周期，并用数字化的手段连接企业内部和外部的环境。

数字孪生与沿用几十年、基于经验的传统设计和制造理念相去甚远，使设计人员不必依靠实际的物理模型来验证设计理念，无须通过复杂的物理实验去验证产品的可靠性，无须在产品上线前进行小批量试制。采用数字孪生技术可以直接预测生产的瓶颈，不需要去现场就能洞察销售给客户的产品的运行情况。这种改变对传统工业企业而言是一个挑战，但数字孪生可以为企业带来更先进的、切合科技发展方向的、能贯穿到产品的产品生命周期，这不仅可以加速产品的开发工作，还能提高开发和生产的有效性和经济性，更能有效地了解产品使用情况，帮助客户避免损失，还能精确地将客户的真实使用情况反馈到设计端，对产品进行有效的改进与优化。

企业采用数字化的手段来加速产品的开发速度，提供生产与服务，在产品全生命周期过程中采用数字孪生技术可以缩短开发周期，获得更全面的测量能力，更全面的分析与预测能力，通过生产过程中的大量数据，为研发工程师提供更多真实数据，便于产品的优化与创新。

（1）更便捷、更适合创新

数字孪生通过设计工具、仿真工具、物联网、虚拟现实等各种技术，将物理设备的各种属性映射到虚拟空间汇总，形成可拆解、可复制、可转移、可修改、可删除、可重复操作等的数字镜像，使得操作人员对物理实体的了解更加全面，使原来受物理条件限制、由于必须依赖于真实的物理实体而无法完成的操作变得触手可及，更易激发人们去探索新的途径去优化产品的设计、制造及服务。

（2）更全面的测量能力

在工业领域中有一个真理，只要能够测量，就能够改善。在产品的设计、制造、服务阶段都需要精确地测量物理实体的各种属性、参数和运行状态，便于精准化的分析和优化。

传统的测量方法一般需要依赖于价格高昂的测量设备，如传感器、采集系统、检测系统等，才能得到有效的测量结果。因为会直接限制测量覆盖的范围，对于很多无法直接采集的测量值指标，只能放弃。

数字孪生通过物联网技术、大数据技术、云计算技术等，可以采集物理实体的直接数据；通过大样本库，采用机器学习，可推测出一些原本无法直接测量的指标。如利用润滑油温度、绕组温度、转子转矩等指标的历史数据，通过机器学习来构建不同特征的故障模型，可以间接测出发电机系统的健康指标。图 1-22 所示为发动机数字孪生。

（3）更全面的分析和预测能力

针对现有产品全生命周期管理很少能实现精确的预测，对产品隐藏在表面下的问题较难预判。数字孪生借助物联网技术、大数据技术、人工智能等进行建模处理，可以对当前状态进行评估，根据评估结果，模拟各种可能性，来实现对未来趋势的预测，全面地进行决策。

（4）经验的数字化

在传统的工业设计、制造、服务领域，很多时候依靠经验，但经验有时候很难作为判断数字化的依据。数字孪生可以通过数字化的手段，将原有无法保存的专家经验进行数字化，并保存、复制、修改或转移，应用到更多的领域。

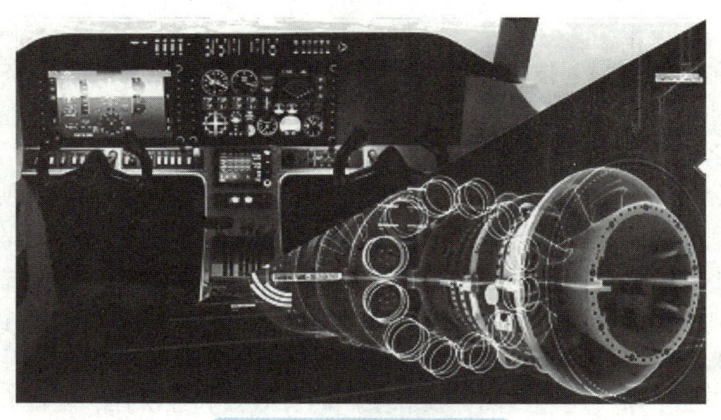

图 1-22　发动机数字孪生

如针对大型设备在运行过程中的各种故障特征，可以将传感器的历史数据通过机器学习训练出不同故障现象的数字化特征模型，并结合专业处理的记录，使其形成对设备故障状态进行精准决判的依据，在这过程中可以收集不同故障的特征并不断丰富特征库，形成自治化的智能诊断和决判。

1.5　本章小结

通过本章的学习，了解数字孪生产生的背景，掌握数字孪生的定义，并掌握数字孪生的特征，了解数字孪生在各行各业中的典型应用。

【本章习题】

1. 判断题

1）传统的工业化发展模式依然有着强大的竞争力。（　）

2）大数据应用是一蹴而就的事情，不需要一个过程。（　）

3）生产力的大幅提升是智能制造行业的趋势之一。（　）

4）数字化就是将数据转变成信息，通过网络化和智能化的决策，创造有用的价值。（　）

2. 多项选择题

1）数字孪生的应用领域包括（　）。

A. 航空航天　B. 装备制造　C. 医疗　D. 智慧城市

2）从功能视角，数字孪生包括以下哪几个方面的能力等级？（　）

A. 预测　B. 诊断　C. 决策　D. 描述

3）数字孪生技术体系包括（　）。

A. 数据保障层　B. 建模计算层　C. 功能层　D. 沉浸式体验层

3. 简答题

1）简述数字孪生的定义。

2）列举 3 个以上数字孪生的应用场景。

2

第2章　数字孪生的相关领域

数字孪生的本质旨在为现实世界的物体对象在虚拟世界中进行数字建模，构建一个在虚拟世界中完全一致的数字模型。数字孪生的信息建模不仅限于传统的底层信息的传输，其技术架构及内涵涉及多个交叉学科。从技术的角度来看，数字孪生的技术体系非常庞大，从感知、计算、建模过程，覆盖了感知控制、数据集成、模型的构建、模型互操作、业务集成、人机交互等诸多技术领域。

数字孪生的技术相关领域，归纳起来主要包括产品全生命周期管理、物理实体、云计算、大数据、3D 建模、工业互联网、人工智能等先进技术。

2.1　数字孪生与产品全生命周期管理

1. 产品全生命周期管理

当产品进入市场后，随着时间的推移，产品的销售量和利润会发生改变，呈现一个由少到多、由多到少的过程，就如人的生命一样，由诞生、成长到成熟，最终走向衰亡，这就是产品的生命周期现象。

那么，产品全生命周期具体有哪些过程呢？产品全生命周期主要包括产品策划、产品实现、产品交互、产品运营四个阶段。其中产品策划主要包括产品分析、产品定位、产品规划、商业模式、定价策略、运维策略等；产品实现则包括产品发布的规划、产品需求的定义、澄清与估算、产品立项与结项、敏捷开发与持续集成等过程；产品交互是指产品的部署上线、产品验收、产品的发布等过程；产品运营主要包括业务运营、客户服务支持、安全运维等环节。

产品全生命周期管理（product lifecycle management，PLM），是从产品的需求开始到产品淘汰报废的全部生命历程，其本质是一种较为先进的企业信息化的思想，采用该方法的管理使得企业运用最有效的方式和手段为其增加收入和减低成本。PLM 是一个集成的、信息驱动的方法，它涵盖了从设计、制造、配置、维护、维修到最终处理的产品生命周期的所有方面。PLM 系列软件能够存取、更新、处理和推理由局部和分布环境中产生出来的产品信息。换言之，PLM 用于管理产品生命周期的所有业务的集成。它的前身包括计算机辅助设计（CAD）、工程数据管理（EDM）、产品数据管理（PDM）和计算机集成制造（CIM）。

2. 产品全生命周期管理适用的行业或领域

从 PLM 的特征来看，产品全生命周期管理适合与产品生产相关的任何行业，如典型的制造行业，适合具体的大量零部件装备的制造业，或者在生产过程之间存在大量依赖关系的制造业。因为 PLM 需要提供产品生命周期信息的创建、管理、分发及应用的一系列解决方案，而 PLM 提供商通常是从产品数据管理提供商转型而来，需要集成企业的资源规划、客户关系管理和供应链管理等系统，所以全球 70% 以上的大型制造企业应用了产品生命周期管理系统。

3. 数字孪生与产品全生命周期管理

虽然 PLM 号称“产品全生命周期管理”，但常常仅仅局限在产品的设计、制造、服务等过程，到产品后期的管理往往戛然而止，导致在制造过程中产生的工作状态的更改数据无法及时有效地反馈给研发工程师，那么产品一旦出厂，它的相关状态就变得“无迹可寻”，更无法通过 PLM 进行有效的追踪。

数字孪生可以用于产品全生命周期，可以实现对产品行为方式和性能指标的分析预测，提高产品研制和运行效率，降低生产和运维成本。从数字孪生的角度去描述产品全生命周期管理，主要包括研发设计阶段、生产制造阶段、市场营销阶段和运营支持阶段。

（1）研发设计阶段

数字孪生在研发设计阶段可以提高设计的准确性，在没有制作物理实体前，可以验证产品在真实环境中的性能。在这个阶段可以利用计算机辅助设计等工具，根据产品技术及其规格的要求虚拟产品原型，能精确地记录各种实体的物理参数，采用可视化的方式进行展示，经过一系列可重复、可变的参数、可加速的仿真实现来检验产品在不同环境下的性能、行为。如用软件构建飞机模型时，虚拟气动的外形，运用计算流体动力学（CFD）运算，反复优化确定几个备选方案，再加工成实物模型，通过风洞试验确定最终方案。构建飞机模型如图 2-1 所示。

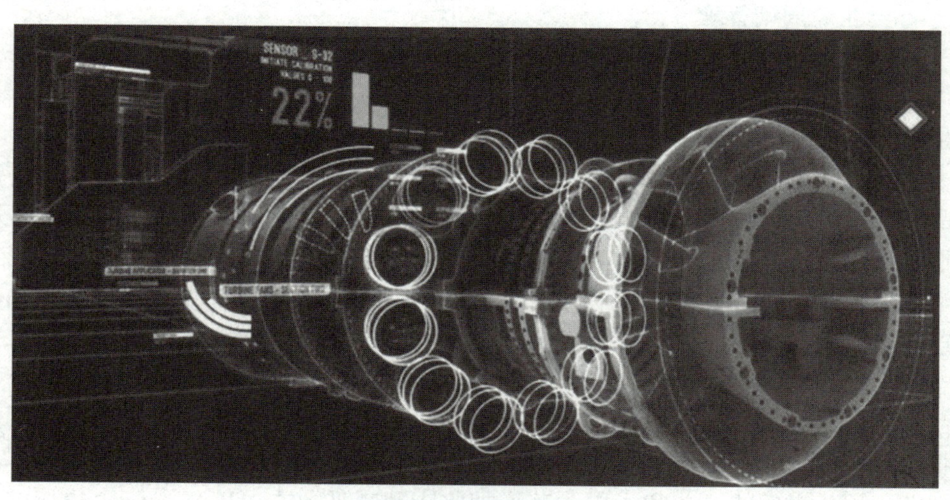

图 2-1　构建飞机模型

在研发设计阶段，数字孪生可以提高产品的准确性并验证产品在真实环境下的性能。在这个阶段数字孪生体主要包括两个功能：数字模型设计及模拟和仿真。

1）数字模型设计。构建一个全三维标注的产品模型，主要将几何信息和非几何信息通过产品三维模型由设计过程传递至生产加工过程，打通设计、工艺和制造的三维数据链，这是各个企业迫切的技术需求。全三维标注的产品模型包括“三维设计模型，产品制造信息（product manufacturing information，PMI）、关联属性”等，具体包括物理产品的几何尺寸、公差、三维注释、表面粗糙度、表面处理方法、焊接符号、技术要求、工艺注释等，关联属性如零件号、坐标系统、材料、版本、日期等。三维标注产品模型如图 2-2 所示。

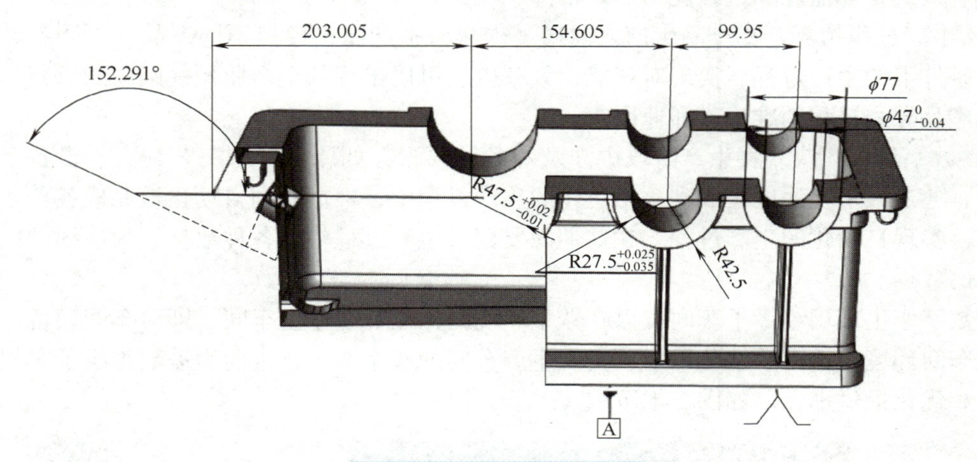

图 2-2　三维标注产品模型

2）模拟和仿真。采用一系列重复、可变参数、可急速的仿真实验，去验证产品在不同外部环境下的性能和表现，相当于在设计阶段就可以实现验证产品的适应性。

如汽车的节能减排设计，汽车行业的低碳发展、节能减排的要求愈发迫切。汽车轻量化成为行业节能减排的核心驱动力，通过各种先进的设计尽可能去降低汽车的整备质量，提高汽车的动力性能以及燃油经济性。图 2-3 所示为汽车节能减排的数组孪生体设计。

图 2-3　汽车节能减排的数组孪生体设计

(2) 生产制造阶段

在生产制造阶段，要实现产品建档（product memory）或产品数据包（product data package），换而言之就是制造信息的采集和全要素的重建，包含制造 BOM（manufacture BOM，MBOM）、质量数据、技术状态数据、物流数据、产品检测数据、生产进度数据、逆向过程数据等的采集和重建。数字孪生在生产制造阶段主要实现三个功能：生产过程仿真、数字化生产线、关键指标监控和过程能力的评估。

1）生产过程仿真。在产品生产之前通过构建虚拟产品，模拟不同产品、不同参数、不同外部条件下的生产过程，实现对产能、效率以及可以出现的生产瓶颈等问题的研判，从而提升新产品导入过程的准确度和速度。

2）数字化生产线。将生产阶段中涉及的各种要素，如原材料、工艺配方、设备、工序等要求，通过数字化手段集成到一个协作的生产过程中，根据规则自动化地完成各种条件下的操作，实现自动化的生产过程。在这期间要记录生产过程中的各种数据，为后续的优化提供可靠的数据。

如数字孪生玻璃绝缘子车间可以在数字环境内构建数字孪生车间，即对车间设备、生产过程和车间环境等进行数字化映射，实现生产车间的数字孪生，进而为玻璃绝缘子车间生产的模拟和优化提供平台，如图 2-4 所示。

图 2-4　玻璃数字化生产车间

3）关键指标监控和过程能力的评估。数字孪生赋能于生产过程、生产设备、生产线等其他形态的高度集成环境，将生产阶段各要素（如原材料、设备、工艺、工序等）通过虚拟生产过程体现出来，模拟仿真产品生产的全过程，记录生产过程中的关键参数，对生产过程中的产能、效率、可能出现的生产瓶颈进行预判与改进，这样可以缩短新产品的导入周期，提高产品生产的交付速度，降低产品生产的成本。如图 2-5 所示为数字孪生在产品生产过程中。

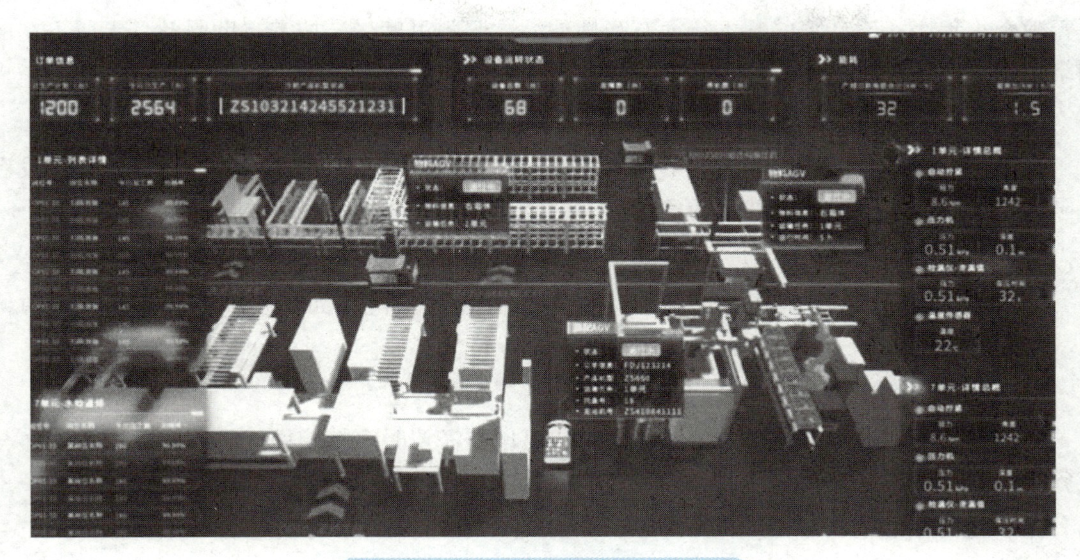

图 2-5　数字孪生在产品生产过程中

（3）市场营销阶段

在市场营销阶段，可以在生产实际的产品前，利用数字孪生先去构建产品的虚拟原型，通过虚拟显示技术模拟体验产品的内部结构及其功能和性能等，为市场营销人员提供做市场推广使用的虚拟产品，这样可以根据客户提出的产品改进意见进一步去优化产品设计，同时也可以根据客户的需求进行产品的定制化生产和个性化配置选型，实现产品的柔性制造。

（4）运营支持阶段

数字孪生在模拟产品装卸、使用、更换零部件等一些运行维护阶段，可以利用产品上的传感器和控制系统记录各种参数等，构建产品部件级、系统级甚至产品级健康指标体系。利用产品数字孪生在虚拟环境运行，对产品故障进行预测，通过预测维修的分析结果对产品维修策略进行针对性的调整、优化，降低甚至避免因产品非计划停机带来的损失。

2.2　数字孪生与云计算

数字经济作为一种新的经济形态，是以云计算、大数据、人工智能、物联网、区块链、移动互联网等信息通信技术为载体，基于信息通信技术的创新与融合来驱动社会生产方式的改变和生产率的提升的。

1. 云计算

云计算（cloud computing）提供信息技术、软件、互联网相关的服务，云中的计算资源共享池叫作“云”，云计算将这些计算资源集合起来，采用软件实现自动化管理，用户根据业务需要按需购买。换言之，就是将计算能力包装成商品，如云服务器、云存储、云数据库、公网 IP、网关、云网络、人工智能等，用户可以通过互联网，像水、电、气、煤一样按需购买。

2. 云计算的特征

云计算是分布式计算的一种，指的是通过网络“云”将巨大的数据计算处理程序分解成无数个小程序。云计算的基本特征有弹性伸缩、服务可度量、按需自助服务、无所不在的网络访问、资源池。

(1) 弹性伸缩

弹性伸缩指根据需要向上或向下扩展资源的能力。对用户来说，云计算的资源数量没有界限，可按照需求购买任何数量的资源。

(2) 服务可度量

云计算供应商控制和监测云计算服务的各方面使用情况，如计费、访问控制、资源优化、容量规划等。

(3) 按需自助服务

云计算的按需服务和自助服务意味着用户可以在需要时直接使用云计算服务，而不必与服务供应商进行人工交互。

(4) 无所不在的网络访问

用户只要上 Internet，就可以使用云计算。

(5) 资源池

资源池允许云计算供应商通过多用户共享模式服务于用户。物理和虚拟资源可根据用户需求进行分配和重新分配。资源池具有地点独立性，用户一般无法控制或了解所提供资源的确切位置，但可以在高端提取层面（如地区、国家或数据中心）指定位置。

3. 云计算与数字孪生的关系

云计算作为互联网时代重要的基础设施，逐步渗透到各个领域。在数字化的时代，云计算与数字孪生的结合会带来哪些变化呢?

数字孪生将物体与数字世界的虚拟物体进行整合，形成了真实的数字化环境，通过云计算技术对这些虚拟物体进行管理、控制和优化。

数字孪生可为云计算提供更多的应用场景，随着数字孪生在各行各业中的运用，更多的虚拟场景出现，如数字孪生中医疗健康中的 3D 模型提供精准医疗、智慧城市的数字孪生、数字工厂的孪生体等。这些虚拟化的场景需要云计算的支持，需要云计算为其提供云存储、云安全、云服务器、公网 IP、云数据库、高性能计算等服务。

数字孪生的发展将推动云计算技术向更高端、更复杂的领域迈进。随着数字孪生的不断发展，应用场景越来越多，更多复杂的系统将进行数字化。这些系统需要云计算提供更先进、更复杂、更高的性能技术来支撑，从而促进云计算技术的不断发展。

2.3 数字孪生与大数据

从文明之初的“结绳记事”，文字文明的“文以载道”，到近现代的“数据建模”，数据一直伴随着人类社会的进步与发展，直到以电子计算机为代表的现代信息技术的出现，对数据处理提供了自动的手段和方法，人类掌握数据、处理数据的能力有了质的飞跃。

大数据技术、概念、思潮是以计算机领域作为发起端，逐渐衍生到科学和商业领域。随着数据量的快速增长，数据面临着类型越来越多、数据难以理解、难以获取、难以处理以及难以组织等难题。运用大数据来描述这些难题，在计算机领域引发了思考。2012 年、2013 年，大数据宣传达到高潮，2014 年后大数据概念体系逐渐形成。随着大数据技术、产品、应用和标准的不断发展，逐渐形成了包括数据资源、API、开源平台与工具、数据基础设施、数据分析、数据应用等板块慢慢构成的大数据生态系统，并在不断发展与完善中。它的发展热点先从技术向应用，再向治理逐渐迁移，经过了十年的发展与沉淀，人们对大数据已经形成了基本的共识：大数据现象源于互联网，慢慢延伸，带来无所不在的信息技术引用及信息技术的低成本。

大数据（图 2-6）是指巨量的资料，在一定的时间范围不能以常规软件处理（存储和计算）的大而复杂的数据集。换言之，是使用单台计算机无法在规定的时间内处理或者压根无法处理的数据集。

图 2-6　大数据

大数据初看感觉与普通人的生活相去甚远，但其实不然。大数据目前已经进入了我们生活的各个角落，比如疫情时，可通过大数据精准追踪人们的生活轨迹，实时查看疫情的确诊人数及各种疫情数据。

1. 大数据的特征

大数据的特征通常从容量、种类、价值、速度四个维度进行描述。

（1）大量化

IDC（international data corporation）发布的《数据时代 2025》报告显示，全球每年产生的数据总量在 2025 年将达到 175ZB，平均每天大约产生 491EB 的数据。其中，中国的数据圈最大，达到了 48.6ZB，占 27.8%。假设以 1TB 的硬盘来存储这些数据，每年需要 500 多亿块硬盘。

（2）多样化

大数据的类型多种多样，包括网络日志、视频、音频、图片、网页、地理位置等，如图 2-7所示主要分为半结构化数据和非结构化数据。这些数据主要来自传统企业数据、社交数据、物联网数据。

结构化数据的主要特征是以行为单位，每一行就是一条记录，每行数据的属性（字段）是相同的，能够用相同的结构来表示，常常用关系数据库来存放这种结构化的数据，其典型特征为二维表。

非结构化数据主要指数据结构不规则或不完整，没有预定的数据，包括所有的格式数据，如办公文档、文本、图片、报表、图像、音频、视频等。将非结构化数据作为一个整体进行存储，可以采用NoSQL数据库存放，针对不同结构的数据有相应的NoSQL数据库。

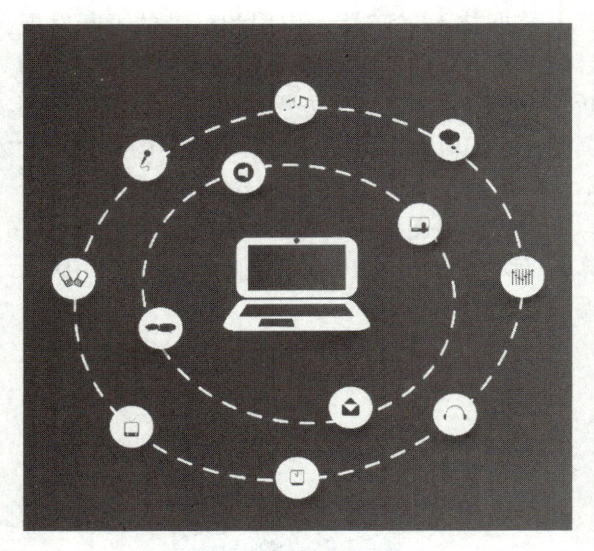
图 2-7 大数据的多样化

还有一种数据格式，就是介于结构化数据和非结构化数据之间的半结构化数据。它具有一定的结构性，如员工简历，有的简历只有教育情况，没有户籍、没有工作经历，有的简历有工作经历、年龄，无出生日期等，各个简历不是完全相同的，但也有雷同部分，如 HTML 和 XML 文档，用成对的标签记录对应的数据，每个网页的标签有相同部分也有不同部分，没有固定的规律，也称为半结构化数据。

(3) 价值密度低

在大数据时代，单条的数据价值不突出，单条记录基本无意义，因为无用的数据多，但是整个数据集综合价值较大，隐含的价值也比较大，所以需要对大数据进行清洗、分析和挖掘，从数据金矿中掘金。比如以电商的销售数据为例，单看某一条销售记录，意义不大，但若把用户个人的所有购买记录进行分型，就可以通过算法得到用户的偏好，从而进行商品的精准推荐。

(4) 高速度

每天各行各业的数据呈现指数爆炸增长，在很多的具体场景中，大数据要求实时地处理数据，如搜索引擎要在几秒中呈现用户需要的检索结果，企业或者系统在面临海量的增长数据时，需要高速地处理，一般要在秒级时间范围内给出分析结果，超出这个时间就失去了价值，即大数据的处理要符合“1s 定律”。

2. 大数据的处理过程

大数据的处理过程主要包括数据采集、数据预处理、数据入库、数据分析、数据展现。其中数据采集是数据从无到有的过程（如通过采集日志或者使用一些工具把数据采集到指定位置）；数据预处理指通过程序对采集的数据进行预处理，如数据的清晰、格式整理、过滤脏数据，将数据梳理成点击流模型数据；数据入库是将预处理的数据导入到库中，这里库可以指存储数据的数据库；数据分析是根据用户需求采用程序语言开发，得出用户需要的各种统计结果；数据展现可以将分析的数据进行可视化，一般情况下采用图标的方式进行展示。数据处理过程如图 2-8 所示。

对海量的数据进行过处理后，才能具有更强的决策力、洞察发现力和流程优化的功能，才能适应海量、高效增长率和多样化的信息资产。

3. 大数据与数字孪生的关系

随着人工智能技术与应用的快速发展，数字孪生与大数据两个领域之间的关系越来越紧密了，它们相互促进，共同推动未来的数字化转型。

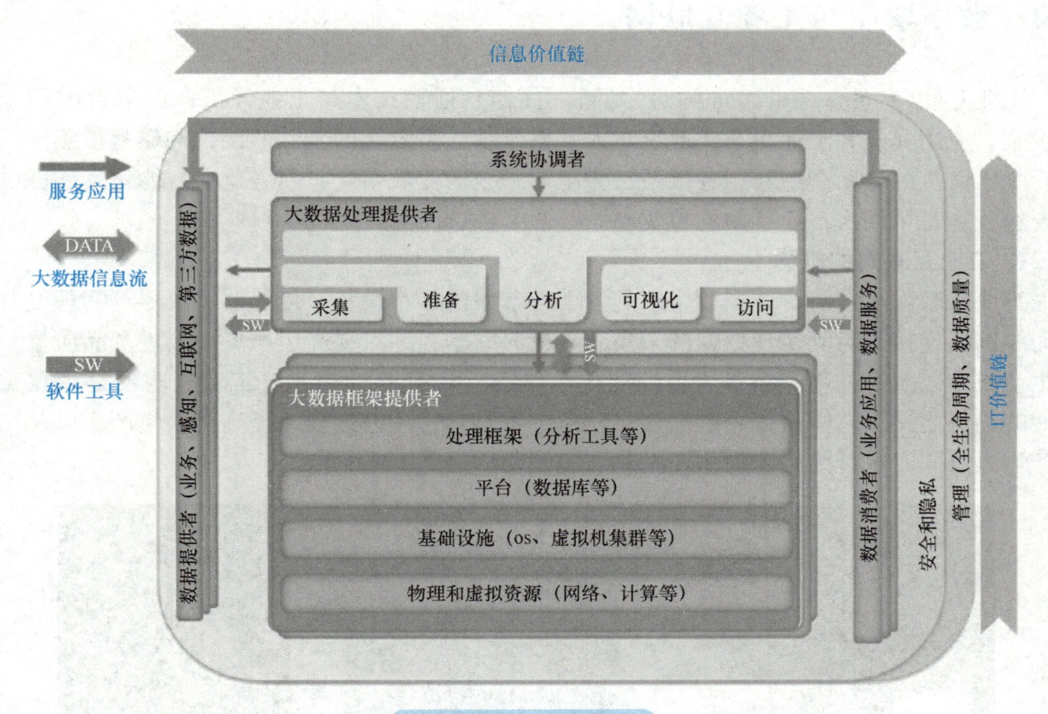

图 2-8　数据处理过程

数字孪生是通过数据模拟和分析，将现实中实体、对象、动作、特征等信息进行数字化，进行更高效、更精准的预测和优化。大数据则是依赖背后海量的数据，对这些数据进行采集、清洗、标注、分析、挖掘及其应用，发现这些数据背后的价值，从而支持决策和创新。

数字孪生与大数据之间，数字孪生需要大数据的支持，大数据是数字孪生的建模和仿真的基础。有了大数据，数字孪生才能实现实体与孪生体之间的映射关系。大数据的基础是海量的数据，对这些数据进行分析与挖掘，从而为数字孪生提供所需的大量数据。大数据与数字孪生的关系如图 2-9 所示。可见，大数据技术可以认为是数字孪生模型建设所应用的核心技术。无论是从大数据出发还是从数字孪生出发，建设形成的信息系统可能殊途同归，但最终可能都形成当前数字孪生标准所描述的系统。

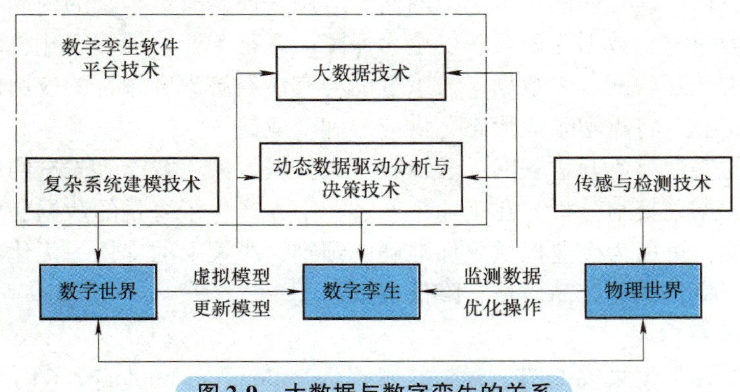

图 2-9　大数据与数字孪生的关系

2.4 数字孪生与工业互联网

工业互联网（industrial internet）是新一代信息通信技术与工业经济深度融合的新型基础设施、应用模式和工业生态，通过对人、机、物、系统等的全面链接，构建起覆盖全产业链、全价值链的全新制造和服务体系，为工业乃至产业数字化、网络化、智能化发展提供了实现途径，是第四次工业革命的重要基石。

1. 工业互联网的概念

工业互联网是指将传统工业生产的各个环节中的各种设备、传感器、仪器等物理设备采用无线网络连接，对其实现数据的采集、分析、共享，并以提高生产率、改进产品质量、降低生产成本以及开发新产品等为目的的技术体系，如图 2-10 所示。工业互联网是现在工业发展的趋势之一，它能帮助企业加快自动化、智能化管理的进程，提高产品生产率以及产品生产质量，同时也能为企业提供个性化和定制化的服务。

图 2-10 工业互联网

工业互联网不仅仅是互联网在工业上的简单应用，而是有更丰富的内涵与外延。它以网络为基础、平台为中枢、数据为要素、安全为保障，既是工业上的数字化、网络化、智能化转型基础设施，也是互联网、大数据、人工智能与实体经济深度融合的应用模式，同时也是一种新业态、新产业，将重塑企业形态、供应链和产业链。

工业物联网的实现离不开物联网、云计算、大数据、人工智能等先进的技术，其中比较重要的环节就是数据采集与分析。在工业生产过程中，产生了海量的数据，对这些数据进行采集、分析与挖掘，可以为企业提供更加准确的预判、决策上的支持，优化生产中的各个环节，从而提高生产率，优化产品质量，降低成本。

2. 工业互联网平台

工业互联网平台深度集成了 IT、运营技术（operational technology，OT）、电子计算机断层扫描（computed tomography，CT）、数据技术（data technology，DT）等技术，具有基础

性、聚合性、融合性。

工业互联网平台主要有数据汇聚、建模分析、知识复用、应用创新四项功能。数据汇聚具体表现在通过车间设备或产线的数字接口、数据采集器、传感器、工业相机等设备和系统，将多源、异构、海量数据经清洗、传输、汇聚到工业互联网平台；建模分析主要表现在运用工业仿真、数字孪生、工业智能等技术对工业数据进行挖掘分析，实现数据驱动的科学决策和智能应用；知识复用主要表现在将工业经验知识转化为平台上的模型库、知识库，并通过工业微服务组件方式，便于二次开发和重复调用，加速共性能力沉淀和普及；应用创新主要表现在面向研发设计、生产制造、设备管理、故障诊断、资源调度等场景，提供各类工业 APP、云化软件，服务工业企业。

3. 工业互联网的发展历程

以工业互联网发展为素养教育的切入点，讲解工业互联网作为国家的重要基础设施，我国出台了很多关于促进工业互联网的举措，对我国的几个重要城市进行工业互联网的布局。

工业互联网成为新的重要基础设施，国家出台很多的支持政策，如《“工业互联网＋安全生产”行动计划（2021—2023 年）》《工业互联网创新发展行动计划（2021—2023 年）》《推动工业互联网加快发展的通知》。

工业互联网已经覆盖国民经济 45 个大类，形成了平台化设计、智能化制造、网络化协同、个性化定制、服务化延伸、数字化管理六大新模式，逐渐成为工业经济高质量发展的重要力量。

2013—2015 年期间，工业互联网强调物联网、互联网在工业中的应用，加快工业生产向网络化、智能化、柔性化和服务化转变。

2015—2018 年期间，国家政策密集出台，如“充分发挥互联网在促进产业升级以及信息化和工业化深度融合中的平台作用”和“增强工业互联网产业供给能力，持续提升我国工业互联网发展水平，深入推进‘互联网＋’”。

工业互联网成为新基建的阶段主要是在 2018 年后，工业互联网被定位为重要的新型基础设施，地位进一步上升。

到 2020 年，我国已有 25 个省出台了关于工业互联网解析技术和产业发展扶持政策，对互联网产业进行布局。目前，全国工业互联网标识解析国家顶级节点有五个（北京、上海、广州、重庆、武汉），二级节点有 77 个，覆盖了 22 个省级行政区和 28 个行业。

根据统计数据，2017—2023 年，工业互联网的产业增加值规模不断上涨；2021 年工业互联网的产业增加值首次突破 4 万亿元，其中它的直接产业达到 1.17 万亿元；2022 年，我国工业互联网核心产业增加值达到 1.26 万亿元，同时带动渗透产业增加值 3.20 万亿元，工业互联网产业增加值总体规模达 4.46 万亿元，占 GDP 的比重为 3.69%；2023 年带动了第一产业、第二产业、第三产业的增加值，分别为 0.06 万亿元、2.29 万亿元、2.34 万亿元，如图 2-11 所示。

4. 工业互联网的发展意义

工业互联网作为新一代信息技术与工业经济深度融合的产物，受到党中央、国务院的高度重视，已连续四年被写入了政府工作报告，成为促进新时期发展的重要战略举措。

图 2-11　工业互联网带动增加值规模

以工业互联网的发展意义为切入点，讲解工业互联网是构建新发展格局的支撑，工业互联网促进我国 GDP 增长，促进产业结构不断优化、行业转型升级等。

（1）工业互联网是构建新发展格局的有力支撑

“十四五”规划目标纲要中指出，要“加快构建以国内大循环为主体、国内国际双循环相互促进的新发展格局”。工业互联网作为全要素、全产业链、全价值链连接的枢纽，能够优化社会资源配置，对于新发展格局的构建发挥着至关重要的作用。从国内大循环看，工业互联网通过对人、生产原料、机器设备、运行环境、虚拟资源等的全面连接，将各类数据进行采集、传输、分析并形成智能反馈，构建起覆盖全产业链、全价值链的全新制造和服务体系，能够有力推动生产要素循环流转和生产、分配、流通、消费各环节有机衔接，支撑形成国内经济大循环。

从国际循环而言，我国出口国内增加值总额中制造业和商业服务业的占比持续增加，超过了 80%，制造业出口贸易中所包含的进口附加值超过了 15%，我国在国际循环中扮演着重要角色。我国正在从全球价值链的中低端向中高端迈进，但从产业链整体水平看，我国制造业产业链条在全球仍处于中低端位置，在产业链关键领域和环节存在诸多短板，部分领域产业链掌控力偏弱。而工业互联网能够助力原有制造体系打破时间和空间上的约束，促进软硬件、创意、设计等各类资源广泛聚集与高效匹配，优化产业主体协作模式，重构协作链条及流程，带动全产业链生产率提升和价值增值。另外，工业互联网平台助力制造业形成基于海量数据采集、汇聚、分析的服务体系，有助于做强原有产业，壮大产业链条，带动产业链降本、提质、增效，同时催生规模化定制、服务化延伸等新模式及新兴业态，推动产业链向微笑曲线两端延展，扩大产业链整体价值规模。工业互联网国内外大循环如图 2-12 所示。

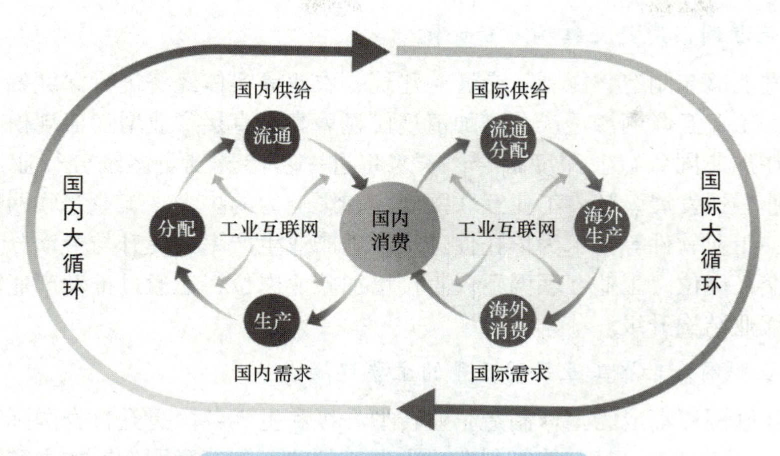

图 2-12　工业互联网国内外大循环

(2) 工业互联网是促进我国 GDP 增长的重要因素

工业互联网逐步成为国民经济增长的重要支撑。当前，我国正处于实现第二个百年奋斗目标和实现中华民族伟大复兴的关键时期，工业互联网的蓬勃发展为我国转变发展方式、优化经济结构、转换增长动力提供了新动能。2019 年，工业互联网产业增加值规模占 GDP 比重为 3. 44%；2020 年，工业互联网产业增加值规模占 GDP 比重为 3. 51%；2021 年，工业互联网产业增加值规模占 GDP 比重为 3. 58%；2022 年，工业互联网产业增加值规模占 GDP 比重为 3. 64%，呈现稳步增长趋势，如图 2-13 和图 2-14 所示。

图 2-13　工业互联网促进 GDP 增长

图 2-14　工业互联网增值 GDP

（3）工业互联网促进产业结构不断优化

工业互联网能够与制造、能源、交通、建筑、农业等实体经济进行深度融合，推动实体经济蓬勃发展。工业互联网渗透产业增加值规模显著高于直接产业增加值规模，这表明我国工业互联网正在加速同各行业深度融合，未来将进一步渗透到更多细分行业，加速促进第一、二、三产业融通发展。随着工业互联网规模和影响力的扩大，工业互联网以网络、人工智能、大数据、工业软件等技术为依托促进了渗透产业生产率的提升与劳动分工的优化，创造了许多新生交叉岗位。工业互联网不仅直接增加就业岗位，还通过推动产业数字化、智能化转型，促进就业结构升级。

（4）工业互联网是世界工业强国竞争的主要战场

发展工业互联网逐渐成为全球制造企业转型升级和世界各国提升自身国际竞争力的重要战略高地。其中，美、中、日、德等制造业大国正领跑工业互联网发展的主赛道。

2022年，全球工业互联网主要分布。美国继续在全球工业互联网领域保持领先地位，拥有众多领军企业和创新力量推动行业发展。中国工业互联网产业在2022年取得显著增长，中国作为全球制造业大国和数字化转型的积极实践者，其工业互联网市场的快速发展对全球总量有着重大影响。欧洲各国，特别是德国、法国、英国等工业强国，持续推动工业互联网战略实施，依托先进的制造业基础、严格的法规标准和跨国合作机制，在工业互联网领域保持重要地位。亚太其他地区，如日本、韩国等在工业互联网方面也有显著投入和进步，利用自身在高端制造、物联网技术和数字化解决方案的优势，为全球工业互联网增加值做出贡献。其他地区如拉丁美洲、非洲、中东等地区，尽管可能在工业互联网发展水平上相对落后于上述主要区域，但随着数字化转型的全球趋势和新兴经济体对工业互联网的逐步重视，这些地区的市场潜力正在逐渐显现，其工业互联网增加值在全球市场中的占比虽小，但有望在未来有所提升。

（5）工业互联网促进行业转型升级

工业互联网应用场景广泛，目前已延伸至40个国民经济大类，涉及原材料、装备、消费品、电子等制造业各大领域，以及采矿、电力、建筑等实体经济重点产业，形成了千姿百态的融合应用实践。

工业互联网是推动农业数字化转型的重要支撑。工业互联网可通过各类传感器、GPS（全球定位系统）、成像技术、NB-IoT（窄带蜂窝物联网）技术等对土壤、农作物、环境温度、空气湿度等各类农业产品生长所需关注的指标进行实时感知和监测，利用监测数据建立相关模型和进行数据分析，实现精准化生产，为农作物“量身定做”生产方案，通过移动通信技术和网络技术对环境调控设备和农机设备等相关农业设施进行智能控制并提供远程智能化运维服务；同时，工业互联网平台能够协助农业部门对上下游供应链系统进行整合对接，构建资源要素共享平台和交易平台，降低信息流动成本，减少信息不对称，同时实现农产品的无缝化、可视化溯源，提高农产品的安全保障水平。

工业互联网带动第二产业发展情况。第二产业包括制造业、采矿业、电力、热力、燃气及水生产和供应业、建筑业。在新一轮工业革命和逆全球化萌芽的背景下，推动我国制造业发展的转型升级是我国制造强国建设的必经之路。尽管我国制造业的增加值在世界制造业产值中所占比重在不断上升，但高技术密集型制造业仍与发达国家存在一定的差距，在芯片制造、新能源汽车、数控机床、工业机器人等关键领域仍存在技术短板和空白，在装备制造业方面的生产和销售也容易受到美、日、韩等产业链上游国家的国家战略、世界市场供需等不确定因素的影响。工业互联网将全面改造我国制造业的基因，实现高质量和低成本并行的智能制造。一是基于制造执行系统、射频识别技术对工业机器人、零部件、产品等生产要素进行数据监控和分析，实现流程的可视化、生产资源的数字孪生、生产参数的快速转移等功能，从而降低成本。二是人工智能等技术的发展能够促进工业产品的转型升级，通过大数据分析和机器学习等手段将核心知识和生产决策封装为生产模块的标准组件，并不断进行迭代更新，从而实现产品优化、产品创新设计，以及基于生产模型的最优决策。三是工业互联网平台能够发挥制造业“操作系统”的作用，基于工业互联网标识解析体系连接各层级的工业生产服务系统，从而实现产品全生命周期和全产业链的监测和运营，建立上下游高效协同的供应链体系，同时把用户的个性化需求纳入互联工厂中，促进制造企业从生产型制造向服务型制造转变，实现柔性生产和定制化服务。

5. 工业互联网与数字孪生的关系

数字孪生是以数字的形式对物理对象进行映射，创建虚拟模型，模拟、分析、预测其行为，为实体在信息技术和现代工业制造行业中铺平道路。在工业制造行业中可以借助数字孪生集成复杂的制造工艺，实现产品的设计、制作和智能服务，打造一个闭环并对其进行优化。数字孪生将成为未来数字化企业发展的关键技术。

在工业互联网概念出现之前，数字孪生的概念仅仅停留在软件环境中，如计算机辅助设计系统、产品生命周期管理等。随着工业互联网的出现，网络带宽及其传输速度能满足工业上的需求，各个数字孪生体在生产环节中的设备资产管理、产品生命周期管理和制造流程管理中开始发生关联、相互补充。

工业互联网平台激活了数字孪生的生命。随着制造业的不断发展，每一个数字化企业都要去关注技术，这个技术又与数字孪生息息相关。数字孪生的核心是模型和数据，虚拟模型的创建和数据的分析需要专业的知识，需要依托行业背景，工业互联网就可以解决上述问题，通过平台实现数据分析、模型共享等业务。具体来说，物理实体的各种数据的收集、交换需要工业互联网来实现，并利用平台来进行资源的聚合、动态的配置、共需的对接，整合各类资源，才能赋能于数字孪生。

数字孪生助力工业互联网的 IT 与 OT 融合。工业互联网是企业数字转型中比较关键的一环，需要加速 IT 和 OT 之间的融合，首要就是要处理数据这一隐形的资产。工业互联网企图要打破企业之间的边界，填满 IT 和 OT 之间的各种缝隙，打造软件定义、数据驱动、模式创新的新生态，数字孪生也刚好为融合发展提供了数据和技术之间的接口。在产品设计中，数字孪生可以展示、预测、分析数字模型和物理世界之间的互动过程。基于数字孪生的设计是基于现有物理产品的虚拟映射，通过大量数据的研究可以获取有价值的信息，从而进行产品的创新。

数字孪生与工业互联网双向赋能，如图 2-15 所示。工业互联网对各产业的渗透越来越深。工业互联网的蓬勃发展，也重新赋予数字孪生新生命力。数字孪生作为工业互联网关键技术之一，拓宽了工业互联网应用层面的可能性，而工业互联网可以实现对真实实体的全面感知、深度互联，也成为数字孪生技术发展的孵化床。工业互联网重塑了数字孪生闭环：网络连通效用实现了数字孪生不同应用场景数据的打通，数据开始发生关联、互相补充，实现了数字孪生的闭环。工业互联网平台激活了数字孪生的生命：工业互联网平台可以整合供需资源，完成各类数据的收集和交换，实现数字孪生模型共享，触达更多的用户，激活数字孪生的生命力。

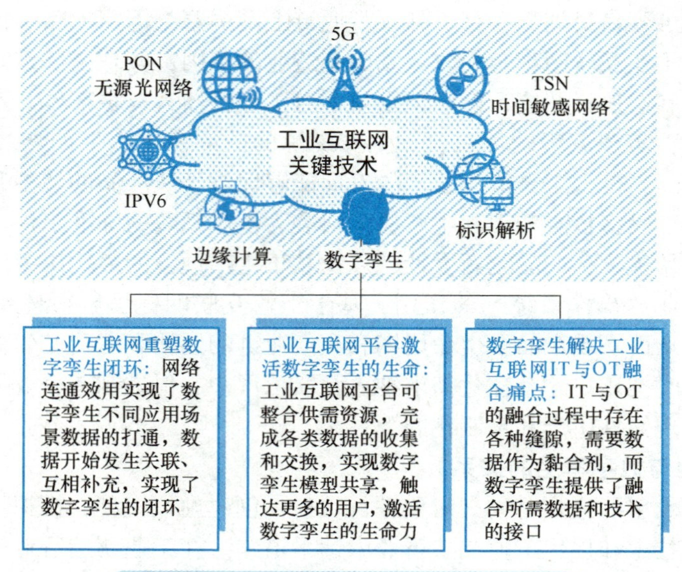

图 2-15　数字孪生与工业互联网双向赋能

2.5　数字孪生与车间生产

车间是企业内部组织生产的基本单位，也是企业生产行政管理的一级组织。车间由若干个工段或生产班组构成，是按产品生产的各个阶段和产品各组成部分的专业性和辅助生产活动的专业性质来进行设置的，包括完成生产任务所需要的厂房、基地、机器设备、工具和生产人员、技术人员和管理人员。

1. 车间生产

车间生产以流程为核心。当工厂、生产部第一时间接到生产指令单后，首先需根据生产指令单调整自己的生产计划；然后备料，物料员去仓库领用物料；准备好物料后，准备相应的工具、作业指导书，如果是第一次生产则需要相关技术人员到现场指导；当物料准备就绪后，生产人员就开始生产；成品出来后，通过品管进行质量的检查；检查没有问题，进行包装；包装后进入成品仓等待出库。塑胶部注塑生产流程图如图 2-16 所示。

在车间生产过程中，很多传统的工厂由于自动化程度不高、工艺路线复杂等原因，造成了在各个生产工序中出现设备异常、产品品质异常、原材料异常、生产人员异常等情况，直接导致整个生产过程不稳定，这也是很多企业比较头痛、比较难解决的问题。传统的生产车间如图 2-17 所示。

2. 车间生产智能化管理

随着现代工业技术的快速发展，传统的工艺生产方式逐渐被自动化生产方式所取代，工厂车间作为生产和加工的主要场所，需要引入智能化的管理系统。智能化管理系统能实时掌握生产现场的情况，具体到投入的物料、运作的设备、工人的绩效、日产量等重要信息，为合理的生产规划和动态调整作为依据。车间生产智能化管理如图 2-18 所示。

3. 车间生产与数字孪生

随着制造领域竞争加剧及消费需求升级，低成本、高质量和快速交付是现在制造业转型升级的目标。各大制造商将数字化贯穿业务流程和数据流程，能有效赋能于生产，成为抢占市场的制高点。

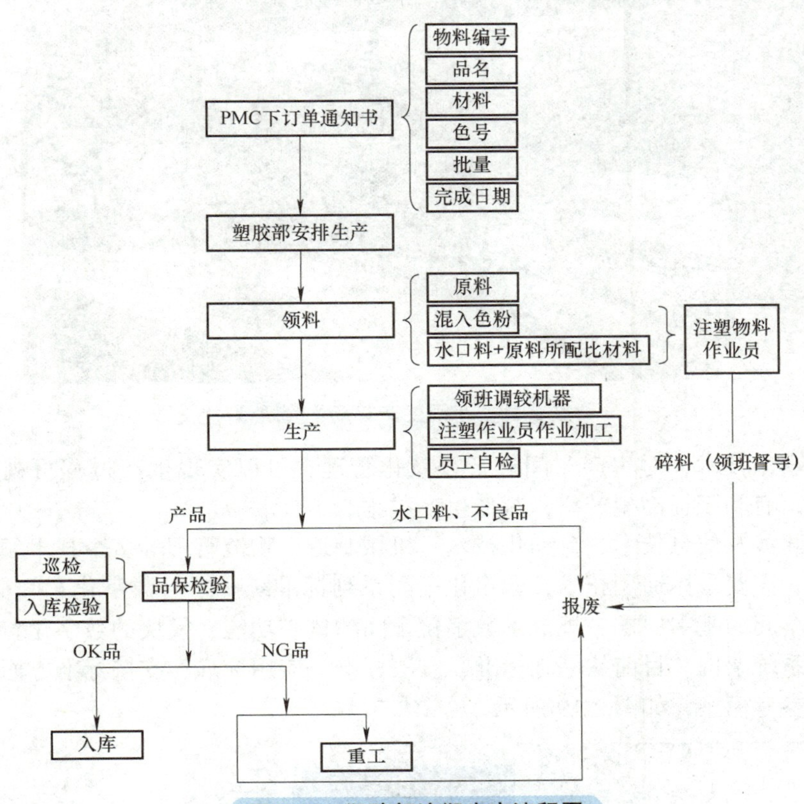

图 2-16　塑胶部注塑生产流程图

图 2-17　传统的生产车间

图 2-18　车间生产智能化管理

利用数字孪生技术，对生产车间进行智慧化管理，可以实现生产过程可视化、远程管理、成本管控，有利于提高生产率，减低生产成本。

数字化车间涉及信息技术、自动化技术、机械制造、物流管理等多个技术领域。实现数字化车间建设，需要采用通用技术，数字化车间系列标准统一了对数字化车间概念的认识，给出了数字化车间的基本要求，规范了数字化车间的核心功能、模块的数字化特征，构建了数字化车间的系统架构。目前从基础标准、方法标准、应用标准、支持标准方面对数字化车间建造提供了参考模型，如图 2-19 所示。

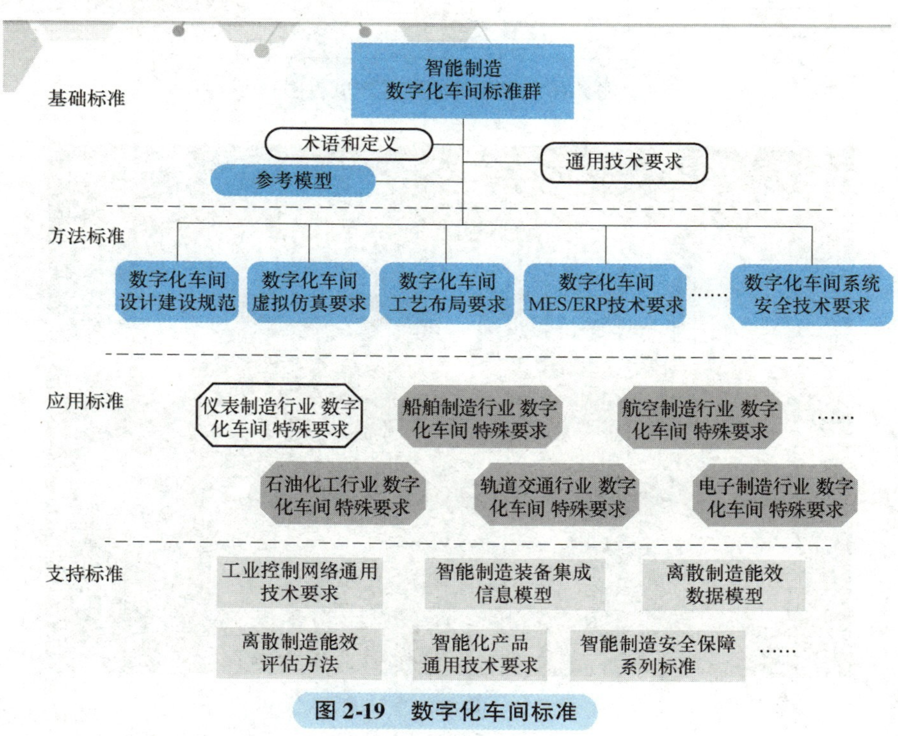

图 2-19　数字化车间标准

生产车间可视化管理利用3D建模与可视化技术，实现对车间工艺实时监控的管理模式。通过对车间生产过程进行全方位监测和分析，搭建实时信息发布系统，车间生产管理人员可随时查看车间生产的实时数据。通过这种方式，可以有效监测生产能耗和生产设备使用情况，及时调整车间设备运行状态，避免生产瓶颈点的出现，进而实现生产率的提高。

生产车间可视化管理通过对生产车间进行3D建模，可以节约生产测试样片的制作成本，提高生产流程的效率。针对产品生产过程中的参数调整，可以利用3D建模提前设置试验参数，降低生产实验成本和周期，提高车间管理效率。

通过生产车间可视化管理对生产流程进行数据分析和优化，对车间所有数据进行整合和分析，直观反映生产中的瓶颈、物料流、设备维修等问题，再运用大数据、云计算等新技术，进行更为高效的智能生产流程优化、预测等运用，实现最优化控制。生产车间可视化管理如图2-20所示。

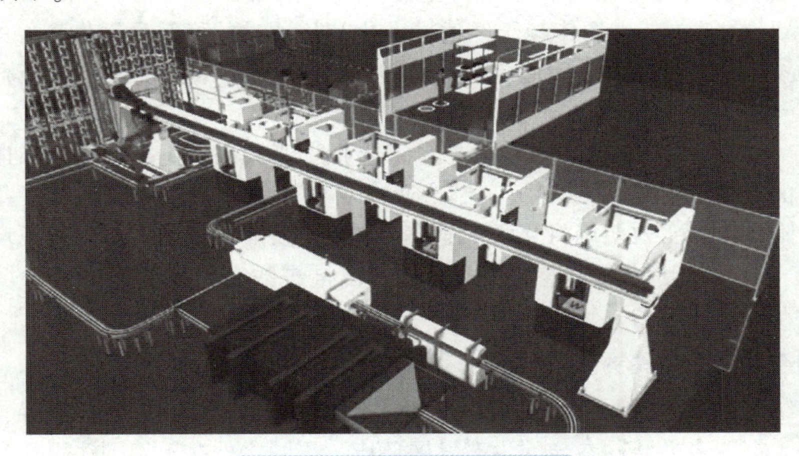

图2-20　生产车间可视化管理

2.6　数字孪生与智能制造

当前智能制造正在引领制造方式变革和制造业产业升级，并成为全球新一轮制造业竞争的制高点。为了有序地推进我国智能制造的快速发展，2015年，工业和信息化部装备司启动了智能制造标准化的专项工作，目的是通过标准化来凝聚行业共识，引领企业向标准靠拢，避免方向走偏，降低融合发展的风险。

智能制造作为制造强国建设的主攻方向，是建设现代化产业体系和实现新型工业化的关键举措。智能制造标准是智能制造发展的重要技术支撑，在凝聚产业共识、固化最佳实践经验成果、推动技术迭代创新、促进企业转型升级等方面发挥着基础性、引领性作用。

1. 智能制造标准先行

面对严峻复杂的国际形势，世界主要国家积极把握新一轮科技变革和产业变革的机遇，将智能制造作为抢占新竞争优势的战略选择。智能制造在实体经济发展、确保关键产品稳定供给、提升产业链、供应链韧性方面发挥了不可替代的作用。

工业4.0在2011年由德国提出，它的本质是以机械化、自动化和信息化为基础，建立智能化新型生产模式与产业结构。德国将标准化工作排在工业4.0八大关键领域的首位，持续发布四版《工业 4.0 标准化路线图》，梳理重点方向的标准化需求，详细阐述了各方向的标准化进展和建议，对德国工业 4.0 领域标准研制以及国际标准化合作具有指引作用。

2012 年以来，美国持续发布智能制造系列战略，2022 年 10 月发布了《先进制造业国家战略》，更加突出强调为美国制造业注入新活力的重要性以及构架制造业供应链弹性的紧迫性，明确建议指定数据兼容性标准，实现智能制造的无缝集成，引领智能制造未来的发展。

2021 年，俄罗斯发布了 2021 版《俄罗斯黄皮书》，规定了在生产实践中积极应用人工智能、新型制造等六项关键创新技术，并设置智能制造项目高校系统，提高劳动生产率，降低生产成本。

2020 年，欧盟委员会发布了《欧洲新工业战略》，旨在帮助欧洲工业向气候中立和数字化转型，并提升其全球竞争力和战略自主性。其中指出了标准化工作对于单一市场及行业竞争力的重要性。“单一市场依赖于经过标准化和认证过的稳健且运作良好的体系”“指定新的标准和技术法规，以及欧盟更多地参与国际标准化机构活动，对提高行业竞争力至关重要”。

日本发布《制造业白皮书》，定期对日本制造业的现状和主要挑战进行描述，并给出推动制造业发展的重要举措。2018 年版《制造业白皮书》强调通过车接人、设备、系统、技术等创造新的附加值，正式明确将互联工业作为制造业发展的战略目标，抢抓产业创新和社会转型的先机。2020 年版《制造业白皮书》中指出推进数字技术适应外部环境变化，提高日本制造企业动态适应能力。

（1）各国智能制造战略分析

各国注重结合自身制造业发展现状建立适合本国国情的智能制造发展路径，均注重智能制造顶层设计，打造多方共同参与的生态发展环境。不同之处在于德国注重通过智能化手段对生产方式流程进行再造，美国注重应用前沿科技引领全球数字化转型，欧盟注重建立单一市场及提升行业竞争力，俄罗斯注重技术研发夯实转型基础，日本注重提升某一制造环节的智能化与数字化程度。总体而言，美国、欧盟等国家和地区战略均将标准化视为组成部分之一，强调了从自身产业出发积极参与国际标准化的相关措施。

（2）国际标准化组织发力智能制造标准

ISO（国际标准化组织）、IEC（国际电工委员会）、ITU（国际电信联盟）、IEEE（电气与电子工程师协会）等标准化组织在近年来纷纷加强对智能制造标准化的关注力度，不仅设置了相关的委员会来协调推进其内部的标准化工作，同时推动立项了一批重要的国际标准。

ISO/TMB（国际标准化组织标准管理局）于 2017 年成立 ISO/SMCC（智能制造协调委员会），负责协同智能制造相关工作，编写智能制造用例。2021 年 8 月，ISO/SMCC 发布《智能制造白皮书》，介绍智能制造的促成因素、增强因素、影响因素和影响效果，并提出了 ISO 推进智能制造概念的路线图。

IEC/SMB（国际电工委员会标准管理局）于 2018 年成立了 IEC/SyC SM（智能制造系统委员会），负责统筹协调、制定智能制造标准化的顶层设计及研制基础标准。此外，IEC/SyC SM 和 ISO/SMCC 共同成立了智能制造标准图工作组，梳理智能制造相关国际标准和术语。

IEC/TC 65（工业测量控制和自动化技术委员会）与 ISO/TC 184（自动化系统与集成技术委员会）联合成立了 JWG21（智能制造参考模型）联合工作组，研制了 IEC 63339《智能制造统一参考模型》国际标准，提出了全球统一的智能制造参考模型。

ISO/IEC JTC 1（ISO、IEC 第 1 联合技术委员会）围绕数字孪生、人工智能、物联网、大数据等智能制造重点技术，研制了 ISO/IEC CDV 30173：2023《数字孪生　概念和术语》和 ISO/IEC DIS 5392《信息技术　人工智能　知识工程参考架构》等基础性标准。

ITU 下设的物联网及其应用研究组认为智能制造是物联网技术的重要应用之一，开展智能制造相关标准研制。

自 2015 年以来，ISO、IEC、ITU、IEEE 等组织研制发布的智能制造相关国际标准已覆盖了基础共性标准、智能装备标准、智能工厂标准、智能赋能技术标准等多个方面。

在基础共性标准方面，聚焦了智能制造的通用、安全性、可靠性、评估及检测等细分方向。基础共性相关国际标准分布如图 2-21 所示。

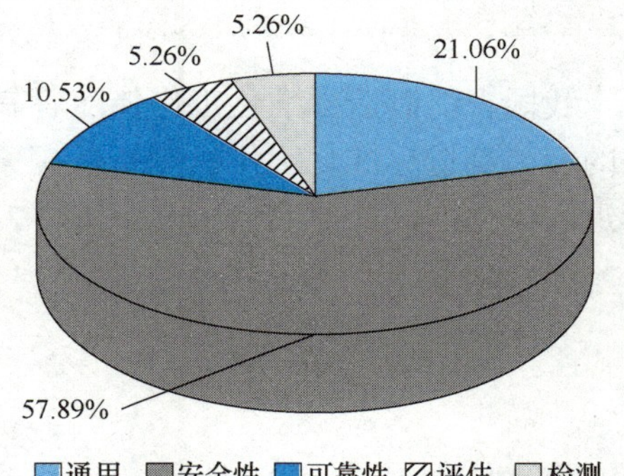

图 2-21　基础共性相关国际标准分布

在智能工厂标准方面，标准主要集中在智能工厂设计、智能生产、智能物流、智能管理、业务集成优化等细分方向。智能工厂国际标准分布如图 2-22 所示。

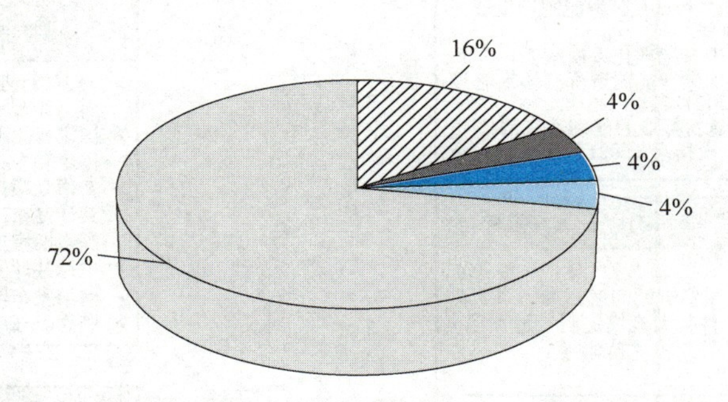

图 2-22　智能工厂国际标准分布

在智能赋能技术标准方面，主要聚焦了大数据、人工智能、边缘计算、数字孪生、区块链等细分方向。智能赋能技术相关国际标准分布如图 2-23 所示。

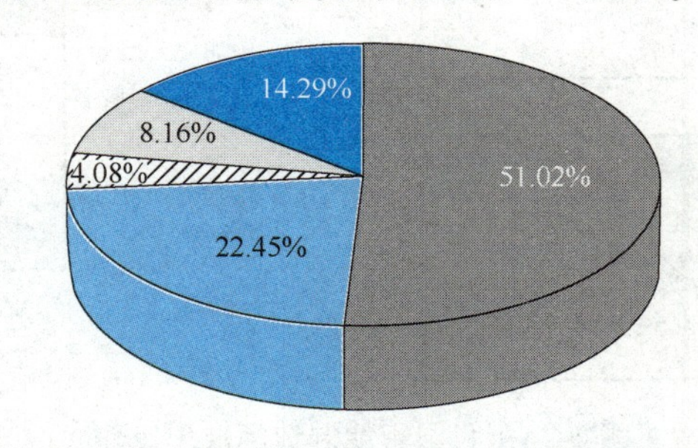

图 2-23　智能赋能技术相关国际标准分布

2. 我国智能制造标准化工作推进情况

以我国智能制造标准工作为素养教育的切入点，讲解我国智能制造的标准化工作发展及其推进情况，强调智能制造是我国制造强国建设的主攻方向。

我国智能制造标准化工作伴随着制造业专业升级、高质量发展，逐渐形成了具有中国特色的智能制造标准化工作机制，从探索期（2015—2017 年）到成长期（2018—2020 年）逐渐迈入深化期（2021 年至今），如图 2-24 所示。

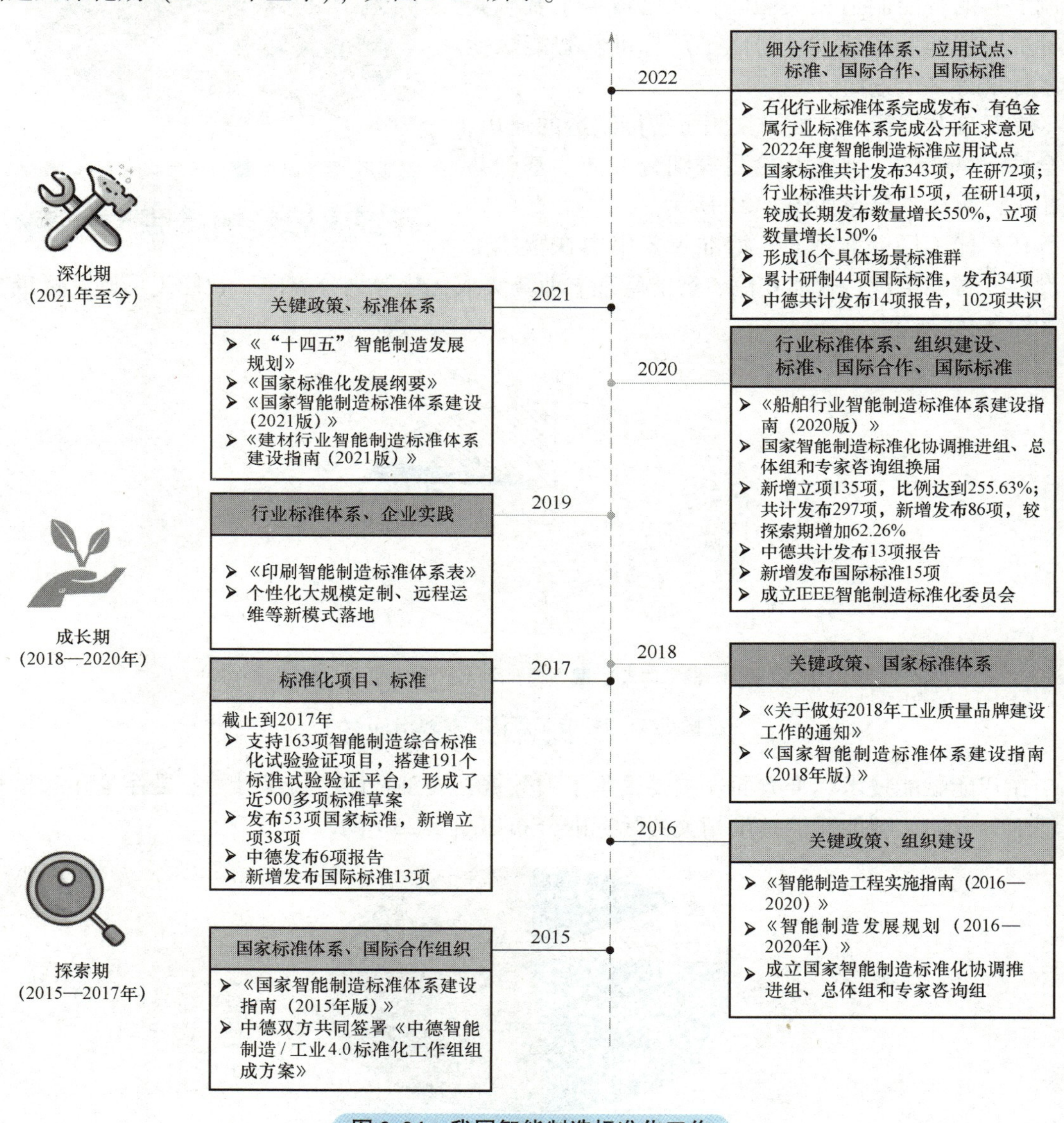

图 2-24　我国智能制造标准化工作

（1）探索期（2015—2017 年）

智能制造是我国制造强国建设的主攻方向，是制造技术与信息技术的深度融合。标准是智能制造发展的重要技术基础，目前智能制造标准化的工作在探索中前进。通过几年的努力，我国的智能制造探索出以政策为指导，标准体系构建为重点任务，综合标准化项目为手段，国内外多个部门联动协调推进的道路，如图 2-25 所示。

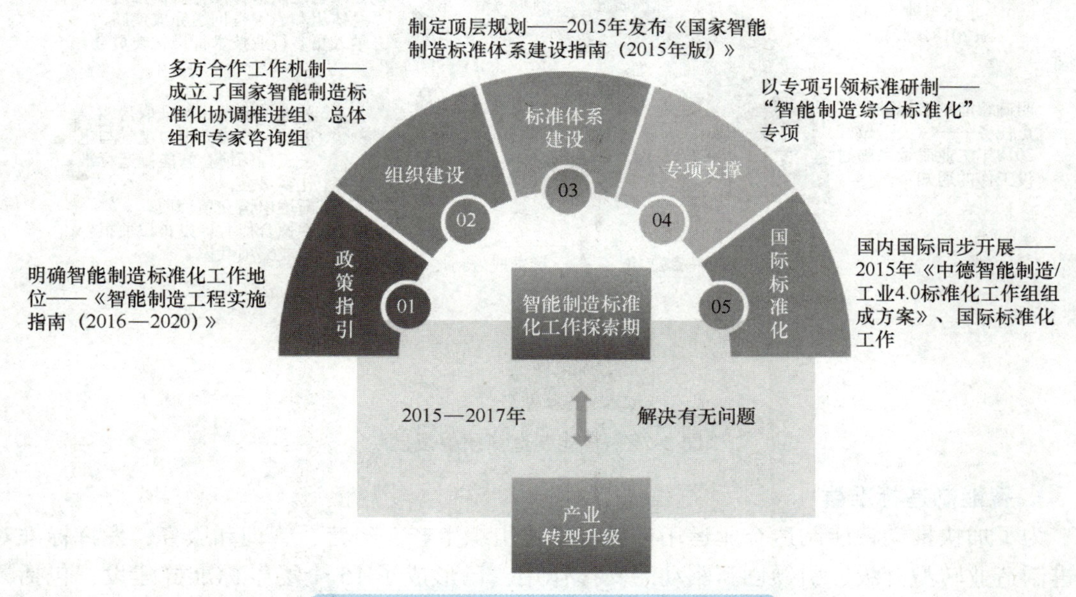

图 2-25　2015—2017 年智能制造发展之路

2016 年先后印发了《智能制造工程实施指南（2016—2020）》和《智能制造发展规划（2016—2020 年）》。在指南中明确了智能制造的范畴和智能制造标准化工作的支撑地位，给出了智能制造探索期标准化工作的目标、任务等内容，为后续智能制造标准化工作指明了方向。

（2）成长期（2018—2020 年）

2018—2020 年期间，我国的智能制造进入了成长期。在这一阶段，智能制造标准化工作重点是从初步构建逐步转向顶层规划迭代完善、重点领域标准研制、行业智能制造标准实施路径探索，在国际标准化关键领域取得了关键进展，在成长期主要的做法如图 2-26所示。

这一时期国家标准申请立项 135 项，如统一认识的《智能制造系统架构》《数字化车间通用技术要求》等数字化车间/智能工厂建设、《智能制造大规模个性化定制通用要求》等新模式应用等国家标准。

（3）深化期（2021 年至今）

经历了探索期、成长期，在“十四五”开局之年，智能制造标准化工作迈入了深化期。在这一阶段，前期标准研制成果逐渐成熟发布，在关键数字化车间建设、智能服务等场景形成一批标准群，除新增关键技术领域继续加强标准研制外，逐渐从标准研制的重心向应用推广转移。

“十四五”期间，将从标准群建设、标准推广应用、前瞻性新兴技术领域等方面发力，加快行业标准研制步伐、加大标准推广应用力度、加强先导性创新性标准研究等方面逐步推动智能制造标准化工作。

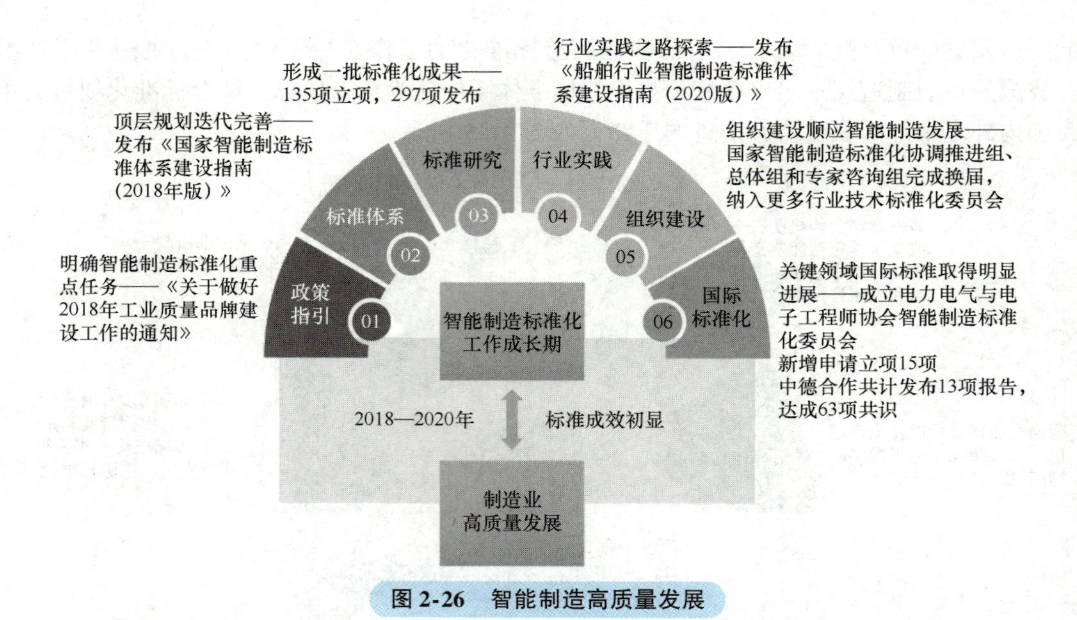

图 2-26 智能制造高质量发展

3. 智能制造标准群

为了加快推动智能制造企业运用标准化方式组织生产、经营、管理和服务，发挥标准对促进制造业转型升级、引领创新驱动的支撑作用，已形成了 15 个场景标准群建设，包括评建一体化、数字化车间、智能工厂、信息安全、集成优化、装备互联互通、数字化仿真、工艺设计数字化、生产计划优化、质量管控、物流仓储、大规模个性化定制、远程运维、预测性维护、网络协同设计，如图 2-27 所示。

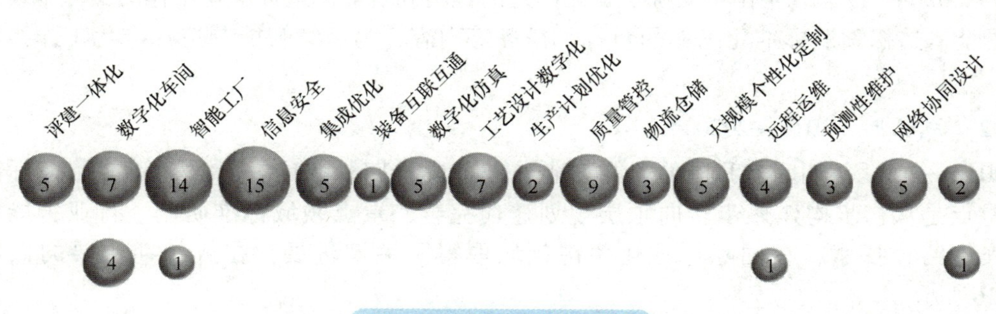

图 2-27 智能制造标准群

4. 数字孪生与智能制造的关系

智能制造的范畴比较广泛，在智能制造中，智能车间、智能生产、智能产品和智能服务等领域与物联网、大数据、人工智能等先进技术深度融合。

数字孪生起源于设计、形成于制造，最后以服务的形式在用户端和制造商之间保持联系。智能制造的各个阶段都离不开数字孪生，通过数字孪生，研发人员可以获取实体的反馈，得出一些优化的方案，让产品不断优化。数字孪生是实现信息物理融合的有效手段，一方面数字孪生能够支持制造的物理世界与信息世界之间的虚实映射与双向交互，从而形成“数据感知-实时分析-智能决策-精准执行”的实时智能闭环；另一方面数字孪生能够将运行状态、环境变化、突发扰动等物理实况数据与仿真预测、统计分析、领域知识等信息空间数据进行全面交互与深度融合，从而增强制造的物理世界与信息世界的同步性与一致性。

制造业是目前数字孪生最常用的行业，按时向用户提供保质保量的产品对制造企业至关重要，如果机器的运转不能协同并以适当的容量工作，就会影响员工、生产、可交付性以及最终用户的满意度。通过数字孪生技术采取实时监控，在不中断生产的情况下进行测试，并且能够从设施中收集的数百万个数字中获得更多信息，使制造企业更加智能。

2.7　数字孪生与工业边界

工业主要分为重工业和轻工业。重工业主要分为三类，第一类为采掘（伐）工业，是指对自然资源的开采，包括石油开采、煤炭开采、金属矿开采、非金属矿开采和木材采伐等工业；第二类为原材料工业，指向国民经济各部门提供基本材料、动力和燃料的工业，包括金属冶炼及加工、炼焦及焦炭、化学、化工原料、水泥、人造板以及电力、石油和煤炭加工等工业；第三类为加工工业，是指对工业原材料进行再加工制造的工业，包括装备国民经济各部门的机械设备制造工业、金属结构、水泥制品等工业，以及为农业提供的生产资料如化肥、农药等工业。轻工业指主要提供生活消费品和制作手工工具的工业，第一类是以农产品为原料的轻工业，指直接或间接以农产品为基本原料的轻工业，主要包括食品制造、饮料制造、烟草加工、纺织、缝纫、皮革和毛皮制作、造纸以及印刷等工业；第二类是以非农产品为原料的轻工业，指以工业品为原料的轻工业，主要包括文教体育用品、化学药品制造、合成纤维制造、日用化学制品、日用玻璃制品、日用金属制品、手工工具制造、医疗器械制造、文化和办公用机械制造等工业。

工业边界与工业息息相关，如在汽车制造业中，自动驾驶汽车不是一个简单的制造业的产物，而是一个融合产业的产物，它是一个产业之间融合或者说企业之间融合的形式。如数字孪生城市实际上就是将工业领域所用的数字孪生概念运用到整个城市的治理中；如智慧园区管理为工业园区的企业提供智能化的生产环境和高效的生产管理系统，从而大幅提高生产率和产品质量；如石油化工行业，在管道运输中数字孪生技术的运用及数字孪生赋能信息化平台的整合等。

1. 自动驾驶系统

自动驾驶是汽车产业与人工智能、高性能计算、大数据、物联网等新一代信息技术以及交通出行、城市管理等多领域深度融合的产物，对降低交通拥堵、事故率，帮助城市构建安全、高效的未来出行结构，对汽车产业变革，以及城市交通规划具有深远的影响。

自动驾驶技术发展的第一阶段，是基于传感器数据的自适应巡航控制（ACC）系统。自适应巡航控制系统利用雷达和激光传感器监测前方车辆的距离和速度，并根据这些数据控制车辆的速度和行驶方向。

自动驾驶技术发展的第二阶段为基于传感器数据和地图信息的自动泊车和道路保持系统。在第一阶段的基础上，自动泊车和道路保持系统的出现使得自动驾驶技术又向前迈进了一步。它利用 GPS、激光雷达、图像识别等技术对车辆周围环境进行监测和分析，并根据地图信息和路标指示实现车辆自主泊车和道路保持。这项技术在 2003 年由丰田汽车公司首次推出，随后得到了其他车企的广泛应用。自动驾驶如图 2-28 所示。

自动驾驶技术发展的第三阶段为基于传感器数据和计算机视觉技术的自动驾驶系统。自动驾驶系统基于传感器和计算机视觉技术采集海量的数据，实现车辆的自动导航和行驶，同时还需要人工智能和深度学习等技术，以实现更高层次的自主决策和判断能力。目前，国内外很多厂商都在研究和开发自动驾驶系统，如谷歌、特斯拉、百度、腾讯等。

图 2-28　自动驾驶

自动驾驶技术发展的第四阶段为基于深度学习和人工智能的自动驾驶系统。这项技术结合了计算机视觉、语音识别、自然语言处理等多种技术，通过对大量数据的学习和训练，实现更加精准的车辆控制和决策能力。目前，很多国际一线车企都在积极探索和研究这项技术。自动驾驶系统第四阶段如图 2-29 所示。

图 2-29　自动驾驶系统第四阶段

2. 城市数字孪生

2021 年 12 月，国家标准化管理委员会、中央网信办、科技部、工业和信息化部等十部门联合印发《“十四五”推动高质量发展的国家标准体系建设规划》。该规划明确指出“围绕智慧城市分级分类建设、基础设施智能化改造、城市数字资源利用、城市数据大脑、人工智能创新应用、城市数字孪生等方面完善标准体系建设”，明确将城市数字孪生纳入智慧城市标准体系的重要组成部分。

(1) 城市数字孪生概述

随着智慧城市发展理念不断变革和数字孪生相关技术的不断发展，城市数字孪生的理念孕育而生。城市数字孪生契合了当前为产业转型升级赋能的战略需求，是城市在物理空间、社会空间、数字空间融合发展的基础技术手段。城市数字孪生是智慧城市建设新的创新源和发力点，将成为智慧城市发展新阶段的核心底座。城市数字孪生如图 2-30 所示。

图 2-30　城市数字孪生

城市数字孪生是利用数字孪生技术，以数字化方式创建城市物理实体的虚拟映射，借助历史数据、实时数据、空间数据以及算法模型等，仿真、预测、交互、控制城市物理实体全生命周期过程的技术手段，可以实现城市物理空间和社会空间中物理实体对象以及关系、活动等在数字空间的多维映射和连接。城市数字孪生的概念模型如图 2-31 所示，包括物理空间、社会空间、数字空间三个部分。

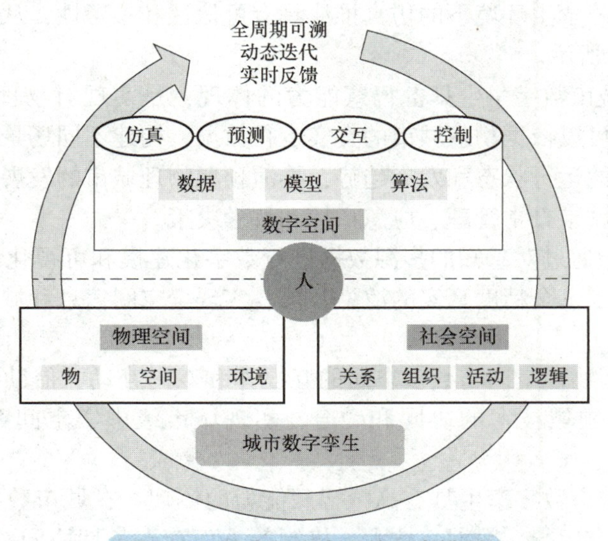

图 2-31　城市数字孪生的概念模型

物理空间包含城市时空位置、城市要素和城市生态环境。其中，城市时空位置是城市地理时间空间信息，包含城市各实体和实体间的时间、坐标信息和高程信息等；城市要素是构成城市的各类物理实体的总称，包含城市道路交通设施、能源设施、信息设施等；城市生态环境是构成城市自然环境的要素，包含土壤、植被、大气、水资源、物候、天气等。城市数字孪生物理空间是保障城市经济社会发展的重要支撑。

社会空间包含城市中的组织、活动、关系以及逻辑，用于描述城市社会中个体与个体、个体与群体、群体与群体等关系和活动的总和。其中，城市发展和社会治理中多元参与主体构成组织要素；多元参与主体围绕城市生活、生产和生态所开展的各类政治、经济、文化等活动构成活动要素；多元参与主体间相互作用并产生多维层次关系构成关系要素；社会关系变化和迁移过程所遵循的规律构成逻辑要素。

数字空间是与物理空间和社会空间映射连接形成的第三个关键空间。数字空间是城市数字孪生的载体。通过对城市物理空间和社会空间所包含城市要素实体的全域历史及实时数据的采集、汇聚、建模、分析以及反馈，数字空间完成对城市要素及活动的全周期可溯、动态迭代以及实时反馈，实现城市多维仿真、智能预测、虚实交互、精准控制。

（2）城市数字孪生的典型特征

1）全面感知。城市是一个复杂巨系统，时刻处于发展变化中，必须时刻掌握物理城市的全局发展与精细变化，实现孪生环境下的数字城市与物理城市同步运行。城市数字孪生通过布设覆盖城市范围的多种类型传感器，建立全域、全时段的物联感知体系，对城市运行状态进行多维度、多层次精准监测，全面获取影像、视频、各类运行监测指标等海量城市数据，实现对城市环境、设备/设施运行、人员流动、交通运输、事件进展等的全方位感知，实时获取城市全域、全量运行数据，为城市数字孪生提供数据基础。

2）精准映射。映射是构建数字世界并建立数字世界与物理世界紧密关系的过程。各类信息要素的精准匹配与精准表达是实现物理城市向数字城市映射的关键。城市数字孪生的实现场景下，物理城市与数字城市是一一对应、紧密融合、双向互动的关系。通过物联感知、数字化标识、多维建模等技术，数字空间可实现全域模型精准建立、全量数据精准标识、全盘孪生精准运行，保障孪生环境下的仿真推演具有可信性和参考性，从而指导物理世界运行管理决策，如图 2-32 所示。

3）智能推演是城市数字孪生具备智慧能力的体现，是实现对物理城市进行科学预测、指导与优化的关键。可以依据物理城市的真实运行数据，构建不同场景下的推演模型，进而模拟和分析物理城市的运行状态和发展趋势，推演预测物理城市的发展态势与运行结果，并提出优化建议，辅助城市日常管理、应急指挥和科学决策。

4）动态可视是指通过对感知的多源数据进行数字化建模和可视化渲染，为城市数字孪生提供全要素、全范围、全精度真实的渲染效果，实现全空间信息和城市实时运行态势的动态展示。

5）虚实互动是指物理空间与数字空间的互操作和双向互动，借助物联网、图形/图像、AR/VR、人机交互等领域技术的协同和融合，实现城市级虚实空间融合、控制与反馈等能力。

6）协同演进是城市数字孪生具有高阶智慧能力的体现。在城市数字孪生过程中，物理城市与数字城市在城市运行、数据、技术、机制等方面存在长期协同关系，长期相互反馈、相互影响。

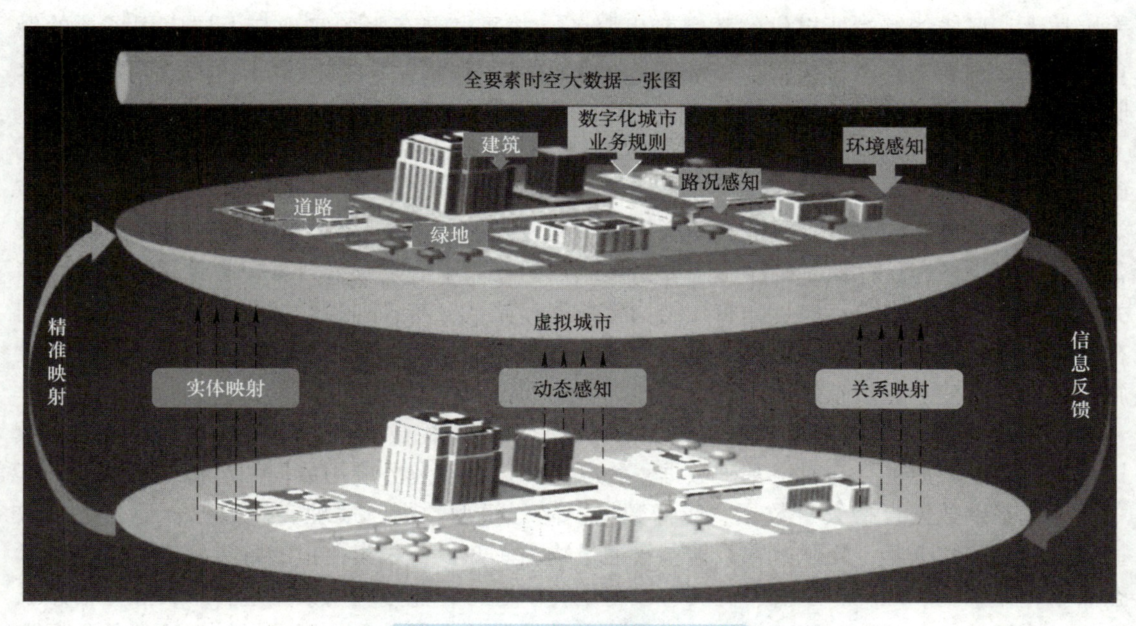

图 2-32　城市数字孪生精准映射

(3) 城市数字孪生技术的参考架构

城市数字孪生技术的参考架构如图 2-33 所示，主要分为物理空间、数字空间、社会空间、应用及用户。

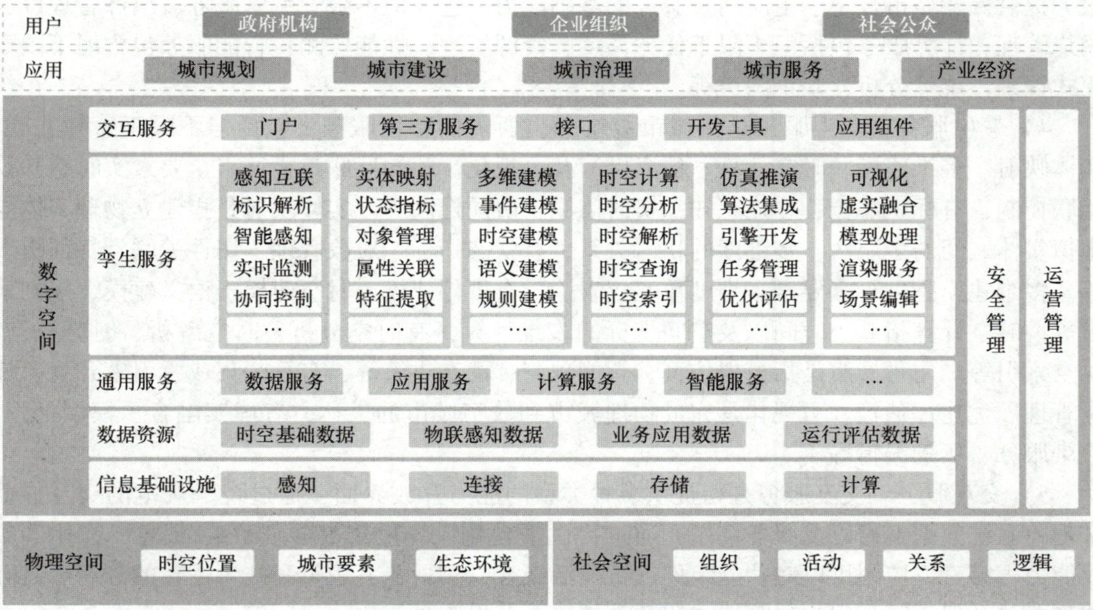

用户	政府机构、企业组织、社会公众
应用	城市规划、城市建设、城市治理、城市服务、产业经济
数字空间·交互服务	门户、第三方服务、接口、开发工具、应用组件
数字空间·孪生服务	感知互联（标识解析、智能感知、实时监测、协同控制、…）；实体映射（状态指标、对象管理、属性关联、特征提取、…）；多维建模（事件建模、时空建模、语义建模、规则建模、…）；时空计算（时空分析、时空解析、时空查询、时空索引、…）；仿真推演（算法集成、引擎开发、任务管理、优化评估、…）；可视化（虚实融合、模型处理、渲染服务、场景编辑、…）
数字空间·通用服务	数据服务、应用服务、计算服务、智能服务、…
数字空间·数据资源	时空基础数据、物联感知数据、业务应用数据、运行评估数据
数字空间·信息基础设施	感知、连接、存储、计算
数字空间（贯穿）	安全管理、运营管理
物理空间	时空位置、城市要素、生态环境
社会空间	组织、活动、关系、逻辑

图 2-33　城市数字孪生技术的参考架构

物理空间。为实现城市数字孪生，首先需对物理空间以及社会空间中的物理实体对象、事件对象以及关系对象进行数字空间的虚拟表达以及映射。在此基础上，依托信息基础设施实现数据的汇聚、传输以及处理，形成数据资源，在通用服务能力的支撑下进一步融合数字孪生技术，形成能够对外提供的数字孪生服务，并通过交互服务实现与上层应用场景的融合。同时，需提供立体化安全管理以及全生命周期的运营管理，保障数字空间各类资产以及服务的安全高效运行。

1）信息基础设施：信息基础设施是指提供感知、连接、存储以及计算能力的数字化基础设施。其中，感知基础设施包含嵌入式传感基础设施、物联网基础设施以及测绘基础设施等；连接基础设施包含 5G 网络、车联网、窄带泛在感知网、全光网络等先进连接通信设备、设施以及系统；存储基础设施主要指多级数据存储中心以及云数据中心，涵盖多种存储方式，包括分布式文件存储、分布式结构化数据存储、分布式列式数据存储、分布式图数据存储；计算基础设施包含高性能计算、分布式计算、云计算以及边缘计算等先进计算基础设施，支持城市建立虚拟一体化计算资源池。

2）数据资源：数据资源是城市各类数据的总和，是构建城市数字孪生系统的基础。数据资源从数据来源可分为时空基础数据、物联感知数据、业务应用数据和运行评估数据。其中，时空基础数据包括矢量数据、影像数据、高程模型数据、地理实体数据、地名地址数据、三维模型数据等；物联感知数据包含通过物联感知设备采集上报的各类感知数据以及状态数据，如温度、湿度、压强、亮度、设备运行状态等；业务应用数据包含来自业务信息系统、行业领域信息系统、第三方社会机构信息系统等的多源业务应用数据；运行评估数据主要包括城市规划、城市管理、经济发展、环境保护、气象、能源、交通等领域运行成效以及评估数据。

3）通用服务：通用服务为城市数字孪生提供基础共性能力支撑。其中，数据服务是对数据资源利用提供的通用支撑服务，包含但不限于数据模型、资产管理以及数据治理；应用服务提供保障城市数字孪生应用及服务的基础能力，包含但不限于引擎服务、组件管理以及用户管理；计算服务包括但不限于任务调度、资源管理、性能监测；智能服务包含但不限于模式识别、统计分析、知识图谱等。

4）孪生服务：孪生服务是指城市数字孪生所需的特性服务，包括但不限于感知互联、实体映射、多维建模、时空计算、仿真推演及可视化。感知互联是指城市全要素实时感知及互联控制，有标识解析、智能感知、实时监测、协同控制等。实体映射是指建立物理实体与虚拟实体之间的多层次、多维度的映射关系，有状态指标、对象管理、属性关联、特征提取等。多维建模是进行全要素多维度数字化表达，有事件建模、时空建模、语义建模、规则建模等。时空计算指基于时间以及空间坐标的多维计算，有时空分析、时空解析、时空查询、时空索引等。仿真推演是指模拟仿真、智能预测、动态决策等，有算法集成、引擎开发、任务管理、优化评估等。可视化是完成物理城市到数字城市的表达，有虚实融合、模型处理、渲染服务、场景编辑等。

5）交互服务：交互服务是指提供多种类型的能力开放界面，通过统一规范的交互界面实现跨系统数据互通以及服务调用，通过提供平台化、轻量化数据、API、消息、应用等集成能力，第三方应用可以对功能组件进行灵活组合，实现业务逻辑和技术逻辑的分离。其开放形式包含但不限于门户、第三方服务、接口、开发工具、应用组件等。

6）安全管理：安全管理是指根据城市安全管理制度，开展数据安全、信息系统和网络安全、安全预警和应急处理等管理工作。

7）运营管理：运营管理是指基于数字模型和标识体系、感知体系以及各类智能设施，实现城市基础设施、地下空间、能源系统、生态环境、道路交通等运行状况的实时监测和统一呈现，通过数字模型和软硬件系统，实现快速响应、决策仿真、应急处理以及设备和系统的运行、维护和运营，实现城市要素、生态环境等运行状况的实时监测和统一呈现。

3. 智慧园区管理

我国智慧园区将迎来高速发展的浪潮，探索更集约、更绿色、更高效的增长方式。在新技术和新需求的双重驱动下，园区业务场景和商业模式不断升级和革新，向着一体化、生态化、定制化和可持续发展的智慧空间不断演进。

园区作为城市的基本单元，扮演着智慧城市领航者的角色。英国、新加坡、加拿大等国都在积极尝试开展智慧园区建设，践行要素创新、绿色低碳、敏捷感知、以人为本、实用至上等核心发展理念，并取得了良好的经济和社会效益。

（1）智慧园区发展趋势

人类经济经历了农业经济、工业经济和数字经济三个重要阶段，对于每一种不同的经济形态，主要的生产要素不一样，对应所需要的基础设施形态也会发生变化。农业经济时代，主要的基础设施是交通和水利；工业经济时代，在农业经济时代基础上增加了能源相关基础设施；到了数字经济时代，在工业经济时代的基础上需要增加 ICT（信息通信技术）基础设施，以数据、算力等核心生产要素引发产业变革，以 ICT 基础设施驱动新经济形态发展，智能感知、智能交互、智能服务等功能在智慧园区内融为一体，未来智慧建筑将变为智能终端，可感知人的生理、心理、行为状态，并提供相应的物理环境、心理环境和安全行为需求，实现价值导向模式创新、平台赋能产业生态共生共荣发展、数据支撑卓越运营、全要素聚合、全场景智慧的极致体验，如图 2-34 所示。

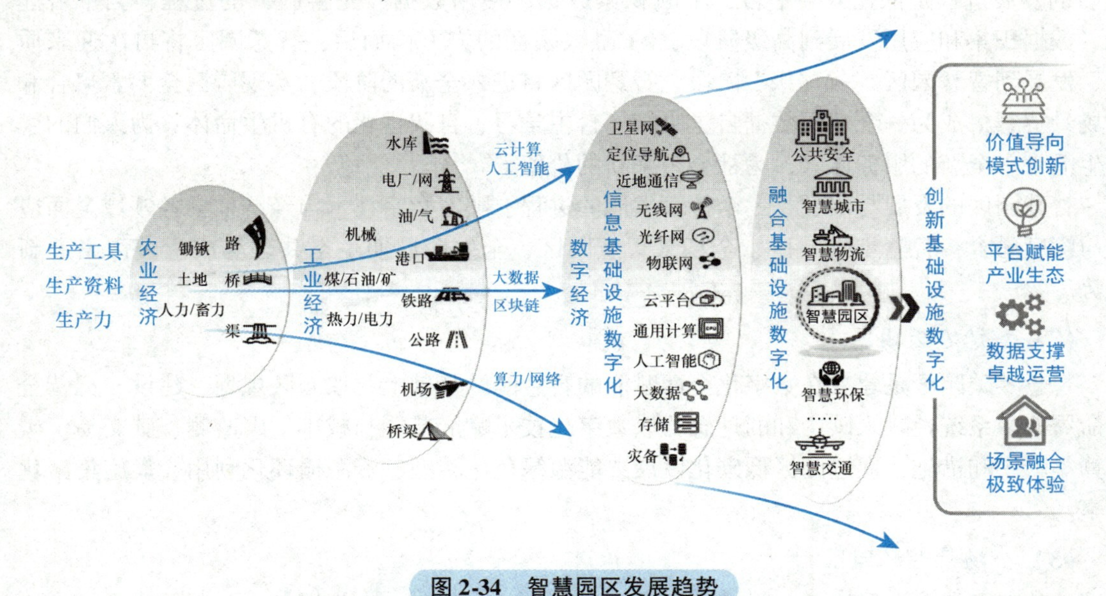

图 2-34　智慧园区发展趋势

随着数字技术的发展和经济社会新需求的驱动，智慧园区也一直在发展和演进着，从智慧化程度的视角，可把智慧园区的发展总结为“三阶四级”，如图 2-35 所示。智慧园区“初始级”的特征是智慧化基础设施基本构建，实现基于垂直系统打通的单点智能，如基于人脸识别的闸机通行、基于摄像头的安防监控等，它们可以基于单系统提供相应的智慧化功能服务，目前我国大多数园区还处在智慧园区“初始级”阶段。

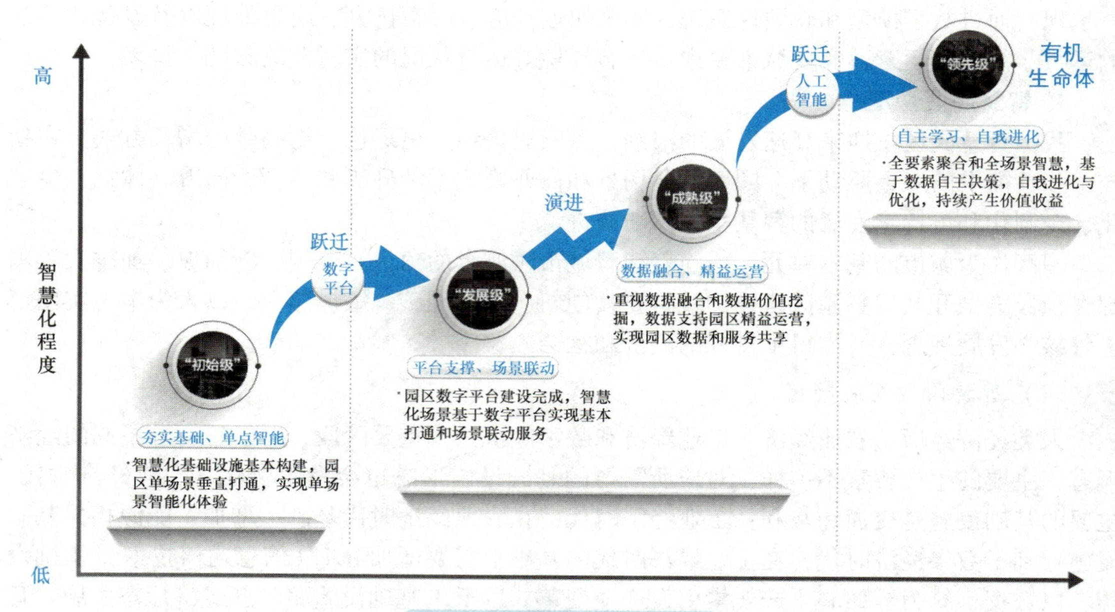

图 2-35　智慧园区演进阶段

智慧园区“初始级”向园区“发展级”跃迁的本质是从传统垂直系统架构向基于数字平台的分层架构演进的过程，数字平台是园区“发展级”的先决条件。“发展级”向“成熟级”的发展过程是依托数字平台，不断积累数据、使用数据、完善服务的过程，当平台能力、数据积累和应用发展到高级阶段，AI 融入园区的方方面面后，智慧园区将再次迎来质变，发展到智慧园区“领先级”阶段，智慧园区将进入全新的阶段，实现园区全要素聚合和全场景智慧，成为一个基于数据自主决策、自主学习、自我进化的有机生命体，为人们的生产生活带来全新的服务体验，为社会带来新的价值。

智慧园区的发展与演进是一个持续发展的过程，随着数字技术与经济社会各领域全面应用与深度融合，智慧零碳园区、全场景智慧园区、全生命周期生态共建等成为园区发展新趋势。

（2）智慧零碳园区

智慧零碳园区是建立在数字化全面赋能的智慧园区基础上，在园区规划、建设、运营全生命周期中系统性融入碳中和的理念，以数字化技术赋能节能、减排、碳监测、碳交易、碳核算等碳中和措施，促进园区低碳化发展、能源绿色化转型、资源循环化利用、设施集聚化共享。

（3）全场景智慧园区

智慧园区的全场景智慧园区是智慧园区发展新阶段，体现在数据融合、场景联动、敏捷创新等方方面面，让智慧可以呈现在园区的每个角落，实现对园区全域的精准分析、系统预测、协同指挥、科学治理和场景化服务。

（4）全生命周期智慧园区管理

全生命周期智慧园区管理是指将全生命周期管理的理念和方法贯穿到智慧园区投资、规划、建设、运营全过程中，实现园区投资、规划、建设、运营主体、运营管理手段、生态合作资源、运营模式等要素的统筹协调，避免各个要素本身及要素间的冲突矛盾，实现园区全生命周期内整体社会价值最大化。全生命周期智慧园区管理比较关注全过程中的价值产生与服务体验，通过数据等要素的流动构建园区管理与运营的闭环链条。

4. 数字孪生赋能石油化工

近年来，数字孪生技术在石油化工行业应用进展，并在石油化工领域中遇到挑战。数字孪生技术应用于石油勘探、化工产业、智能油气藏。

通过开展数字孪生在石油化工生产过程建模与参数优化、工艺参数设计与仿真、系统健康监测与远程维护等方面的应用研究，数字孪生技术有效提高了石油化工领域的数字化、智能化程度。

（1）数字孪生在油田勘探的应用

利用物联网、云计算、大数据、人工智能等技术，深入挖掘现有的油田勘探数据资源，寻找油气勘探开发数字孪生实现方法，将油气勘探开发的物理空间映射到虚拟数字空间，并与数字孪生系统进行融合，这种方式将改进现有汽油勘探模式与技术，降低石油勘探开发成本。图2-36所示为数字孪生与石油勘探。

图2-36　数字孪生与石油勘探

（2）数字孪生石油工程装备全生命周期数字化

数字孪生在石油工程装备管理平台的基础上开展装备全数字化技术研究，构建装备工业物联网，探索设计、生产、操纵、经营、维护等生命周期数据之间的联系，在数字孪生系统中把控产品质量，在装备现场验证数据正确性，提升装备机能并改进其生产工艺，无须亲临现场，通过数字孪生系统远程监控各类数据，可全方位数字化石油工程装备，实现智能石油工程建设与智慧化发展的景愿，如图2-37所示。

（3）钻井过程数字孪生

数字孪生在钻井过程中的应用，是通过创建物理信息系统来监测数据驱动信息空间中构建的设备运行状态，实现钻井平台关键设备变化情况的模拟和预测，达到实现钻井平台与虚拟空间模型相互映射、相互指导的作用，如图2-38所示。

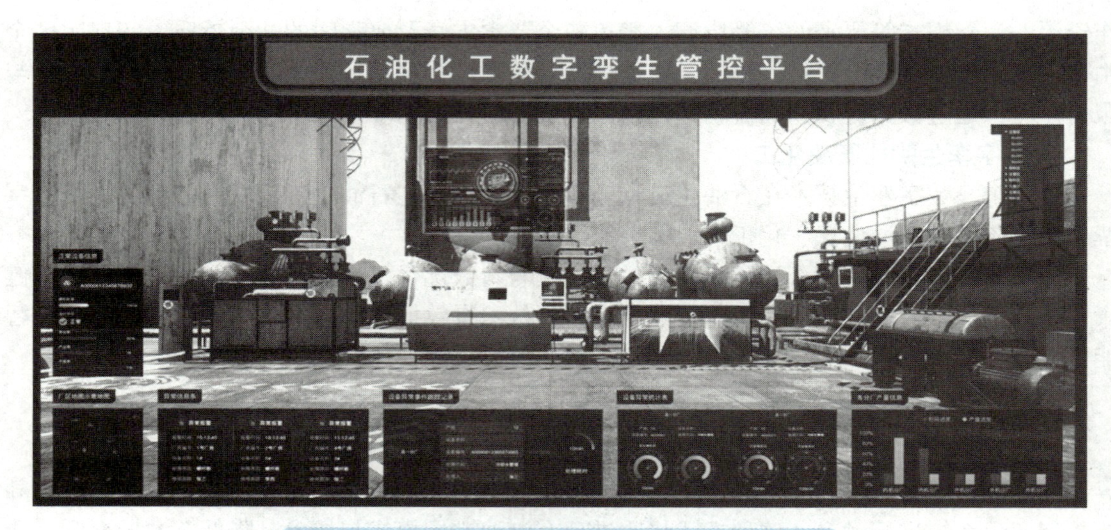

图 2-37　数字孪生石油工程装备全生命周期数字化

图 2-38　数字孪生在钻井平台的应用

（4）数字孪生与石油管道

在石油管道中通过在线监测，可获得大量管道运行数据，再通过数字孪生利用虚拟现实技术，获得石油管道 3D 数据图像。用户通过对石油管道虚拟图像进行处理，利用全息透视眼镜，便可清晰观测管道内情况。同时，将管道附近反映地质变化状况的重点区域进行热图成像，用户利用该图像便能更好地发现小凹痕、裂缝、腐蚀区域等地质变化状态以及管道应变等潜在危险，如图 2-39 所示。

（5）石化行业数字工厂应用平台

数字孪生在传统的石化信息系统，如 ERP 系统、MES（制造执行系统）、维修管理系统、安全环保系统等基础上根据业务驱动，扩展了大数据分析系统、数据挖掘、先进控制系统、在线实时优化、工业云平台等，将数字工厂与管理系统集成、数字工厂与生产过程监控系统集成、数字工厂与设备管理系统集成、工艺培训管理集成，进一步优化工作流程，提高产能。

图 2-39　数字孪生与石油管道

2.8　本章小结

本章围绕数字孪生的相关领域展开，主要介绍了全生命周期概念及与数字孪生之间的管理、云计算、云计算与数字孪生之间的管理、大数据的特征与数字孪生之间的关系、工业互联网发展历程及其意义、车间生产与数字孪生的关系、智能制造的发展趋势与数字孪生之间的关系以及工业边界（如自动驾驶技术、石油化工与数字孪生）等。通过本章的学习能进一步理解数字孪生赋能于多个领域。

【本章习题】

1. 单项选择题

1）产品全生命周期具体指产品策划、产品实现、（　　）、产品运营四个阶段。

A. 产品交互　　B. 产品设计　　C. 产品生产　　D. 产品规划

2）产品生命周期管理简称（　　）。

A. PCM　　B. PLM　　C. PDF　　D. PAM

3）计算机辅助设计简称（　　）。

A. BCD　　B. CBD　　C. CAD　　D. BAD

4）下列选项不属于大数据特征的是（　　）。

A. 冗余　　B. 海量　　C. 多样　　D. 高速度

5）大数据起源为（　　）。

A. 金融　　B. 电信　　C. 互联网　　D. 公共管理

6）当前的大数据技术首先是（　　）提出的。

A. 亚马逊　B. 腾讯　C. 阿里　D. 谷歌

7）电子计算机断层扫描简称（　　）

A. OT　B. CT　C. DT　D. ICT

8）工业互联网平台主要有数据汇聚、（　　）、知识复用、应用创新四项功能。

A. 数据分析　B. 虚拟仿真　C. 建模分析　D. 云计算

9）车间生产以（　　）为核心。

A. 流程　B. 生产　C. 管理　D. 设备

2. 判断题

1）大数据为数字孪生提供了数据支持。（　　）

2）智能制造工业先行。（　　）

3. 多项选择题

1）大数据的类型多种多样，下列选项中属于大数据类型的有（　　）。

A. 日志　B. 视频　C. 网页　D. 突变

2）工业物联网的实现离不开（　　）等先进的技术

A. 云计算　B. 物联网　C. 大数据　D. 人工智能

3）下列选项属于智能制造范畴的是（　　）。

A. 智能工厂　B. 信息安全　C. 装备互联互通　D. 质量管控

4）下列选项属于工业边界范畴的是（　　）。

A. 自动驾驶　B. 数字工厂　C. 石油化工　D. 智慧物流

4. 简答题

1）简述工业互联网的发展意义。

2）简述工业互联网与数字孪生的关系。

3）简述我国智能制造标准化工作的推进情况。

第3章　数字孪生的基础技术

数字孪生技术是指通过建立数字模型来模拟现实世界中的物体、系统和流程，以实现全方位的监测和优化。数字孪生技术被认为是最高层次的管理系统，除了基本的监控功能，还可以从多个层次对物理系统发挥作用，如对物理系统进行健康状态检查、故障预测、故障定位、系统优化、提升适应环境的能力等，整体而言，数字孪生技术可以大幅提高实际物理系统的管理效率，在规划设计、运维、优化等方面都可以发挥重要的作用。

数字孪生是一个庞大又复杂的系统，涉及感知、数据、网络、计算、建模、可视化、应用等技术。

3.1　数字孪生的技术架构

数字孪生技术通过构建物理对象的数字化镜像，描述物理对象在现实世界中的变化，模拟物理对象在现实环境中的行为和影响，以实现状态监测、故障诊断、趋势预测和综合优化。对物理对象实现数字化镜像需要 IoT、网络、建模、仿真等基础支撑技术通过平台化的架构进行融合，搭建从物理世界到孪生空间的信息交互闭环。整体来看，数字孪生系统的技术架构应包含四个实体层级，如图 3-1 所示，自下而上分别为数据采集与控制实体、数字孪生核心实体、用户实体和跨域实体。

1. 数据采集与控制实体

数据采集与控制实体主要包括数据采集子实体和对象控制子实体，其中数据采集子实体覆盖测量感知、数据预处理和标识技术等技术，对象控制子实体覆盖对象控制、标识技术等技术。数据采集与控制实体主要负责孪生体与物理对象之间上行感知数据的采集和下行控制指令的执行。

2. 数字孪生核心实体

数字孪生核心实体是指数字孪生技术依托通用支撑技术（包括大数据、人工智能、云计算、边缘计算、区块链等）支撑运行管理子实体、应用和服务子实体、资源访问和交互子实体。其中运行管理子实体主要进行模型构建、模型同步、模型展示和模型管理；应用和服务子实体主要实现仿真技术、报告生成、分析计算和服务支持；资源访问和交互子实体主要包括资源接口、互操作、访问控制和即插即用，它们之间相互关联，实现模型构建与融合、数据集成、仿真分析、系统扩展等功能，这些功能也是生成孪生体并拓展应用的主要载体。

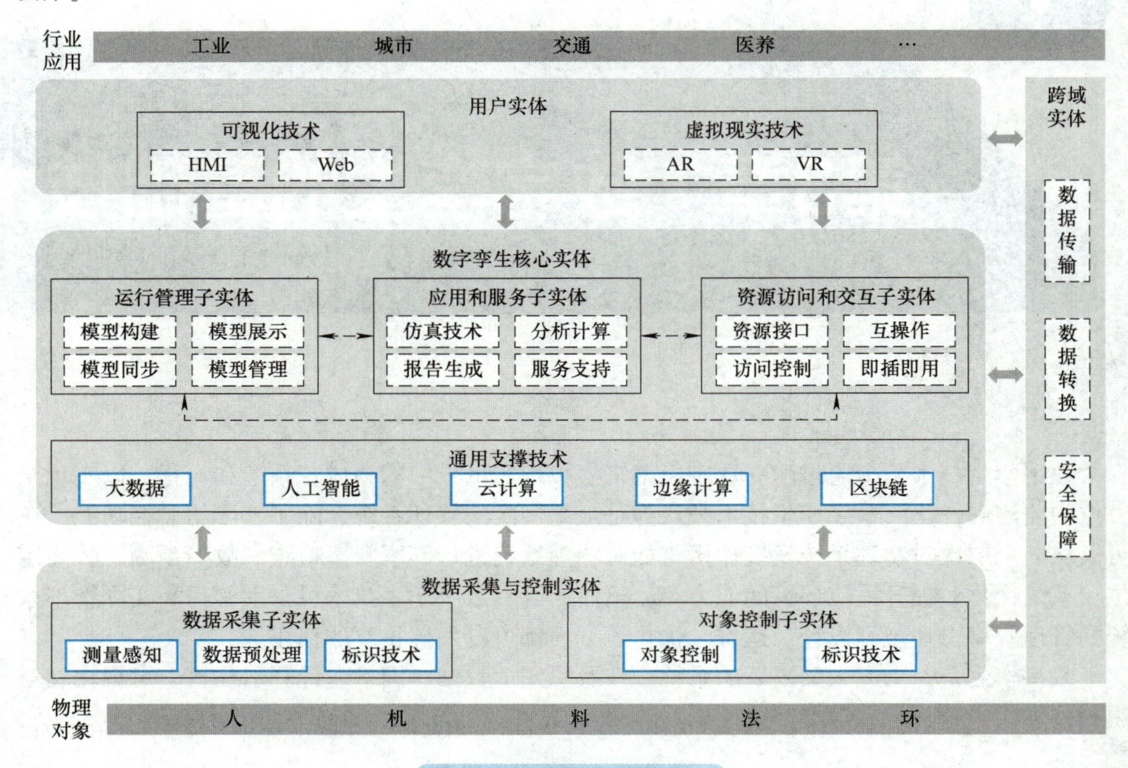

图 3-1　数字孪生技术架构

3. 用户实体

用户实体以可视化技术和虚拟现实技术为主来实现人机交互功能。其中可视化技术主要采用 HMI 和 Web 技术，虚拟现实技术主要采用 AR 和 VR。

4. 跨域实体

跨域实体承担各实体层级之间的数据传输、数据转换和安全保障等职能。

3.2　基础技术：感知

感知技术是物联网的关键技术之一。物联网分为网络层、应用层、感知层。网络层相当于人的神经中枢和大脑，其作用是传递和处理感知层中获取的信息；应用层是物联网和用户之间的接口，它与具体的业务需求结合起来，实现物联网的智能应用；感知层是物联网中物理识别、采集信息的来源，其主要功能就是识别物体，对信息进行采集。物联网技术架构如图 3-2 所示。

1. 感知层概述

人类通过视觉、听觉、嗅觉、味觉、触觉这五种感觉器官来直接获取外界的信息，通过神经将载有外界信息的信号传递给大脑进行分析、综合和判断，从而感知外界事物和信息，做出相应的反应。感知层犹如人的感知器官，物联网依靠感知层识别物体和采集信息。感知层是物联网的基础，由具有感知、识别、控制和执行等功能的多种设备组成，通过采集各类环境数据信息，将物理世界与信息世界联系在一起。

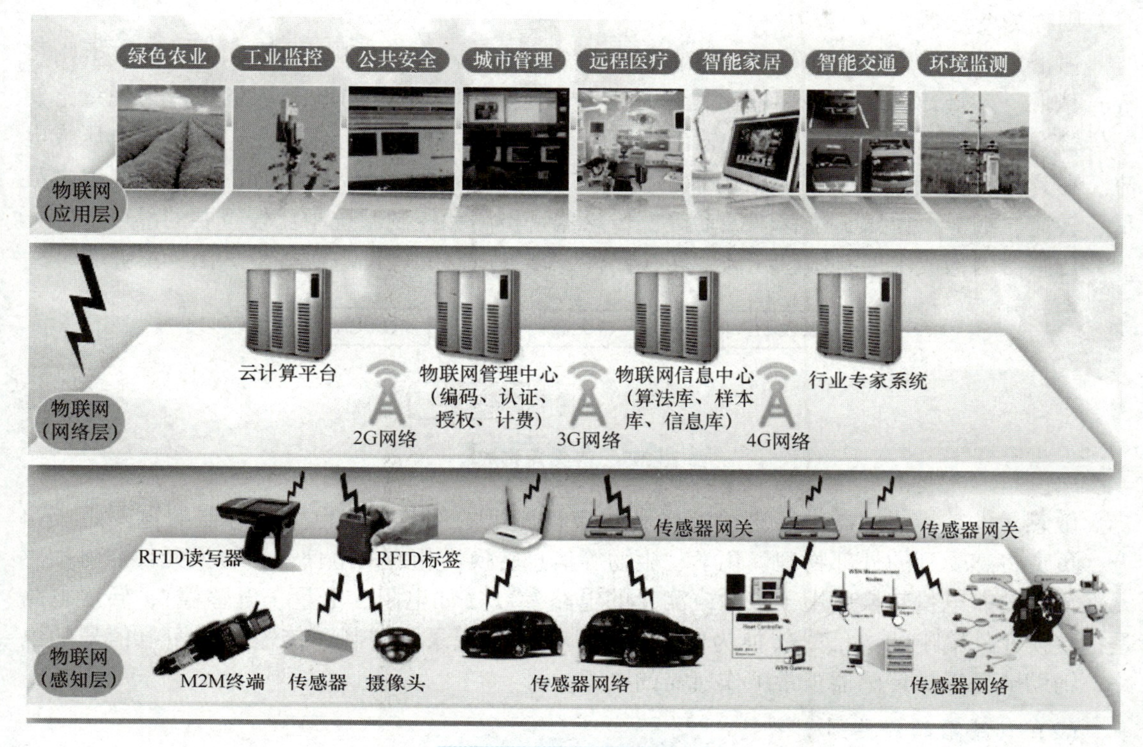

图 3-2 物联网技术架构

感知层包括信息采集和通信子网两个子层。感知层由基本的感应器件以及感应器组成的网络两大部分组成。感应器件以传感器、二维码、条形码、RFID、智能装置等作为数据采集设备，并将采集到的数据通过通信子网的通信模块和延伸网络与网络层的网关交互信息。感应器组成的网络主要有 RFID 网络、传感器网络等，延伸网络包括传感网、无线个域网（WPAN）、家庭网、工业总线等。

2. 传感器

信息技术是通过对外界信息进行采集、传输、存储、加工、表达的各种技术之和，主要由测量技术、计算机技术、通信技术组成。其中，测量技术是关键和基础，主要包括测量系统的基础传感器、通信系统及计算机系统。作为获取外界信息窗口的传感器是信息技术系统中十分重要的组成部分。

传感器实际上是一个功能块，用来将外界的各种信号转换成电信号。传感器的作用包括信息收集（如计量测试、状态检测）、信息交换和控制信息采集。其中测量是传感器的基本作业，也是目的。传感器技术目前应用于各行各业、各个领域，有着不可替代的作用，如国防科技、科学研究、工业生产、现代医学、现代农业、家用电器、环境监测、海洋开发、交通运输、航空航天、资源探测、生物工程、儿童玩具等都有传感器的应用。

（1）传感器的定义与组成

根据国家标准 GB/T 7665—2005《传感器通用术语》中传感器的定义为“能感受被测量并按照一定的规律转换成可用输出信号的器件或装置，通常由敏感元件和转换元件组成”。

敏感元件指的是能直接感受或影响被测量的部分；转换元件指的是传感器中能将敏感元件感受或响应的被测量转换成适于传输或测量的电信号部分；当传感器的输出为规定的标准信号时，则称为变送器。

通俗来讲，传感器是一种以一定的精确度把被测量（可以是物理量、化学量、生物量等）依照一定规律转换成可用输出信号的器件或装置。传感器的输出量是某种物理量，便于传输、转换、处理和显示，这些输出量可以是气、光、电等，但主要是电量，如电压或电流。在具体的生产过程中，根据场景不同，需要检测不同的参数，如力、温度、湿度、流量、转速、烟雾、血压、位移、振动等，传感器是检测和控制系统中比较重要的部分。

传感器的构成主要有敏感元件、转换元件、转换电路和辅助电源等，如图 3-3 所示。

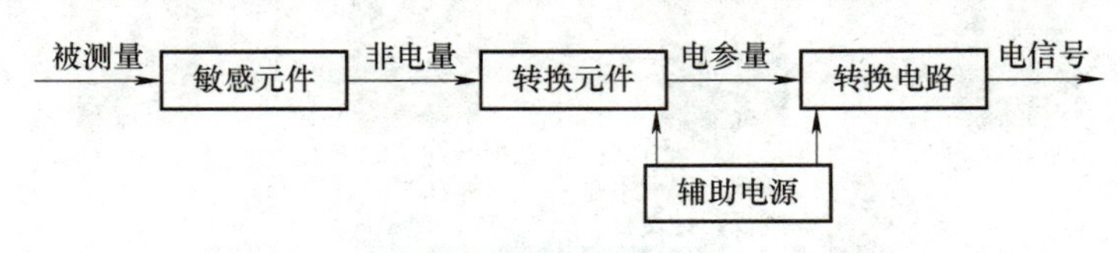

图 3-3　传感器构成

敏感元件是指传感器中能直接感受和响应被测量的部分，它也是传感器的重要组成部分，负责将感受到的外部物理、化学、生物等信息转换为相应的电信号；转换元件能将敏感元件输出的非电量转换成用于传输或测量的电路参数（如电阻、电量、电感等）；转换电路是把转换元件输出的电信号转换为便于处理、显示、记录、控制和传输的可用电信号的电路；辅助电源提供传感器正常工作所需的电源。

(2) 传感器的分类

在具体的工程实践中，传感器的种类多种多样，可以按用途、工作原理、输出信号、制造工艺等进行分类。

1）传感器按用途可分为压力传感器、力传感器、位置传感器、流量传感器、速度传感器、加速度传感器、光传感器、温度传感器等。部分位置传感器如图 3-4 所示。

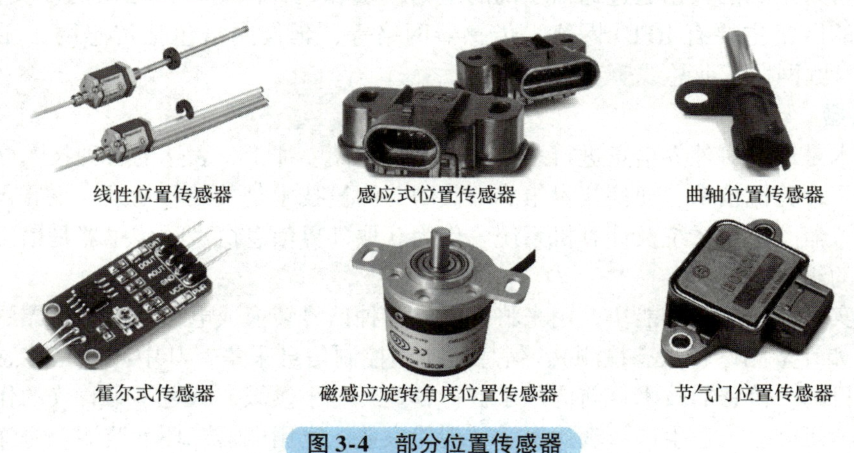

图 3-4　部分位置传感器

2）传感器按工作原理可分为振动传感器、温湿度传感器、磁电式转速传感器、气体传感器、真空传感器、生物传感器等，如图 3-5 所示。

3）传感器按输出信号可分为模拟式传感器、数字式传感器等，如图 3-6 所示。

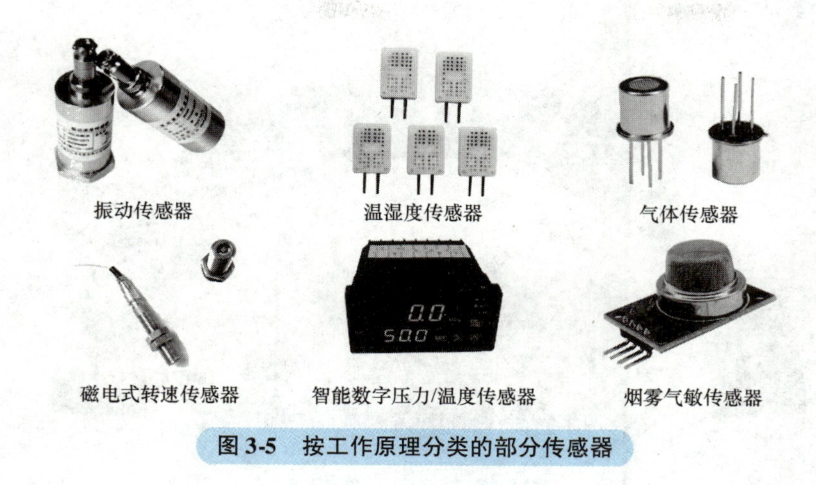

图 3-5　按工作原理分类的部分传感器

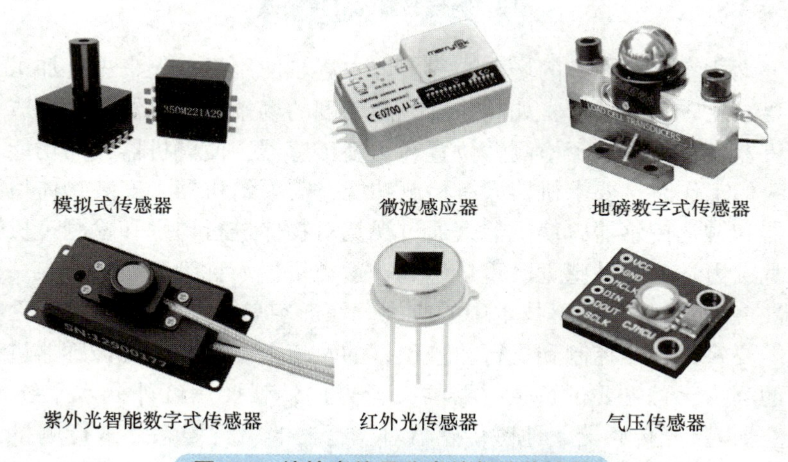

图 3-6　按输出信号分类的部分传感器

4）传感器按其制造工艺可分为集成传感器、薄膜传感器、厚膜传感器、陶瓷传感器；按测量目的可分为物理量传感器、化学量传感器、生物量传感器；按其构成可分为基本型传感器、组合型传感器、应用型传感器；按使用形式可分为主动传感器、被动型传感器。

（3）传感器的应用领域

传感器的应用领域很广，可以用在国防、科研、工业、教育、医疗、文物、办公、住宅等领域，如图 3-7 所示。

素养园地

以传感器在各行各业的应用融入素养教育，目前传感器在石油、化工、医疗、教育、国防、办公、电力、钢铁、自动驾驶、机械等行业中应用，科技正在促进不同行业的发展。

1）传感器在工业及能源管控领域的应用。在石油、化工、电力、钢铁、机械等加工工业中，传感器起到相似于人类感觉器官的作用，它每时每刻根据需求来完成各种信息的检测，将检测的大量信息通过自动化的控制、计算机处理等进行反馈，用以生产过程中指令、工艺管理及安全等方面的控制。将电子、计算机、传感器等有机结合，在实现自动化控制方面起到了关键的作用。

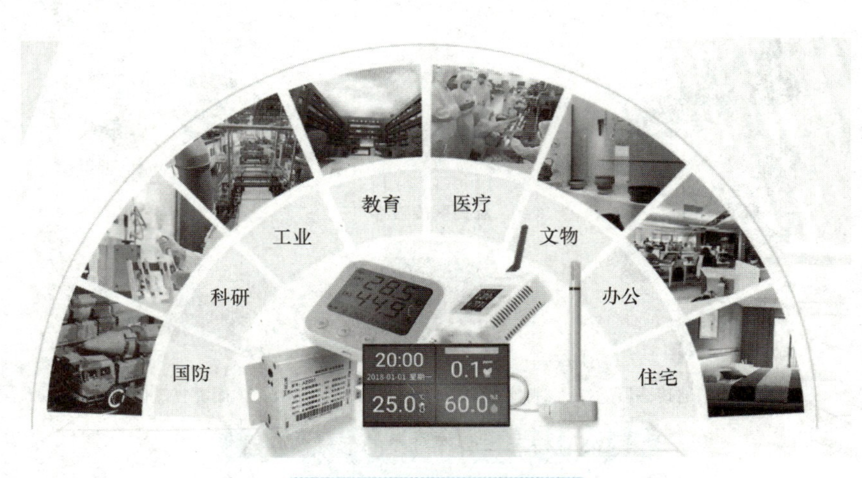

图 3-7　传感器的应用领域

在劳动强度大或者危险作业的场所，很多地方逐步使用机器人来进行加工、组装、检验等工作，一些要求比较高的场所，如高速度、高精度的场景，由机器人来完成相应的工作非常合适。这些机器人身上采用了检测臂位置和角度传感器，使得机器人的功能与人的功能类似。从事更高级的工作时，要求机器人有检测功能，需要给机器人安装物体检测传感器，特别是视觉传感器和触觉传感器，使机器人通过视觉对物体进行识别和检测。机器人通过触觉对物体产生压觉、力觉、滑动感觉、重量感觉，这类机器人称为智能机器人。

2）传感器在航空航天与遥感技术中的应用。在航空航天的飞行器上广泛地使用有各种类型的传感器。要将飞行器控制到飞行轨迹预订的轨道上，需要使用传感器进行速度、加速度、飞行距离的测量。首先要了解飞行器的飞行方向，就要用红外光水平线传感器（陀螺仪）、阳光传感器、星光传感器、地磁传感器对飞行器的飞行姿态等进行测量，还有飞行器周围的环境、飞行器本身的状态以及内部设备，都需要传感器进行检测。遥感技术是飞机、人造卫星、宇宙飞船以及船舶在远距离大区域内对物体进行检测的一门技术，可以通过紫外光、可见光、远红外光、微波等传感器进行检测。船舶可以采用超声波传感器进行水下观测，探测矿产资源可利用人造卫星上的红外光接收传感器对地面发出红外光的量进行测量。遥感技术目前已经在土地利用、矿产资源、地质、气象、农林业、水利资源、军事等领域得到广泛的应用。

3）传感器在交通安全驾驶方面的应用。传感器在交通方面的应用不仅仅限于行车速度、行驶距离、发动机转速、燃料剩余等参数的测量，还应用在汽车交通事故、疲劳驾驶、行驶安全等方面。如汽车的安全气囊、防盗装置、防滑控制、电子速率控制装置、防抱死装置、排气循环装置、电子燃料装置等都应用了传感器。近年来，驾驶员状态监测系统迅速兴起，可以保障道路安全并提升驾驶体验。因此，欧盟和美国国家公路交通安全管理局等监管机构开始要求汽车制造商使用驾驶员状态监测系统。驾驶员的监控设备将来可能会变成法规强制设备。现在落实比较快的是车内人员站位的检测，采用的方法是用红外光源加上图像传感器和算法判别去检测车内是否有人员站位的状况。车内人员检测如图 3-8 所示。如欧洲新车安全评鉴协会（NCAP）近期更新了雷达标准，便于在新城中改善驾驶辅助功能，简单来说可以帮助盲点检测雷达传感器在 20km/h 的最低运行速度下检测到距离，采用这种传感器可以提高车道变速的安全性，可以让正在靠近的车辆有足够的时间做出反应（减速），从而确保车辆间始终可以保持安全的行驶距离。具体来说，如果车道变换开始 0.4s 后，发现目标车道上有正在靠近的车辆，必须以高于 $3.5m/s^2$ 的加速度减速，才能确保两车间的间距不会小于自主车辆 1s 内行驶的距离，自主车辆的此次变换则定义为临界状态。驾驶辅助功能如图 3-9 所示。

图 3-8 车内人员检测

图 3-9 驾驶辅助功能

4）传感器在医疗健康和环境保护方面的应用。在医疗健康上，传感器可以对血压、心脏内腔压力、血液、肿瘤、血液分析、人体表面和内部温度、脉波、心音、心脑电波等进行较准确的诊断。传感器赋能医疗工作的早期诊断、早期治疗、远程诊断以及人工器官的研制等功能，对医疗工作有着积极的作用。如香港理工大学研发的高灵敏度微型光纤传感器，创新了健康监测应用。香港理工大学电气工程系主任兼首席研究员 Tam 教授表示：“这款传感器具有足够高的灵敏度，能够检测到小于大气压力 1% 的极其细微的变化，也能够测量人体在呼吸时肺部产生的仅仅几千帕斯卡的压力变化。”

5）传感器在环境保护方面也有很多积极的作用，如大气污染、水质、雾霾、噪声等都可以通过传感器进行监测。如图 3-10 所示，如采用嵌入低功耗无线通信模块的环境监测采集终端，搭建土壤墒情、空气、水质、污染源监测站，建设环境保护物联网采集网关，建设传感器与物联网关基于低功耗窄带物联网的数据采集网络，对城域范围内的大气环境、生态资源、水资源和土壤、危化品环保数据进行广泛收集，可实现对空气质量、污染源、辐射等环境因素的泛在感知；再采用智慧环境监控云平台，接入数据采集网上传的数据，并对数据进行深度挖掘和模型分析，建立面向对象的业务应用系统和信息服务门户，可为各级行政主管部门、合作单位等提供环境监控因素的实时预警，为城市生态安全评价、灾害模拟演练、污染源控制、应急指挥调度等提供数据辅助分析平台和决策依据。

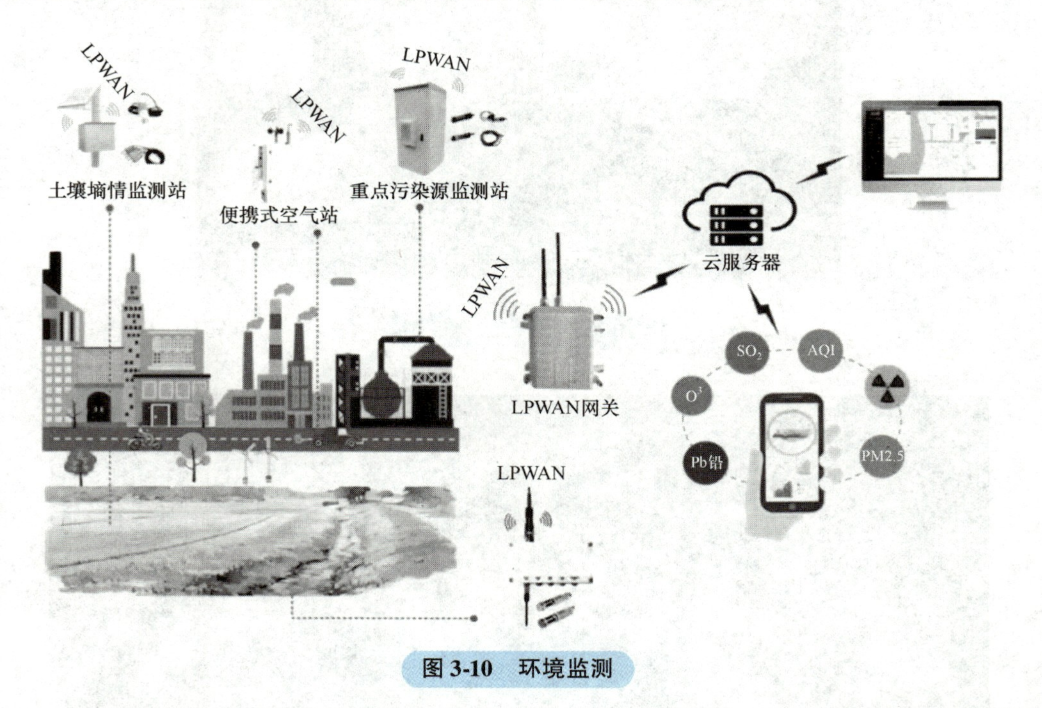

图 3-10　环境监测

6）传感器在家电产品多样化和智能化方面的应用。现在的家电产品智能化越来越普及，家电产品智能化传感器功不可没，如安全监视与报警、耗能控制、太阳光自动跟踪、家务劳动、空调与照明、身体健康管理等都有传感器的贡献。现在社会，家庭安全和个人安全成为消费者的主要关注点，而传感器赋能家电智能化，无须对家里大动干戈，使用智能门锁、智能网关、门窗感应器、智能摄像头、多种家用警报器，如烟雾警报器，就可以对家居进行全方位的防护。传感器在家电产品智能化方面的应用如图 3-11 所示。

（4）传感器的性能指标

传感器的性能指标是指传感器的灵敏度、使用频率范围、动态范围和相移等参数。

1）灵敏度：指沿着传感器测量轴方向单位振动量输入 x 可获得的电压信号输出值 u，即 $s=u/x$。与灵敏度相关的一个指标是分辨率，是指输出电压变化量 Δu 可以辨认的最小机械振动输入变化量 Δx 的大小。为了测量出微小的振动变化，传感器应有较高的灵敏度。

2）使用频率范围：指灵敏度随频率而变化的量值不超出给定误差的频率区间，其两端分别为频率下限和频率上限。为了测量静态机械量，传感器应具有零频率响应特性。传感器的使用频率范围除与传感器本身的频率响应特性有关外，还与传感器的安装条件有关。

图 3-11　传感器在家电产品智能化方面的应用

3）动态范围：动态范围即可测量的量程，是指灵敏度随幅值的变化量不超出给定误差限的输入机械量的幅值范围。在此范围内，输出电压与机械输入量成正比，所以也称其为线性范围。动态范围一般不用绝对量数值表示，而用分贝做单位，这是因为被测振幅变化幅度过大，以分贝级表示更方便。

4）相移：指输入简谐振动时，输出同频电压信号相对输入量的相位滞后量。相移的存在有可能使输出的合成波形产生畸变，为避免输出失真，要求相移值为零或 Л，或者随频率呈正比变化。

（5）传感器的发展趋势

素养园地

从传感器的发展趋势融入素养教育。传感器技术向高精度化、高可靠性、宽温度范围等趋势发展，科技工作者根据不同的应用场景在不断探索、钻研，这需要精益求精的工匠精神。

现代信息技术主要包括测量技术、通信技术和计算机技术，这三大技术主要指信息的采集、传输、处理。采集系统的首要部件就是传感器，被置于系统最前端。传感器发展的整体趋势为集成化、多功能化、智能化，传感器技术水平是衡量一个国家科学技术发展的主要标志之一。

随着传感器在物联网、医疗、环保和工业等应用领域的不断渗透，市场对传感器的需求持续提升。据调查数据显示，2017 年全球传感器行业市场规模为 1955 亿美元，同比增长 12.29%，2018 年全球市场规模为 2059 亿美元左右，同比增长 5.3%。到 2024 年，其市场规模将达到 3284 亿美元。传感器的发展趋势将集中到传感器集成化、传感器的多功能、传感器的高精度化、宽温度、高可靠性等方向。

传感器的集成化是指利用集成加工技术，将敏感元件、转换元件、转换电路等制作到一个芯片中，使传感器具有体积小、重量轻、制造成本低、生产自动化程度高、稳定性强、可靠性高、电路设计简单、安装容易等特点。

传感器的功能越来越多，要求各个部件的体积越小越好。传感器一般由非电量向电量转换，工作时离不开电源，在野外、水下或远离市电的地方，需要电池供电或者太阳能电池等供电，因此开发微功耗的传感器及无源传感器是发展的方向。

传感器高精度化、高可靠性、宽温度范围是发展趋势之一。随着自动化生产水平的不断提高，研制出灵敏度高、精确度高、响应速度快、互换性好的新兴传感器，可确保生产自动化的可靠性。目前能生产精确度在1/10000以上传感器的厂家为数不多，产品远远不够用。

传感器宽温度是传感器永久的发展方向，提高传感器的工作温度范围是一个大课题。大部分传感器的工作温度范围为-20~70℃，军用系统要求的工作温度范围为-48~85℃，在汽车、过滤等场合，其工作温度范围为-20~120℃，在冶炼、焦化等场景，对传感器工作温度范围要求则更高，因此新型材料（如陶瓷）传感器将成为发展方向。

智能化传感器将数据采集、存储、处理进行一体化，自身就是一台微型的计算机，并且还有自我诊断、远距离传输、自动调整零点和量程等功能。传感器智能化也是传感器发展趋势之一。

3. 传感器网络

传感器网络是由许多在空间上分布的自动装置组成的一种计算机网络，这些装置使用传感器协作地监控不同位置的物理或环境状况（如温度、声音、振动、压力、运动或污染物）。无线传感器网络（wireless sensor network，WSN）的发展最初起源于军事应用，现今无线传感器网络被应用于很多民用领域，如环境与生态监测、健康监护、家庭自动化，以及交通控制等。传感器网络如图3-12所示。

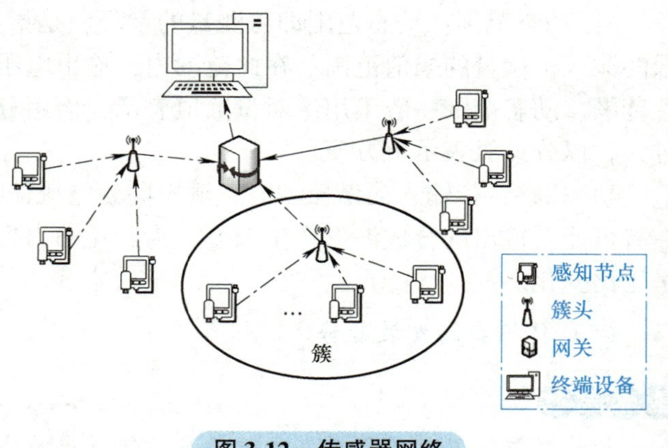

图3-12 传感器网络

素养园地

从无线传感器网络的应用、定义、特点及组网角度去引入素养教育。无线传感器网络应用很广泛，可以在军事、航空、反恐、防爆、救灾、环境、医疗、保健、家居、工业、商业等领域应用，学生可以从不同领域中了解无线传感器网络的应用，也可以通过新闻报告、文献资料、案例研究等方式去获取更多的信息，养成信息收集、总结、归纳的学习习惯。

无线传感器网络是一种跨学科技术，主要集成了传感器技术、嵌入式技术、计算机网络、无线通信技术等，它由部署在监测区域内大量的廉价微型传感器节点组成，通过无线通信方式形成一个多跳自组织网络。

（1）无线传感器网络的定义

无线传感器网络是一种分布式传感网络，它的末梢是可以感知监测区域的传感器。无线传感器网络按照一定的方式将采集到的信息发送到网关，以实现对目标区域对象的监测。无线传感器网络中的传感器通过无线方式通信，因此网络设置灵活，设备位置可以随时更改，还可以跟互联网进行有线或无线方式的连接。它是通过无线通信方式形成的一个多跳自组织网络，如图 3-13 所示。

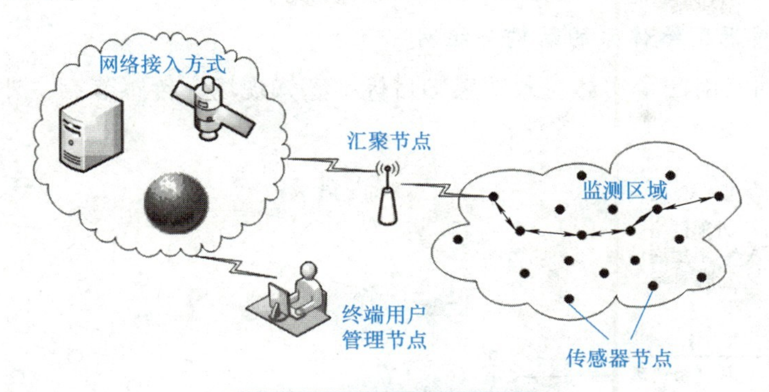

图 3-13　无线传感器网络

无线传感器网络作为推动物联网发展的主要技术手段，受到业内普遍欢迎。因此无线传感器网络可以定义为：由分布在不同地理位置的微型计算机构成，这些微型计算机通过节点之间的无线链路实现数据的传输和彼此通信。传感网的目的是感知、采集、处理目标范围内的目标信息，并传送给信息的获取者。信息的获取者是感知信息的接收者和应用者，可以是人，也可以是物。无线传感器网络可以主动收集并查询感知到的信息，也可以被动地接收传感网发布的消息。信息的获取者可以对收到的信息进行收集、分析、处理、反馈。

（2）无线传感器网络的特点

1）网络规模大，数量密集、区域广。数量密集指在监测区域通常部署大量传感器节点，数量能达到成千上万个，甚至更多。区域广指传感器节点分布在很大的地理区域内，如在原始大森林采用传感器网络进行森林防火和环境监测，需要部署大量的传感器节点。

2）具有自组织性。在传感器网络应用中，通常情况下传感器节点被放置在没有基础结构的地方，传感器节点的位置不能预先精确设定，节点之间的相互邻居关系预先也不知道，要求传感器节点具有自组织的能力，能够自动进行配置和管理，通过拓扑控制机制和网络协议自动形成转发监测数据的多跳无线网络系统。

3）具有动态性。无线传感器网络的拓扑结构具有动态性，主要原因如下：环境因素或电能耗尽造成的传感器节点故障或失效；环境条件变化可能造成无线通信链路带宽变化，甚至时断时通；传感器网络的传感器、感知对象和观察者这三要素都可能具有移动性；新节点的加入等。这就要求传感器网络系统要能够适应这种变化，具有动态的系统可重构性。

4）具有可靠性。由于监测区域环境的限制或传感器节点数目巨大，使无线传感器网络的维护十分困难甚至不可维护。但为保证安全，必须防止监测数据被盗取和伪造，因此传感器网络的软硬件必须具有稳定性和容错性。

5）集成化。无线传感器网络中传感器节点实现了集成化，在未来，类似“灰尘”的传感器节点也将被研发出来。

6）以数据为中心。传感器网络是功能型和任务型的网络，传感器网络中的节点采用节点编号来标识，节点编号是否需要全网唯一取决于网络通信协议的设计。由于传感器节点部署一般采用随机方式，因此构成的传感器网络与节点编号之间的关系是完全动态的。用户使用传感器网络查询事件时，直接将所关心的事件通告给网络，而不是通告给某个确定编号的节点。网络在获得指定事件的信息后汇报给用户。这种以数据本身作为查询或传输线索的思想更接近于自然语言交流的习惯。所以通常说传感器网络是一个以数据为中心的网络。

（3）无线传感器网络体系的结构与组网

无线传感器网络由四个实体对象即感知目标、感知现场、传感节点、外部网络组成，如图 3-14 所示。

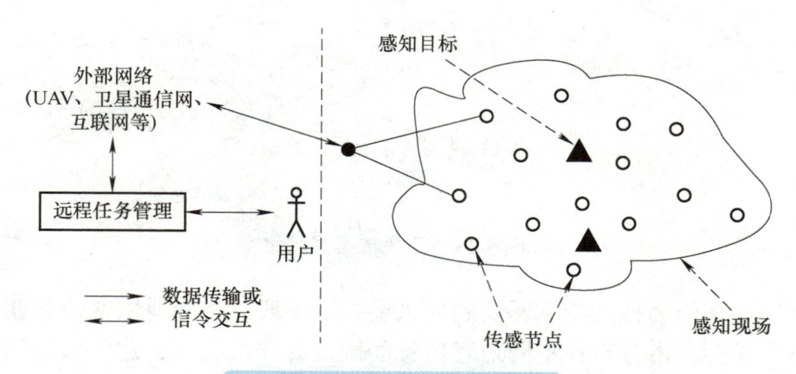

图 3-14　无线传感器网络结构

在检测现场分布着大量的感知节点，这些节点通过自组织方式构成网络结构，每个节点既有数据采集功能又有路由功能。采集到的数据经过多跳汇聚到汇聚节点，汇聚节点再连接到互联网，最终传递给用户，并由用户进行处理。

感知节点由传感器、处理器和无线通信模块组成。传感器负责对感知对象的信息进行采集和数据转换；处理器负责控制整个节点的操作、存储和处理自身采集的数据，同时还负责其他传感器节点发来的数据的存储和采集；无线通信模块负责实现传感器节点之间以及传感器节点与用户节点、管理控制节点之间的通信，交互控制消息和收发业务数据。节点的部署可采用飞播、弹射、人工部署等方式。

传统网络的各种应用技术都不太适应于无线传感器网络，无线传感器网络资源有限，其能量、计算能力、存储能力都比传统网络低。目前无线传感器网络与其他网络相比还不成熟，标准也不统一，因此改进的空间非常大。由于低功耗的需要，无线传感器网络的设计应该尽可能简单，设计时可以考虑跨层设计。

4. 数字孪生体系中的感知

数字孪生体系中的感知是数字孪生体系架构中的底层基础，在一个数字孪生系统中，感知层的作用是对运行环境和数字孪生组成部件自身状态数据的获取，是实现数字孪生系统间全要素、全业务、全流程精准映射与实时交互的重要一环。

为了在数字孪生体中建立全域全时段的物联感知体系，实现物体对象运行态势的多维度、多层次精准监测，对感知技术提出了更高的要求。在数字孪生体中，感知技术不但需要更加精确、可靠的物理测量技术，还需要兼顾感知数据间的协同交互，明确物体在数字孪生全域中的空间位置及其唯一标识，确保设备的可信和可控。典型的数字孪生感知系统构建如图 3-15 所示。

（1）数字孪生全域标识

在数字孪生中，全域标识能够为物理对象赋予数字“身份信息”，支撑孪生映射。标识技术就是能够为各类部件、物体赋予独一无二的数字化身份编码，从而确保现实世界中的每一个物理实体都能与孪生空间中的数字虚体精准映射、一一对应，物理实体的任何状态变化都能同步反映在数字虚体中，对数字虚体的任何操控都能实时影响对应的物理实体，也便于物理实体之间跨域、跨系统的互通和共享。同时，数字孪生全域标识是数字孪生中各物理对象及其数字孪生在信息模型平台中的唯一身份标识，可实现数字孪生资产数据库的物体快速索引、定位及关联信息加载。目前，主流的物体标识采用 Handle、Ecode（物联网统一标识体系）、OID（对象标识符）等。

图 3-15　典型的数字孪生感知系统构建

(2) 智能化传感器

数字孪生在各行各业中不断扩展，传统传感器已无法满足数字孪生对数据精度、一致性、多功能性的需求。智能化传感器在数字孪生中的使用比较普遍。智能化传感器在获取信息的基础上，采用专用的微处理器对信息进行分析、自校准、功耗管理、数据处理、漂移补偿等，具有较高的精度、分辨率、稳定性及可靠性，在数字孪生体系中不但可以作为数据采集的端口，更可以自发地上报自身信息状态，构建感知节点的数字孪生。

(3) 多传感器融合技术

由于单一传感器不可避免地存在不确定或偶然不确定性，缺乏全面性、鲁棒性，所以偶然的微小故障就会导致系统失效。多传感器集成与融合技术通过部署多个不同类型传感器对对象进行感知，在收集观测目标多个维度的数据后，对这些数据进行特征提取的变换，提取代表观测数据的特征矢量，利用聚类算法、自适应神经网络等模式识别算法将特征矢量变换成目标属性，并将各传感器关于目标的说明数据按同一目标进行分组、关联，最终利用融合算法将目标的各传感器数据进行合成，得到该目标的一致性解释与描述。多传感器数据融合不仅可以描述同一环境特征的多个冗余信息，而且可以描述不同的环境特征，极大地增强了感知的冗余性、互补性、实时性和低成本性。

3.3 基础技术：网络

网络是数字孪生体系架构的基础设施，在数字孪生系统中，网络可以对物理运行环境和数字孪生组成部件自身信息交互进行实时传输，是实现物理对象与其数字孪生系统间实时交互、相互影响的前提。网络既可以为数字孪生系统的状态数据提供增强能力的传输基础，满足业务对超低时延、高可靠、精同步、高并发等关键特性的演进需求，也可以助推物理网络自身实现高效率创新，有效降低网络传输设施的部署成本和运营效率。

随着物联网技术的使用在不断普及，物联网中的通信模式要不断地更新，网络承载的业务类型繁多，网络服务的对象包含了人与物，链接网络上的设备类型也变得越来越多，这对通信的时效性、速度及灵活性要求越来越高。随着移动网络在楼宇、医院、工业园区、商业中心、超市等场景应用的普及，物理运行环境对数据传输的准确性、广泛的设备采集、高速的数据传输、极限设备的链接数量等需求越来越强烈，这也要求物联网运行环境中的现场设备、机器、系统能够更加透明和智能。因此，在数字孪生体系中需要更加强大和丰富的网络介入技术，以实现物理网络的极简化和运维智慧化。

素养园地

这一节从当前热点问题，如 5G、TSN、毫米波、无源 RFID、UWB 等通信技术进行学习，引导学生思考通信技术的创新对社会发展带来的各种机遇和挑战，形成正确的科技伦理和社会责任感，在通信技术发展的同时要保障数据的安全。

（1）基于行业现场网的组网技术

行业现场网是指用于现场设备之间、现场设计与外部设备之间以及设备与业务平台之间的数据互通的通信与管理技术。行业近网端、组网需求碎片化，利用行业现场网可以为行业设备提供在近端通信域互操作的手段，实现行业现场异构系统之间的互联互通，实现柔性网络。

行业现场网是行业现场端设备网络接入技术的统称，它们连接行业现场末端的各类终端、机器、传感器和系统，满足行业现场对传感器、数据、定位、控制、管理等的多样业务需求。常见的行业现场网技术包括工业以太网、现场总线、WiFi、蓝牙、ZigBee 等短距离通信技术，NB-IoT、LoRa、SigFox 等低功耗广域网通信技术，以及 5G、TSN（时间敏感网络）、毫米波、无源 RFID（射频识别）、UWB（无线载波通信技术）等通信技术，如图 3-16 所示。

行业现场网包括行业现场接入网和行业现场核心网两大部分。行业现场接入网可桥接异构的行业现场网络，如无源通信、短距离通信、蓝牙、TSN 等，行业现场核心网主要通过部署在行业现场边缘侧的 UPF（user port function）进行数据分流，业务部署在 MEC（mobile edge computing）侧，处理 5G 上传的现场作业数据，实现对整体现场网的管理。

UPF 指用户端口功能，将特定的 UNI（用户网络接口）要求适配到核心功能和系统管理功能。用户端口功能主要有 A/D 转换、信令转换、UNI 功能的终接。MEC 为边缘计算技术，是物联网融合的产物，同时成为支撑运营商进行 5G 网络转型的关键技术，以满足高清视频、VR/AR、工业互联网、车联网等业务发展需求。

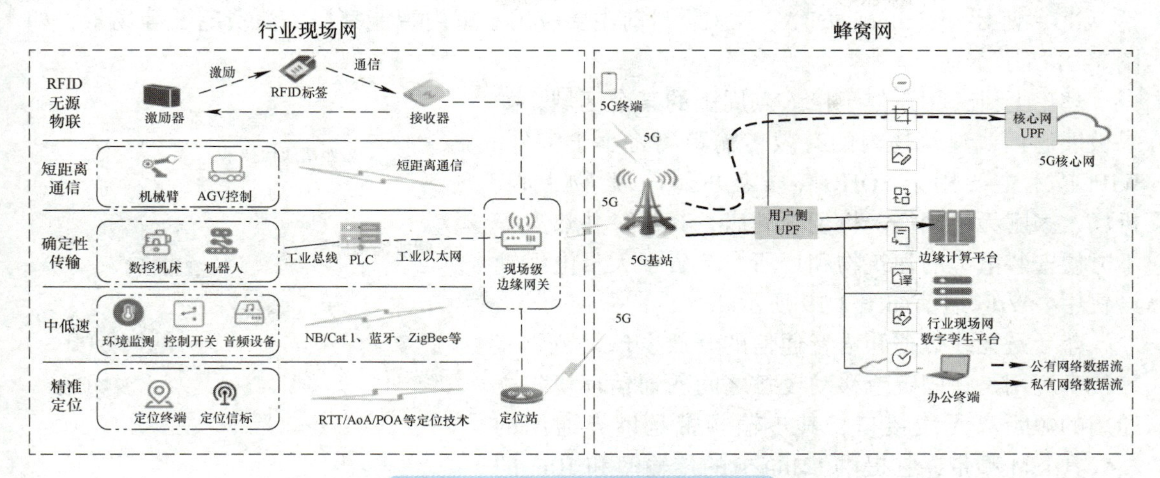

图 3-16　行业现场网通信技术图示

行业现场接入网有五大核心技术，主要包括确定性网络、新型短距离通信、新型无源通信、毫米波、UWB（ultra wide band）/蓝牙高精定位。

1）确定性网络。确定性网络是相对于传统的尽力而为网络而言的，尽力而为网络的问题是数据传输的稳定性不够，如带宽有时高有时低，时延有时长有时短。最典型的确定性网络就是互联网。

确定性网络主要解决低丢包、低时延等需求，可以解决工业互联网、远程医疗、在线游戏、遥控操控、工业自动化、车联网等对时延要求特别高的应用。目前正在推进确定性网络在广域网、5G、边缘云的落地。

确定性网络的特点：带宽有保证，即在传输过程中，上层应用的带宽是有保证的，不能低于某个确定的值；时延确定，即时延有一个确定的范围，时不能长也不能短，否则都会导致上层业务的失败，如火车的匝道控制，提前调整匝道会导致出现错误；高可靠性，即网络具备高可靠的特性，数据不丢包，不乱序，可以通过双发选收、多链路传输等技术来实现；高稳定性，即网络的可用性高，可以长时间稳定运行，为上层业务提供稳定的服务，可以通过容灾设计、冗余设计等技术来实现。确定性网络如图 3-17 所示。

图 3-17　确定性网络

2）新型短距离通信。物联网无线通信技术按照覆盖距离划分，其中短距离通信技术包括 WiFi、蓝牙、ZigBee、IrDA、NFC，目前主要应用于室内智能家居、消费电子等场景，如图 3-18 所示。

理论上讲，用户位于接入点周围的某个区域，如果被墙遮挡，建筑物内的有效传输距离将小于室外。WiFi 技术主要用于 SOHO（居家办公）、购物中心、机场、家庭无线网络、机场、酒店、其他公共热点等不方便安装电缆的建筑物和场所，节省了大量电缆铺设费用。WiFi 通信如图 3-19 所示。

蓝牙是无线数据和语音通信的开放全球规范。蓝牙技术应用是在固定或移动设备之间的通信环境建立通用的短距离无线接口，其传输频带是世界通用的 2. 4GHzISM 频带，它提供 1Mbit/s 的传输率和 10m 的传输距离，缺点是芯片尺寸和价格难以下降、抗干扰性不强、传输距离太短、存在信息安全问题等。蓝牙如图 3-20 所示。

图 3-18　新型短距离通信

图 3-19　WiFi 通信

图 3-20　蓝牙

ZigBee 通信技术主要用于短距离内的各种电子设备之间，数据传输速度不高。ZigBee 这个名字来源于蜂群用于生存和发展的交流方式。ZigBee 可以说是同一个蓝牙家族的兄弟，使用 2. 4GHz 频带，使用跳频技术。但 ZigBee 比蓝牙简单、低速，功耗和成本低，基本速率为 250kbit/s，降低到 28kbit/s 时，传输范围可以扩展到 134m，可以得到更高的可靠性。它还可以连接到 254 个节点和网络，比蓝牙更好地支持游戏、家电、设备和家庭自动化应用程序。ZigBee 通信如图 3-21 所示。

IrDA 通信技术是使用红外光进行点对点通信的技术，是实现无线个人区域网络的第一项技术。目前，其软件和硬件技术非常成熟，在 PDA（掌上计算机）、手机、笔记本电脑、打印机和其他产品等小型移动设备上支持 IrDA。

近场通信（near field communication，NFC）是一种新兴的技术，使用了 NFC 技术的设备（例如智能手机）可以在彼此靠近的情况下进行数据交换，是由非接触式 RFID 及互联互通技术整合演变而来的，通过在单一芯片上集成感应式读卡器、感应式卡片和点对点通信的功能，利用移动终端实现移动支付、电子票务、门禁、移动身份识别、防伪等应用。NFC 通信技术与 RFID 不同，NFC 是在非接触式 RFID 技术的基础上，结合无线互联技术研发而成的，使用双向识别且连接它的频率范围为 13. 56MHz 内，距离为 20cm。NFC 最初只是远程控制识别和网络技术的组合，但现在逐渐发展成了无线连接技术。NFC 通过在一台设备上组合所有识别应用程序和服务，解决了存储多个密码的故障，确保了数据的安全。使用

NFC 可以在多台设备（数字照相机、PDA、机顶盒、计算机、智能手机等）之间实现无线互联，并相互交换数据和服务，在接入点上设置 NFC 后，如果其中两台设备处于关闭状态，则可以进行通信，比设置 WiFi 连接容易得多。用 NFC 通信实现付费功能如图 3-22 所示。

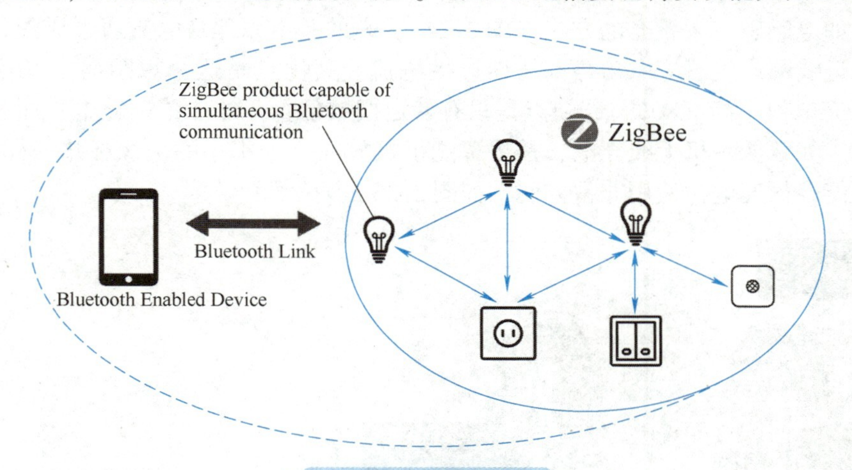

图 3-21　ZigBee 通信

3）新型无源通信。无源通信指不依赖于电池实现通信，是未来低成本万物互联的重要技术。几种常见的无源技术为光伏发电技术、电磁能量收集技术、RFID 射频能量收集技术、电场能量收集技术。

图 3-22　用 NFC 通信实现付费功能

光伏发电技术是将太阳能直接转变成电能的一种发电方式，如图 3-23 所示。它较为成熟，采用可再生、清洁型能源，在户外传感器或通信设备中应用广泛。它的缺点是受阳光照射影响，无光时不发电，需要和超级电容或蓄电池配合使用。用太阳能电池供电的传感器有倾斜传感器、位移传感器、图像监测装置、通信终端等。

图 3-23　光伏发电

电磁能量收集技术是利用“动电生磁，动磁生电”的电磁感应原理，它的优点为采用合适材料时取电稳定，不受环境和大电流影响，寿命长。它的缺点是有最小取电电流限制，需要形成闭合回路，适用于电流、温度、湿度传感器、高压导线振动、张力传感器、图像监测装置等。如电磁感应无线充电方式（图 3-24），它的基本原理是电流通过线圈，线圈产生磁场，对附近线圈产生感应电动势，从而产生电流，其优点是适合短距离（几毫米～几厘米）充电，充电效率高（80%），缺点是只有特定摆放位置，才能精确充电，而且金属感应接触会发热。如智能手机无线充电，是将智能手机放在一个小小的、像杯垫一样的东西上，不必接线就能轻松充电，使用非常方便，如图 3-25 所示。

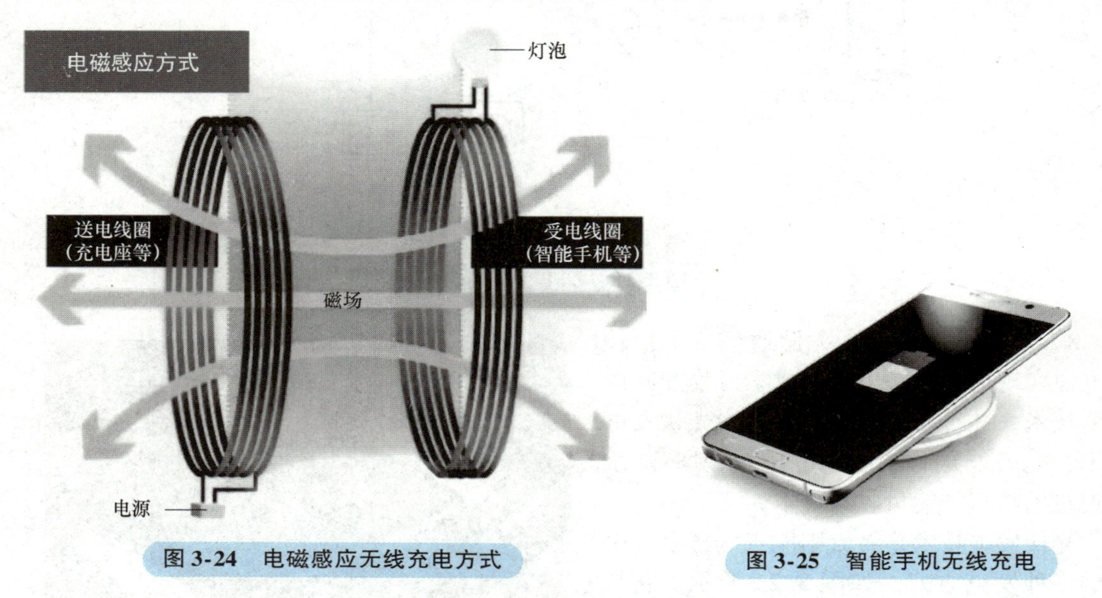

图 3-24　电磁感应无线充电方式

图 3-25　智能手机无线充电

目前无线充电不仅在消费电子领域有所突破，在电动汽车领域也迎来发展契机。在不久的将来，电动汽车不仅能停车即充，无需电线，而且在某些路段，还可能实现运行中随时充电，如图 3-26 所示。

图 3-26　电动汽车无线充电

RFID 射频能量收集技术的工作原理是阅读器发射一特定频率的无线电波能量，用以驱动应答器电路将内部的数据送出。它的优点是无需闭合回路，缺点是需要天线提供能量，受环境与距离影响，稳定性稍差，主要应用在温度、压力、湿度传感器等。RFID 技术是由下面几个方面结合而成的：RFID 电子标签，是在某一个事物上有标识的对象；RFID 读写器，读取或者写入附着在电子标签上的信息，可以是静态也可以是动态；RFID 天线，用在读写器和标签之间进行信号的传达，如图 3-27 所示。RFID 技术利用优越的条件，促使人类对事物设施等在静止或者动态状态下的管理和自动识别。其技术难题是如何选择最佳工作频率和进行机密性的保护等。

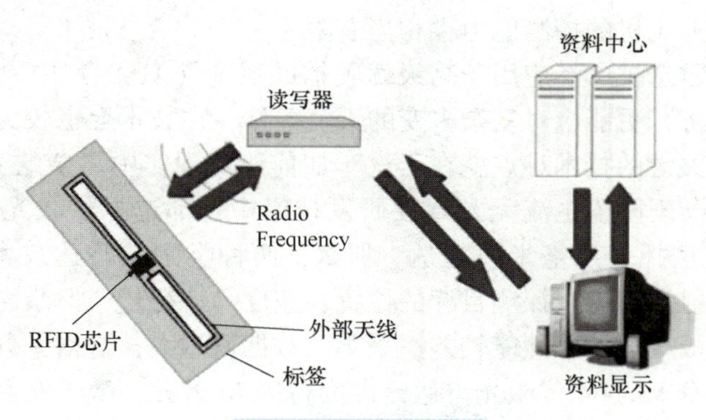

图 3-27　RFID 技术

电场能量收集技术的工作原理为通过高压带电体和印制电路板铜箔间的电容效应产生的空间位移电流对电容器进行脉冲储能来获取感应电压。其优点是无需闭合回路，缺点是仅适用于有电场分布的场景，主要应用在电缆头测温传感器等。

4）毫米波。波长为 1～10mm 的电磁波称为毫米波，位于微波与远红外波相交叠的波长范围，因而兼有两种波谱的特点。毫米波与光波相比，毫米波利用大气窗口传播时的衰减小，受自然光和热辐射源影响小。毫米波有极宽的带宽，通常认为毫米波频率范围为26.5～300GHz，带宽高达 273.5GHz，超过从直流到微波全部带宽的 10 倍；波束窄，在相同天线尺寸下毫米波的波束比微波的波束窄得多，因此可以分辨相距更近的小目标，能更为清晰地观察目标的细节。毫米波如图 3-28 所示。

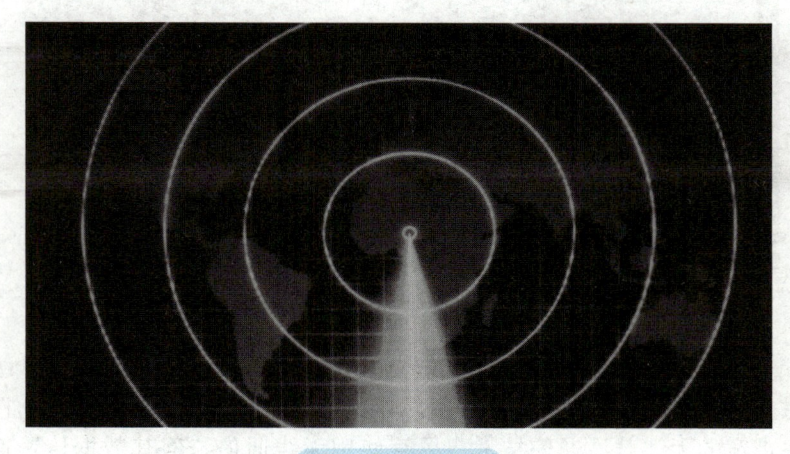

图 3-28　毫米波

毫米波雷达是指无线电波的频率是毫米波频段。由于毫米波的波长介于厘米波和光波之间，因此毫米波兼有微波制导和光电制导的优点。与红外光、激光等光学导引头相比，毫米波导引头穿透雾、烟、灰尘的能力强，具有全天候（大雨天除外）全天时的特点。另外，毫米波导引头的抗干扰、反隐身能力也优于其他微波导引头。毫米波主要用于测量被测物体相对距离、相对速度、方位的高精度传感器，早期被应用于军事领域，随着雷达技术的发展与进步，毫米波雷达传感器开始应用于汽车电子、无人机、智能交通等多个领域。不过雨雾对毫米波的影响还是比较大，吸收很厉害，所以在有雨有雾的天气，毫米波雷达性能会大大下降。由于毫米波是重要的雷达频段，因此在战场上受到的干扰也很大，是敌方实施电子干扰的重要区域，对隐形飞机的探测能力也相当有限。

近年来，毫米波雷达被广泛应用于高级驾驶辅助系统（ADAS）中。相比昂贵的激光雷达，毫米波雷达更经济，更能应对复杂多变的天气条件，在技术上也较为成熟。无人驾驶技术想要真正应用，最关键的技术难点就在于汽车如何能对现实中复杂的交通状况了如指掌，就必须使用雷达装置。现阶段主流无人驾驶研发技术中，都选择了激光雷达，而一向“不走寻常路”的马斯克选择使用毫米波雷达。那么，两种类别的雷达技术究竟有什么区别？激光雷达主要通过发射激光束来探测目标的位置、速度等特征量，但激光雷达的缺点也很明显，在雨、雪、雾等极端天气下性能较差，采集的数据量过大，价格十分昂贵。目前百度和谷歌无人驾驶汽车车身上的64位激光雷达，售价高达70万元，激光发射器线束越多，每秒采集的云点就越多，探测性能也就越强。毫米波雷达从20世纪起就已在高档汽车中使用，技术相对成熟，其引导头具有体积小、重量轻和空间分辨率高的特点。此外，毫米波导引头穿透雾、烟、灰尘的能力强，相比于激光雷达是一大优势。毫米波雷达在自动驾驶中的应用如图3-29所示。

图3-29　毫米波雷达在自动驾驶中的应用

5）UWB/蓝牙高精定位。UWB是超宽带无线载波通信技术，它使用纳秒级的非正弦波窄脉冲传输数据，因此所占的频谱范围很宽，有着非常宽的带宽传输信号。它是一种使用1GHz以上频率带宽的无线载波通信技术，尽管使用无线通信，但其数据传输速率可以达到几百兆比特每秒以上。使用UWB技术可在非常宽的带宽上传输信号，美国联邦通信委员会（FCC）对UWB技术的规定为：在3.1～10.6GHz频段中占用500MHz以上的带宽。UWB技术具有系统复杂度低、发射信号功率谱密度低、对信道衰落不敏感、被截获能力低、定位精度高等优点，尤其适用于室内等密集多径场所的高速无线接入。UWB 技术如图 3-30 所示。

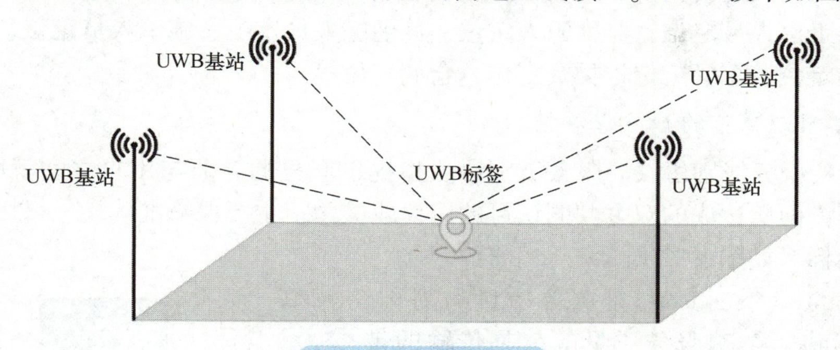

图 3-30　UWB 技术

UWB 技术的优点有抗干扰性强、传输速率高、系统容量大；采用脉冲无线电；不需要用载波；带宽极宽、消耗电能少、保密性好、发送功率非常小等。UWB 近年来发展迅速，因为它可以使用低功耗、低复杂度的收发机实现高速数据传输。UWB 使用低功率脉冲，可以以非常宽的频谱传输数据，并利用频谱资源，而不会对传统的窄带无线通信系统造成重大干扰。

UWB 技术的缺点：由于 UWB 是用 TDOA（一种利用时间差进行定位的方法）来测量的，还需要搭配基站、标签、应用系统来实现，总体上搭建成本依然比较高；为了避免通信干扰，目前我国的 UWB 工作于 6～9GHz 的超高频段，同时设备功率通常需要低于一定的门限，所以信号的绕射性和穿透性都不好，理论上仅适合于简单的室内场景。

UWB 技术应用场景：UWB 定位可广泛应用于智慧工厂、物流仓储、智慧楼宇、智慧园区、建筑施工、数字机房、港口机场、电力能源、公检法等场景，能深度参与到生产、运输、监管、安全等核心环节，助力于高效运营和安全生产，实现降本增效。UWB 的应用场景如图 3-31 所示。

图 3-31　UWB 的应用场景

采用 UWB 室内定位技术，可以精确定位巡检人员的位置，实时掌控巡检人员的动态并进行有效的管理。UWB 定位依托于移动通信、雷达、微波电路、云计算与大数据处理等专业领域技术支持，具有高精度、高动态、高容量、低功耗的优点。UWB 室内定位技术主要应用场景有化工厂人员定位、监狱犯人定位、养老院人员定位、施工人员定位、隧道人员定位、室内管廊定位、车辆定位、物资定位、仓储定位等。

(2) 基于 SLA 服务的 QoS 保障技术

SLA 一般指服务级别协议。服务级别协议指提供服务的企业与用户之间就服务的品质、水准、性能等方面所达成的双方共同认可的协议或契约，主要保障准确性、可用性、系统容量、延迟等指标，如图 3-32 所示。

QoS（quality of service）是服务质量的简称。从传统意义上讲，影响服务质量的就是传输的带宽、传送的时延、数据的丢包率等，而提高服务质量就是保证传输的带宽、降低传送的时延、降低数据的丢包率以及时延抖动等。广义上讲，服务质量涉及网络应用的方方面面，只要是对网络应用有利的措施，其实都是在提高服务质量，因此与网络有关的防火墙、策略路由、快速转发等也都是提高网络业务服务质量的措施之一。

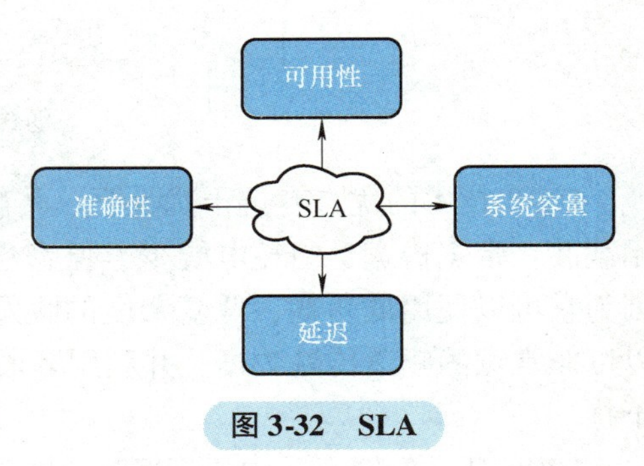

图 3-32　SLA

网络故障将带来丢包、乱序、时延、抖动，甚至网络服务中断等问题，直接影响用户的使用体验和满意度。结合不同等级的 SLA 服务对网络可靠性的需求来保证网络业务用户的体验，是数字孪生网络的重点研究内容之一。基于 SLA 服务的 QoS 架构及能力分级管理方法，就是通过构建全流程、一体化的网络可靠性参数集、资源分配策略，包括端到端 QoS 映射规则、配置规则、监测及保障机制等，实现高效、可靠的 SLA 服务管理的增强，以承载各种能力等级要求的泛在感知应用，以及与之相关的用户体验一致性服务。

基于 SLA 服务的 QoS 保障技术作为一种服务质量增强技术，可以将包括用户服务质量请求在内的 SLA 请求参数高效传递给抽象后的网络管理虚拟化节点，并且逐步根据 QoS 服务的共性特征，形成 API 封装的平台级能力。

(3) 基于多维度动态调度的资源编排技术

由于数字孪生网络可以感知无处不在的计算和服务，如何实现物理网络资源的统筹调度及编排，是数字孪生网络的重点研究内容之一。数字孪生网络的各级管理实体能根据感知采样周期、网络拓扑结构和差异化数据质量需求等，以主动协商的方式对抽象后的网络资源、计算资源进行灵活度量和协同编排，决定在什么时间、什么地点、使用合理的网络控制面和用户面资源来传输什么内容，为全要素、全业务数据的感知信息在网络会话中的关联、分发提供可信服务。

基于多维度动态调度的资源编排技术作为一种网络资源智能调度技术，能快速将高优先业务流匹配至最优节点，实现对高质量感知数据的优先传输、运营，也能对整体网络资源进行最优部署、管理，有效降低物理网络的总能耗，实现绿色低碳、计算智能的低能耗网络组合。

(4) 基于智能路由器的数据流控技术

感知数据高效传输是满足物联网系统实现计算智能、认知智能的必要前提。如何在通信域全业务周期中为所有感知节点的实时数据流提供柔性组网、接纳控制的方法，是数字孪生网络的重点研究内容之一。

物理网络为了满足行业近端网络碎片化的组网需求，需要引入智能路由的方式，在网络控制平面中定义多通信域之间的角色选择、信息交互机制及交互格式等，实现信息资源在网络中的自动化关联、寻址、调配等智能功能，高效指导实时数据流在全业务周期内的路由配置。

智能路由器（图 3-33）是一种具备智能化功能的计算机网络设备，它不仅能实现数据包的转发功能，还能进行数据分类管理、协议过滤、安全防护等。智能路由器通常适用于需求高效、稳定的网络环境，比如企业内部网络建设、家庭智能化管理等场景。对于企业内部网络建设，智能路由器可以进行多项管理和防护功能，提升网络的安全性和稳定性。而在家庭中，智能路由器可用于网络覆盖扩展、内容过滤、家庭监控等方面，提升家庭网络体验。智能路由器可以优化网络连接，提升网络传输速度，保障网络的稳定性；拥有多项智能化管理功能，如远程管理、APP 管理等，可实现网络设备的简化、智能化管理；可以进行协议过滤、攻击防护、黑白名单管理等，提高网络的安全性。

图 3-33　智能路由器

3.4　本章小结

本章主要围绕数字孪生的技术架构和数字孪生的基础技术：感知和网络展开，其中数字孪生的技术架构分为数据采集与控制实体、数字孪生核心实体、用户实体和跨域实体四层，强调各层的作用及采用的关键技术；感知从感知层概述、传感器、传感器网络、数字孪生体系中的感知展开，详细描述了传感器的类型、传感器的工作原理、传感器网络特点、组网和数字孪生中感知的关键技术等；网络主要从行业现场网概述、如何组网、行业现场接入网、基于 SLA 服务的 QoS 保障技术等内容详细展开。通过本章内容的学习，让学生进一步了解和掌握数字孪生的技术架构及其技术基础。

【本章习题】

1. 单项选择题

1）数字孪生是一个庞大又复杂的系统，涉及（　　）、数据、网络、计算、建模、可视化、应用等技术。

A. AR　　B. 模型　　C. 感知　　D. 通信

2）数字孪生技术体系架构中，数据采集与控制实体层主要包括数据采集子实体和（　　）子实体。

A. 对象控制　　B. 可视化　　C. 通信　　D. 感知

3）信息技术主要由测量技术、计算机技术、（　　）三大部分组成。

A. 数据处理技术　　B. 通信技术　　C. 信号处理　　D. 图像处理

4）传感器主要由敏感元件、（　　）、转换电路和辅助电源等组成。

A. 传感器　　B. 转换元件　　C. 通信协议　　D. 云平台

5）传感器性能指标指传感器的灵敏度、使用频率范围、（　　）、相移等参数。

A. 温度　　B. 精准度　　C. 动态范围　　D. 湿度

6）传感器发展的整体趋势为集成化、多功能化、（　　）。

A. 数据化　　B. 敏感化　　C. 泛在化　　D. 智能化

7）适合使用红外光传感器进行测量的是（　　）。

A. 温度　　B. 湿度　　C. 光度　　D. 抖动

8）属于传感器动态特征的指标是（　　）。

A. 敏感度　　B. 精确度　　C. 相移　　D. 固有频率

9）无线传感器网络简称（　　）。

A. WSN　　B. WiFi　　C. 蓝牙　　D. 红外光

10）确定性网络简称（　　），是相对于传统的尽力而为网络而言的。

A. DetNet　　B. Dat　　C. Internet　　D. WiFi

11）确定性网络主要解决（　　）等的需求。

A. 短距离传输　　B. 低丢包、低时延　　C. 传输速度低　　D. 流量低

12）ZigBee 通信技术主要用于（　　）内的各种电子设备之间，数据传输速度不高。

A. 长距离　　B. 短距离　　C. 室外　　D. 低温

13）IrDA 通信技术是使用（　　）进行点对点通信的技术，是实现无线个人区域网络的第一项技术。

A. 紫外光　　B. 蓝牙　　C. 红外光　　D. 雷达

14）无源通信指不依赖于电池实现通信，是未来低成本万物互联的重要技术。几种常见的无源技术有（　　）、电磁能量收集技术、RFID 射频能量收集技术、电场能量收集技术。

A. 光伏发电技术　　B. 太阳能　　C. 水　　D. 风

15）蓝牙是无线数据和语音通信的开放全球规范，是短距离无线接口传输，它提供 1Mbit/s 的传输率和（　　）的传输距离。

A. 5m　　B. 20m　　C. 50m　　D. 10m

16）SLA 一般指（　　）级别协议。

A. 服务　　B. 安全　　C. 质量控制　　D. 访问权限

2. 多项选择题

1）短距离通信技术包括 WiFi、（　　）、IrDA、NFC，目前主要应用于室内智能家居、消费电子等场景。

A. ZigBee　　B. 宽带　　C. WiFi　　D. 蓝牙

2）行业现场接入网有五大核心技术，主要包括确定性网络技术、新型短距通信、（　　）。

A. 毫米波　　B. 新型无源通信
C. UWB/蓝牙高精定位　　D. 有线网络

3）传感器按工作原理可分为振动传感器、湿敏传感器、（　　）、真空度传感器、生物传感器等。

A. 红外光传感器　　B. 湿敏传感器
C. 磁电式传感器　　D. 气敏传感器

4）传感器按用途可分为压力传感器和力传感器、（　　）、加速度传感器、射线辐射传感器、热敏传感器。

A. 位置传感器　　B. 液位传感器　　C. 能耗传感器　　D. 速度传感器

3. 填空题

1）ZigBee 通信技术主要用于短距离内的各种电子设备之间，数据传输速度不高。ZigBee 这个名字来源于蜂群用于生存和发展的交流方式。ZigBee 可以说是同一个蓝牙家族的兄弟，使用（　　）频带。

2）IrDA 通信技术是使用（　　）进行点对点通信的技术。

3）波长为（　　）的电磁波称为毫米波，位于微波与远红外波相交叠的波长范围，因而兼有两种波谱的特点。

4）无线传感器网络由（　　）、（　　）、传感节点、监测视场组成。

4. 简答题

1）简述 UWB 技术的特点。

2）简述毫米波雷达的应用场景。

3）简述 UWB 技术的应用场景。

4）常见行业现场网技术有哪些？

第4章　数字孪生的关键技术

数字孪生是指将现实中的物理系统建模成数字形式，并通过模拟计算、数据驱动等技术实现与真实系统同步的模型，能够自主学习、对行为做出响应的一种虚拟系统。数字孪生的基础技术感知和网络，用于完成数字孪生的数据采集、检测、传输；数字孪生的关键技术建模、仿真、虚拟现实和增强现实技术等，用于完成将数字孪生物理实体的信息建模到数字孪生中，精确模拟物理实体的各种形态并进行预测和优化，是实现虚拟系统的关键技术。

4.1　关键技术：建模

数字孪生的建模是将物理世界的对象数字化和模型化的过程。它的主要作用是通过建模将物理对象表达为计算机和网络能识别的数字模型，将物理世界或问题的理解进行简化和模型化。数字孪生建模需要从多学科、多领域的角度融合实现对物理对象各领域特征的全面刻画，建好的虚拟对象能表征物理实体对象状态，模拟物理实体在现实环境中的行为，并能分析物理实体对象的策略、发展趋势等。

如何来理解数字孪生的建模？数字孪生模型构建是在数字空间实现物理实体及过程的属性、方法、行为等特性的数字化建模。模型构建可以是“几何-物理-行为-规则”这样多维度的，也可以是“机械-电气-液压”这样多领域的。从工作粒度或层级来看，数字孪生模型不仅是基础单元模型建模，还需从空间维度上通过模型组装实现更复杂对象模型的构建。总体来说，数字孪生的建模是对物理对象实现数字化的建模，也是实现数字孪生的源头和关键技术，更是“数字化”阶段的核心。

4.1.1　模型的基本概念

1. 模型

模型是指通过主观意识，借助实体或虚拟表现，构成客观阐述形态结构的一种表达目的物件（物件并不等于物体，不局限于实体与虚拟、不限于平面与立体）。

模型不等于商品，可以这样来理解，任何物件定义为商品之前的研发过程中的形态均为模型，当定义型号、规格并匹配相应价格的时候，模型将会以商品形式呈现出来。从广义角度来理解模型，如果一件事物能随着另一件事物的改变而改变，那么此事物就是另一件事物的模型。模型的作用就是表达不同概念的性质，一个概念可以使很多模型发生不同程度的改变，但只要少量模型就能表达出一个概念的性质，所以一个概念可以通过参考不同的模型从而改变性质的表达形式。

2. 模型的构成

模型主要由实体模型和虚拟模型构成。实体模型按表现形式分为静模、助力模型、动模。其中静模指物理相对静态，本身不具有能量转换的动力系统，不在外部作用力下表现结构及形体构成的完整性。助力模型指以静模为基础，可借助外界动能的作用，不改变自身表现结构，通过物理运动检测的一种物件结构连接关系。动模指可通过能量转换方式产生动能，在自身结构中具有动力转换系统，在能量转换过程中表现出的相对连续物理运动形式。虚拟模型主要分为虚拟静态模型、虚拟动态模型、虚拟幻想模型。

3. 模型的分类

模型分为数学模型和物理模型。

数学模型主要指用数学语言描述的一类模型，用来描述系统要素之间以及系统与环境之间关系的数学表达式。数学模型可以是一个或一组代数方程、微分方程、差分方程、积分方程或统计学方程，也可以是它们的某种适当的组合，通过这些方程定量地或定性地描述系统各变量之间的相互关系或因果关系。除了用方程描述的数学模型外，还有用其他数学工具，如代数、几何、拓扑、数理逻辑等描述的模型。数学模型描述的是系统的行为和特征而不是系统的实际结构。

物理模型也称实体模型，是以实体或图形直观地表达对象特征所得的模型。物理模型是根据一定的规则对系统进行简化、描述或按照一定比例放大、缩小而得到的仿制品。一般情况下要求物理模型与实体高度相似，能够逼真地描述物理实体的原型。

物理模型主要分为实物模型和类比模型。实物模型指根据相似性理论制造的按原系统比例缩小（也可以是放大或与原系统尺寸一样）的实物，例如风洞实验中的飞机模型、水力系统实验模型、建筑模型、船舶模型等。类比模型指在不同的物理学领域（力学、电学、热学、流体力学等），系统中各自的变量有时服从相同的规律，根据这个共同规律可以制作出物理意义完全不同的比拟和类推的模型。例如在一定条件下，由节流阀和气容构成的气动系统的压力响应与一个由电阻和电容所构成的电路的输出电压特性具有相似的规律，因此可以用比较容易进行实验的电路来模拟气动系统。

4. 数字孪生的模型

数字孪生的模型是对实体产品、生产流程或产品使用的一种智能化和虚拟化的表示（或模型）。智能化指事物在网络、大数据、物联网和人工智能等技术的支持下，所具有的能动地满足人的各种需求的属性。数字孪生的模型主要指物理模型。

4.1.2　建模的基本步骤

数字孪生对物理对象建模一般包含四个步骤：模型抽象、模型表达、模型构建、模型运行。其中模型抽象是实现对物理对象的特征抽象；模型表达则是对抽象后的信息进行描述；模型构建表示采用模型构建工具实现模型的校验、编排等；模型运行是在提供的虚拟环境中运行模型，如图 4-1 所示。

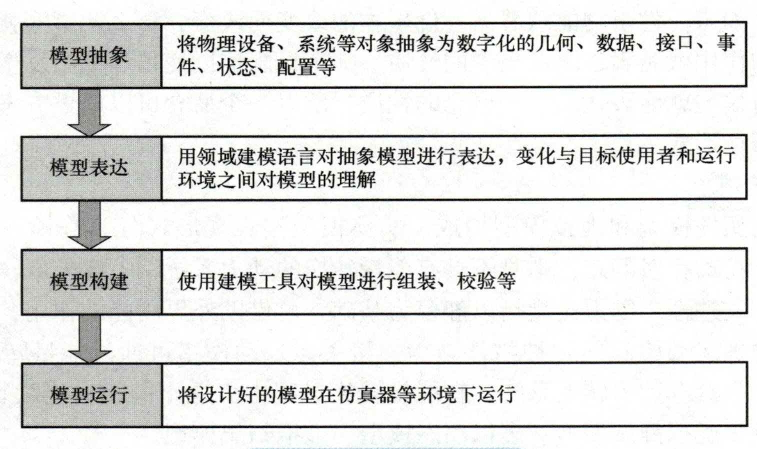

图 4-1　建模的基本步骤

4.1.3　建模的实现方法

以数字孪生不同的使用场景采用不同的建模方法为切入点，介绍 IT 场景中建模的方法，以我国数字孪生建模平台厂家作为重点，融入素养教育，了解我国建模方法的发展。

在数字孪生中对物理实体构建物理模型，实现物理实体与数字实体之间的实时准确刻画，需要基础支撑技术为依托，也需要经历多个阶段的演进才能较好地实现物理实体在数字孪生中的塑造。模型实现方法主要涉及建模语言和模型开发工具等，其中最关键的是如何从技术上实现数字孪生的模型。目前模型实现的技术方法和工具呈现多元化的发展趋势，在不同领域中采用不同领域的技术群。在数字孪生中常见的建模语言主要有 AutomationML、Modelica、SysML、UML、XML 等，建模使用的主要工具有 CAD 等，但不同领域模型的开发有其专用的建模工具，如 Qfsm、FlexSim 等。根据不同的使用场景，数字孪生建模采用的技术群是不一样的。目前数字孪生主要使用场景有 IT、运营技术或操作技术（OT）等，下面从不同的使用场景出发，讲解建模的实现方法。

1. 在 IT 场景中建模的实现方法

在 IT 领域中建模主要集中为两个场景，物联网设备建模和数字孪生城市建模。物联网设备建模主要由大的平台厂家推荐，来实现物联网设备数据的平台呈现。在描述层面，大多采用 JSON、XML 等语言，自定义架构并采用 MQTT、COAP 等应用传输协议进行虚实系统交互。

阿里云物联网是针对物联网领域推出的一站式物联网解决方案，它提供物联网设备连接、消息传输、数据存储、设备管理等服务，并支持多种协议接入，同时还提供多种开发语言的 SDK（软件开发工具包），方便开发人员进行二次开发。阿里云物联网平台如图 4-2 所示。

百度 AIoT 安全服务平台可以支持各种硬件终端接入，提供实时数据处理和可视化分析，同时还提供智慧家居、智能医疗等多种行业解决方案，如图 4-3 所示。

腾讯云物联网通信平台，提供多种协议接入，支持大数据分析以及机器学习等技术，能够帮助快速开发可扩展的物联网应用，如图 4-4 所示。

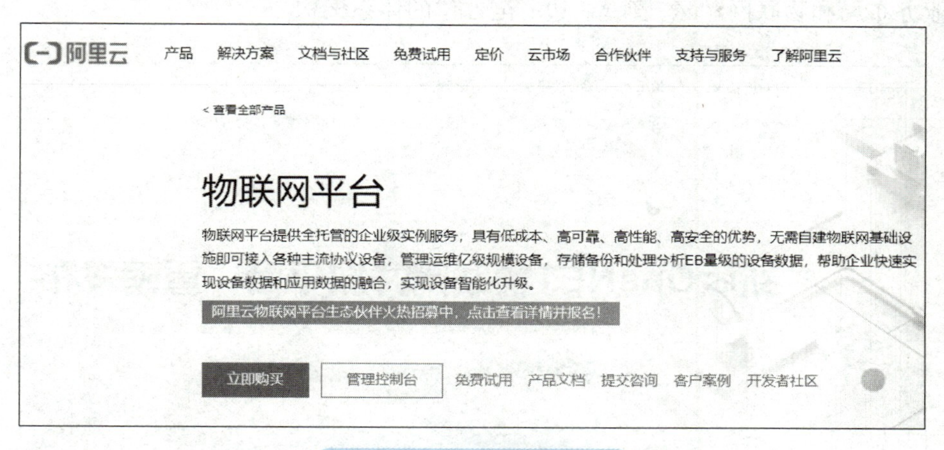

图 4-2 阿里云物联网平台

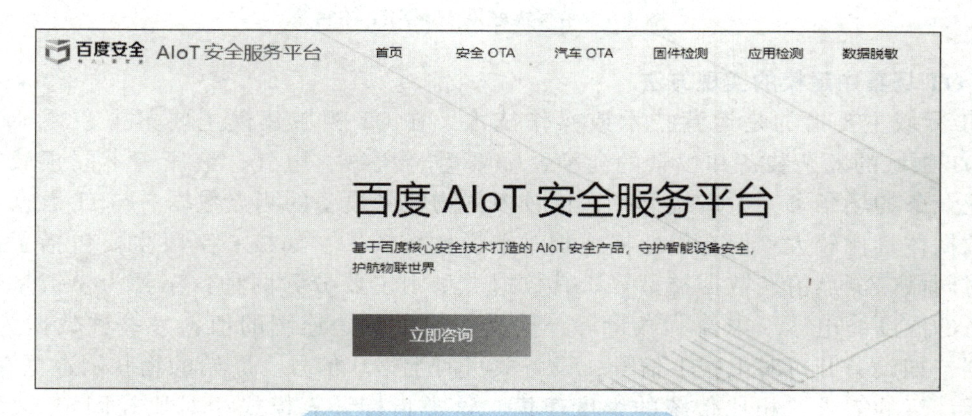

图 4-3 百度 AIoT 安全服务平台

图 4-4 腾讯云物联网通信平台

中移物联网围绕“联网业务服务的支撑者、专用模组和芯片的提供者、物联网专用产品的推动者”的战略定位，专业化运营物联网专用网络，开发运营物联网连接管理平台

OneLink 和物联网应用开放平台 OneNET（图 4-5），设计生产物联网专用模组和芯片，打造智能组网、智能安防、智能家居、智能穿戴等行业终端，推广物联网解决方案，形成了五大方向业务布局和物联网“云-管-端-边”全方位的体系架构。

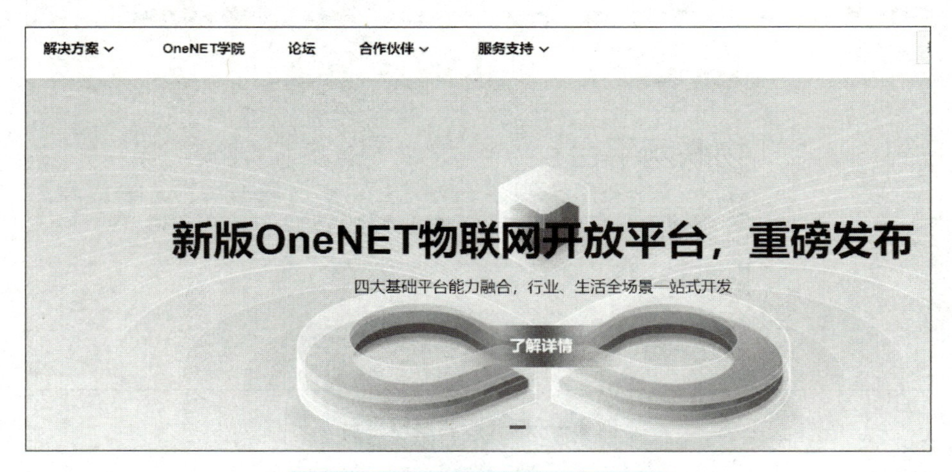

图 4-5　中移物联网 OneNET 平台

2. OT 场景中建模的实现方法

OT 领域主要指的是运营技术或操作技术，在 OT 领域建模主要集中在复杂装备，对于 OT 领域的复杂装备和场景的建模，需要融合机械、电气、液压等不同领域知识。在工业业务的场景下，生产线上存在比较多的物联网设备的测点数据。与 IT 数据相比，这类数据体量比较大，但它们的格式相对来说比较统一，如核心字段主要包括了设备、ID、时间戳、测点值、数据类型等。其数据类型则主要分为两种：一种为模拟量数据，如设备的温度、电压、电流、微量等，这类数据主要是连续的值；另一种数据为开关量数据，如设备开机时上报 1 信号，设备关机时上报 0 信号。原始的物联网数据存在大量指标计算的需求，相比传统的维度建模，这类指标计算模式相对比较固定，大致可以分为单点位测点值的聚合计算和多点位测点值的公式计算两种，聚合计算就是统计一段周期内最大最小平均值的指标。在 OT 工业场景中，建模使用的主要是 Modelica 建模语言。

（1） Modelica 建模语言

Modelica 建模语言是由瑞典非营利组织 Modelica 协会开发的，是一种开放的、面向对象、基于方程的计算机语言，是可以跨越不同领域的统一物理系统建模语言，也是一个开放的物理建模语言，其标准库包括了不同物理领域的 920 个元件模型，具有 620 种功能。目前很多商业或开源的仿真平台软件是基于 Modelica 建模语言或支持 Modelica 建模语言开发的。

Modelica 建模语言是一种理想的建模语言，几乎可以用于所有工程领域的系统特性建模。单纯使用 Modelica 建模语言，就可以完美地支持物理模型设计和控制模型设计。同时，Modelica 建模语言也具有多领域性，因此不会强制引入任何人为的干涉来限制其应用的工程领域或系统。由于 Modelica 建模语言是跨越不同领域，实现复杂物理系统的建模，主要运用在机械、控制、电磁、电子、电力、热、液压及面型对象的组件模型构建，目前工业界的三大工业建模工具都支持Modelica建模语言。越来越多的行业开始使用Modelica建模语言进行模型开发，尤其是汽车领域，如Audi、BMW、Daimler、Ford、Toyota、VW等世界知名公司都在使用Modelica建模语言来开发节能汽车，改善车辆空调系统等。

Modelica建模语言是一种开放的、以方程为基础的语言，适用于大规模复杂异构物理建模；是面向对象、结构化的数学（物理）建模语言；是陈述式建模（非因果建模），是基于物理方程描述物理行为，无须明确方程的因果关系或数据流向；它完全掌握模型数据原理，基于系统数学方程的模型构建，用户在建模过程中可以完全掌握其原理；它的代码有完全可见、底层代码完全可见、开放性好等特点。

【例4-1】构建简单的机械系统模型，如图4-6所示，将图中的力作为输入量，在建模过程中可以将输入改为位移，如图4-7所示。

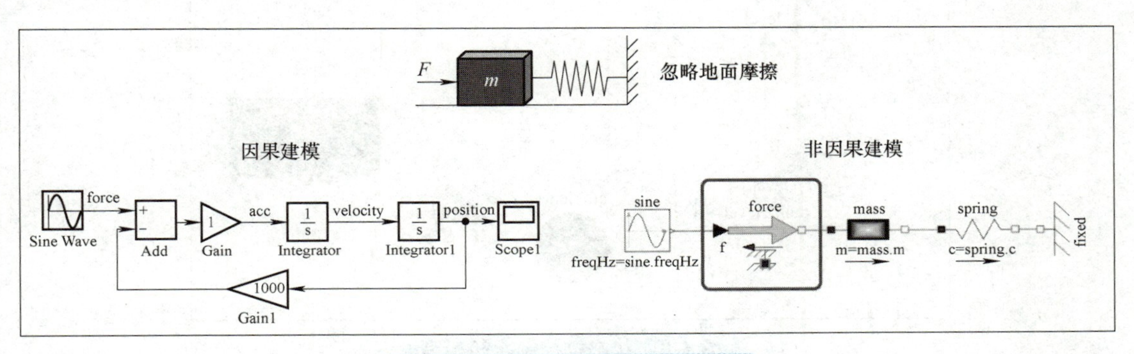

图4-6　构建简单的机械系统模型

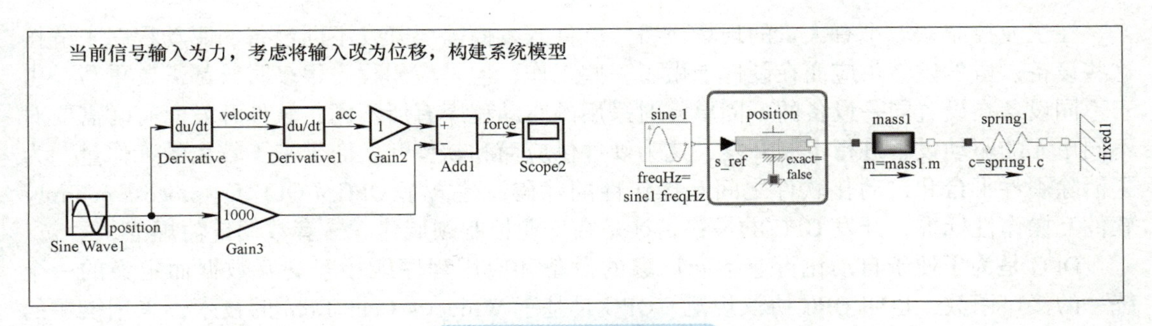

图4-7　将输入改为位移

用Modelica建模语言来构建模型，模型有可重用性、扩展性和记录的特点，模型可以与物理系统保持拓扑一致。Modelica模型语言是面向对象的非因果建模方式，无须推导系统内部数据流向，并且所构建的模型能够直观反映系统物理拓扑。Modelica建模语言可以实现系统动态特征性分析，因为Modelica建模语言采用基尔霍夫定律，实现了多领域系统在同一个平台建模，可以实现系统级的动态特征仿真与分析。Modelica建模语言可以实现统一系统的连续性和离散行为，这一功能在实际的建模过程中是非常实用的，可以非常便捷地将物理模型和逻辑控制模型进行统一建模。Modelica建模语言可以处理系统状态的突变，实现连续、离散的混合建模，从而使模型仿真结果更加逼近系统行为。

【例4-2】用Modelica基础库中的状态机控制水箱模型，如图4-8所示。

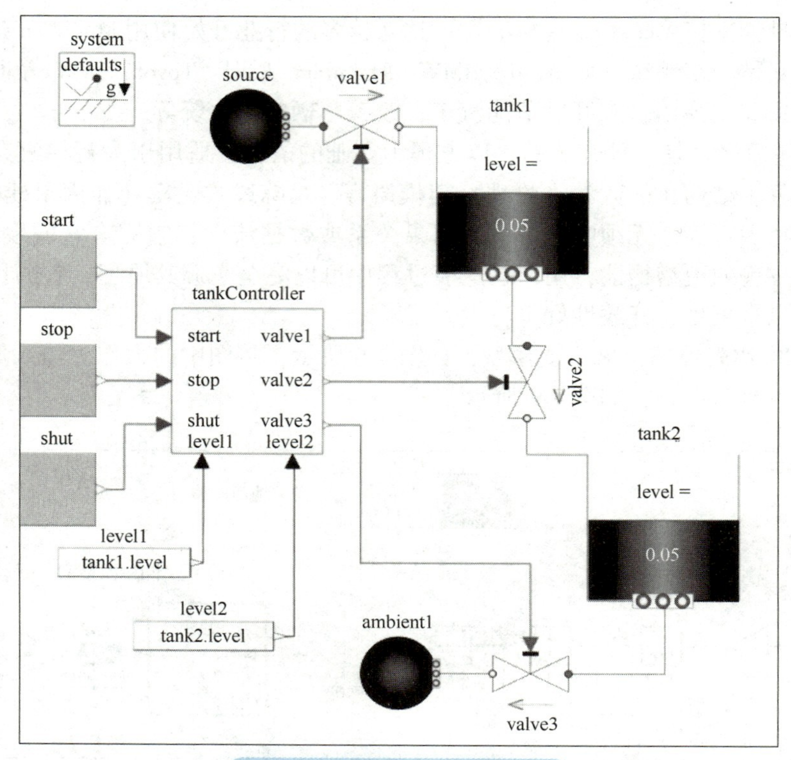

图 4-8　状态机控制水箱模型

（2）OPC UA 技术

在工业控制领域中有大量的现场设备，软件开发商需要开发不同设备的驱动程序来链接这些设备。虽然硬件供应商在硬件上做了一些工作，但是应用程序很多时候都需要重写，由于不同设备在设置同一设备的不同单元时采用的驱动程序有所不同，软件开发商有时需要对不同单元的驱动设备进行定制开发，这为硬件供应商和软件开发商带来了较大的工作量。为了消除硬件平台和自动化软件之间互操作性的障碍，建立了 OPC（OLE for process control）软件互操作性标准，开发 OPC 的最终目标是在工业控制领域建立一套数据传输规范。

OPC 是为了便于自动化行业不同厂家的设备和应用程序能相互交互数据而定义的一个统一的接口函数，也叫 OPC 协议规范。OPC 是基于 Windows Com/Dom 的技术，采用统一的方式去访问不同设备厂商的产品数据，OPC 是用于软件与设备之间的交换数据。

为了更好地推广 OPC，推出了一个新的 OPC 标准 OPC UA。UA（unified architecture）是开放性生产控制和统一架构，是一种广泛应用的通信协议。OPC UA 是一种用于不同设备和系统之间通信的技术规范，各种设备和系统可以互相交流和共享数据，实现更高效的工业自动化。在 UA 接口协议中包含了 A&E、DA、OPC XML DA or HDA，只需要使用一个地址空间就能访问之前所有的对象，不受 Windows 平台的限制，适用于传输层以上，因此比 OPC 在灵活性和安全性上都有所提高。

为什么需要 OPC UA？在过去，由于不同厂商生产的设备使用不同的通信协议，导致设备之间难以互相沟通，直接给工业自动化带来了许多挑战，如数据集成困难、系统复杂等问题。OPC UA 的诞生，解决了这些问题，因为它具有开放性、统一架构、跨平台和跨语言的特点。

1）OPC UA 具有开放性，是一种开放的技术标准，可以应用于不同的设备和系统，不管是传感器、控制器还是各种工业设备，只要支持 OPC UA 标准，它们之间就可以相互通信，实现无缝集成。

2）OPC UA 采用统一架构。OPC UA 提供了一种统一的架构和数据模型，让不同设备的数据能够采用统一的方式进行表示和交换，设备之间的数据传输变得简单与可靠。

3）OPC UA 跨平台和跨语言。它支持多种操作系统和编程语言，可以支持 Windows、Linux、嵌入式系统等，在编程语言方面可以支持 C ++ 、Java、Python 等。使用 OPC UA 进行通信，降低了集成的复杂性。

4）OPC UA 的工作原理。它采用现代化的网络通信技术，是基于 Web 服务和互联网技术的基础上的；它使用“面向对象”的方式来描述设备与系统之间的通信，每个设备和系统都可以抽象出一个对象，对象有其自有的属性、方法和事件，通过读写这些对象的属性、调用方法及监听事件，设备与设备之间、设备与系统之间就可以实现数据交换和控制操作。OPC UA 还可以支持其他的传输方式，如 TCP/IP、HTTPS 等，并根据实际情况选择最适合的传输方式。同时，OPC UA 也提供了安全机制，可确保通信的安全性和可靠性。

5）OPC UA 的应用领域。OPC UA 主要运用在工业自动化和物联网领域中，具体集中到数据采集和监控、设备集成和互操作、云平台连接等场景。数据采集和监控场景中，通过 OPC UA 可以方便地从不同设备和系统中收集数据，并进行实时监控和分析；设备集成和互操作场景中，OPC UA 使得不同厂商生产的设备可以无缝集成，无论是机器人、传感器还是控制系统，只要支持 OPC UA，就可以相互协作，提高生产率和灵活性；在云平台连接场景中，通过 OPC UA，工业设备可以与云平台进行连接，实现远程监控和管理，这样可以实现远程诊断和远程维护，同时也为数据分析提供了更多的可能性。

4.1.4　模型的构建

在数字孪生体系中，将不同层面的建模进行分类，模型构建主要分为几何模型构建、信息模型构建、机理模型构建等类型。当不同模型构建完成后，需要将模型进行融合，目的是实现物体实体的统一刻画。在模型构建融合面对不同领域的多种异构模型时，需要提供统一的协议转换和语义解析能力，将异构模型转化为数据，形成模型库；需要数据库来存储模型及其数据，对模型进行管理等，最后形成与物理实体映射的虚拟实体。模型融合架构如图 4-9 所示。

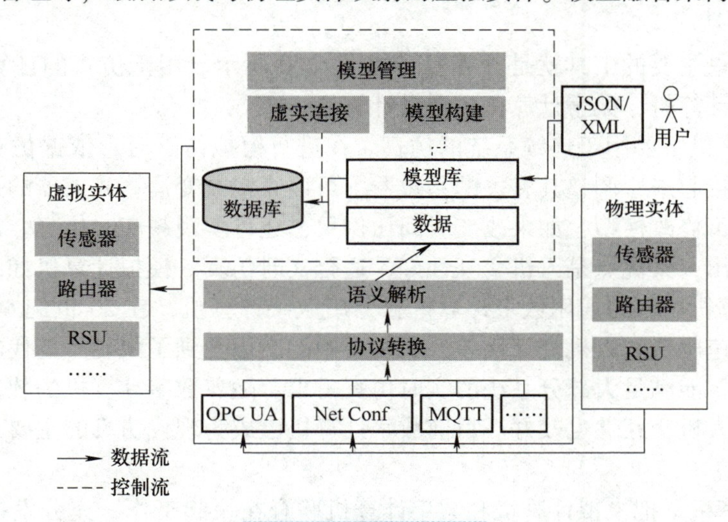

图 4-9　模型融合架构

数字孪生模型的建立以实现业务功能为最终目标，对于不同的建模技术，其最核心的竞争力是工具和模型库。数字孪生的模型库主要提供以人员、设施、设备、场地环境、物料、材料等信息为主要内容的对象组件库的模型库；也可以是以产品信息规则模型库、生产信息规则模型库、技术知识规则模型库等为主要内容的规则模型库；也可以是人机交互、业务展示相关的拓扑、几何等模型库。模型库与建模的工具之间是相辅相成的关系，是数字孪生技术的基础和核心，模型构建的理论、方法、工具、模型库等的发展都是数字孪生核心技术，也是数字孪生技术应用的有效支撑。

4.2　关键技术：仿真

从20世纪50年代开始，仿真技术逐渐成了一门新兴学科技术，计算机仿真经过了模拟计算机、数字计算机、混合计算机、全数字并行处理仿真技术的发展与演变，相继出现了模拟仿真、数字仿真、混合仿真、全数字并行的仿真技术，仿真软件有数值计算方法，仿真的语言也越来越丰富。直到现在，仿真技术已经应用到各个技术领域、各个学科内容和各种工程部门。

4.2.1　仿真技术概述

1. 仿真技术的概念

仿真技术是指应用仿真硬件和仿真软件，通过仿真实验，借助某些数值计算和问题求解，反映系统行为或过程的仿真模型技术。仿真技术从20世纪初已经在某些行业有了应用，如在实验室中建立水利模型，进行水利学方面的研究；20世纪40—50年代，仿真技术在航空航天和原子能等领域应用；20世纪60年代，随着计算机技术突飞猛进的发展，提供了先进的仿真工具，加速了仿真技术的发展。

2. 仿真工具

仿真工具主要指仿真硬件和仿真软件。

（1）仿真硬件

仿真硬件中最主要的工具就是计算机，如图4-10所示。用于仿真的计算机的类型有三种，分别是模拟计算机、数字计算机和混合计算机。

1）模拟计算机主要用于连续系统的仿真。在进行模拟仿真时，依据仿真模型将各运算放大器按要求连接起来，调整其有关的系数器，可以直接改变运算放大器的连接形式和各系数的调定值，就可修改模型，如果改变时间比例尺，还可实现超实时仿真。模拟计算机的仿真结果可连续输出，其优点是人机交互性好，适合实时仿真。模拟计算机如图4-11所示。

2）数字计算机可分为通用数字计算机和专用数字计算机，在20世纪60年代前，数字计算机由于运算速度低和人机交互性差，在仿真中的应用受到了限制。现代的数字计算机已具有很高的速度，能满足大部分系统的实时仿真需求。随着数字计算机的软件、接口和终端技术的发展，其人机交互性也较好。目前数字计算机已成为现代仿真的主要工具。数字计算机如图4-12所示。

3）混合计算机是把模拟计算机和数字计算机联合在一起工作，充分发挥模拟计算机的高速度和数字计算机的高精度、逻辑运算和存储能力强的优点。混合计算机是把模拟计算机与数字计算机联合在一起应用于系统仿真的计算机系统。混合计算机出现于20世纪70年代。那时，数字计算机是串行操作的，运算速度受到限制，但运算精度很高；而模拟计算机是并行操作的，运算速度很高，但运算精度较低。把两者结合起来可以取长补短，因此混合计算机主要适用于一些严格要求实时性的复杂系统的仿真。例如在导弹系统仿真中，连续变化的姿态动力学模型由模拟计算机来实现，而导航和轨道计算则由数字计算机来实现。但混合计算机系统造价较高，只宜在一些要求严格的系统仿真中使用。混合计算机如图 4-13 所示。

图 4-10　仿真硬件

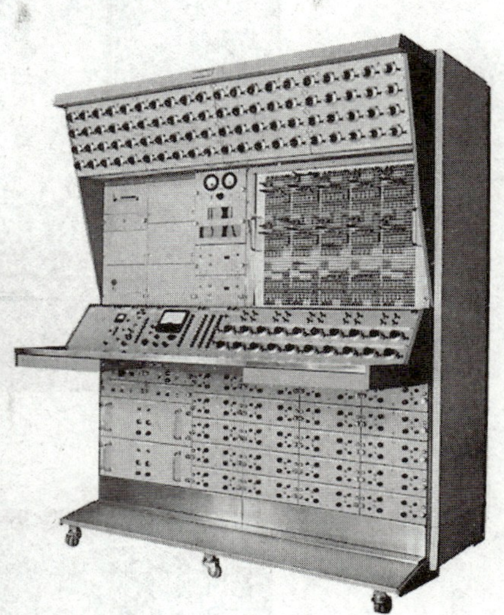

图 4-11　模拟计算机

图 4-12　数字计算机

仿真硬件除了计算机，还包括一些专用的物理仿真器，如运动仿真器、目标仿真器、负载仿真器、环境仿真器等。环境仿真器如空间环境模拟器，如图 4-14 所示。

（2）仿真软件

仿真软件是以仿真服务的仿真程序、仿真程序包、仿真语言和以数据库为核心的仿真软件系统。仿真软件的种类很多，涉及机械、流体、结构、岩土、土木、隧道、生物、电磁、海洋、优化、化工、人体、逆向、建模、智能制造等多学科。

图 4-13　混合计算机

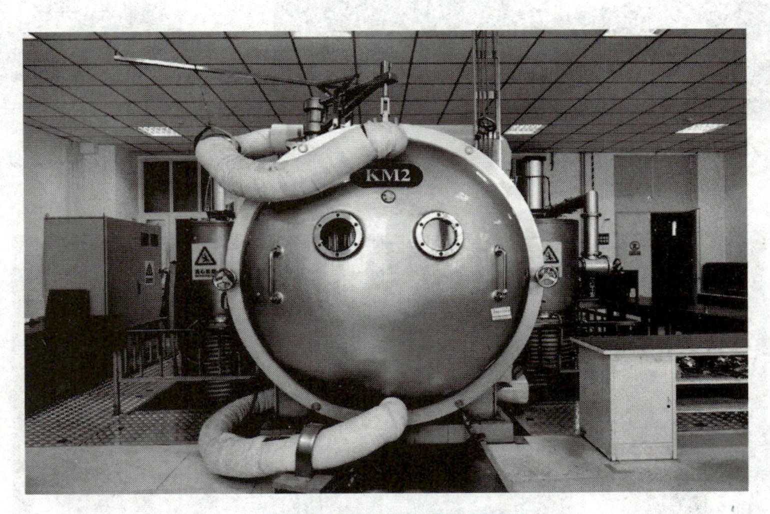

图 4-14　空间环境模拟器

3. 仿真方法

仿真方法主要是指建立仿真模型和进行仿真实验的方法。仿真方法不是一种单项技术，而是一种求解问题的方法。它可以运用各种模型和技术对实际问题进行建模，通过模型，采用人工试验的手段，来理解需要解决的实际问题。通过仿真，可以评价各种替代方案，证实哪些措施对解决实际问题有效。

仿真方法是建立系统的数学模型并将它转换为适合在计算机上编程的仿真模型，然后对模型进行仿真试验的方法。由于连续系统和离散事件系统的数学模型有很大差别，所以仿真方法基本上分为两大类，分别为连续系统仿真方法和离散事件系统仿真方法。

(1) 连续系统仿真方法

连续系统的数学模型一般采用微分方程进行描述，模型中的变量随时间连续变化。根据仿真时所采用的计算机不同，连续系统仿真方法分为模拟仿真法、数字仿真法和混合仿真法三类。

1）模拟仿真法是指采用模拟计算机对连续系统进行仿真的方法，主要包括建立模拟电路图，确定仿真的幅度比例尺和时间比例尺，并根据这些比例尺修改仿真模型中的参数。

2）数字仿真法是采用数字计算机对连续系统进行仿真的方法，主要是将连续系统的数学模型转换为适合在数字计算机上处理的递推计算形式。

3）混合仿真法是指采用混合计算机对连续系统进行仿真的方法，还包括采用混合模拟计算机的仿真方法。

(2) 离散事件系统仿真方法

离散事件系统仿真方法指离散事件系统的状态是在离散时刻发生的变化，通常用“离散事件”这一术语来表示这样的变化。离散事件系统中的实体根据系统中存在的时间特性可分为临时实体和永久实体。临时实体的到达和永久实体为临时实体服务完毕，都构成离散事件。描述离散系统的数学模型一般采用一幅表示数量关系和逻辑关系的流程图，流程图主要分为三部分，分别为到达模型、服务模型和排队模型，到达模型和服务模型用一组不同概率分布的随机数来描述，而包括排队模型在内的系统活动则由一个运行程序来描述。对这类系统，主要使用数字计算机进行仿真。离散事件系统仿真方法解决问题时产生不同概率分布的随机数和设计描述系统活动的程序。

4. 计算机仿真技术的发展

从中国计算机仿真行业发展的角度融入素养教育。

中国计算机仿真行业的市场规模呈现出稳定增长的态势，在国家政策支持、技术创新推动、行业应用拓展等多重因素的影响下，中国计算机仿真行业将保持较高的增长速度。2023 年底，其市场规模超过了 2000 亿元，复合增长率达 12% 左右。尚普咨询集团数据显示，2022 年中国计算机仿真行业上市企业 TOP10 的营收总额约为 72 亿元，占整个行业营收总额的 6.6%。目前，中国计算机仿真行业整体集中度较低，没有形成明显的龙头企业。

(1) 计算机仿真行业细分领域分析

从计算机仿真行业细分领域分析来看，主要集中为以下几个方面。

1）计算机仿真测试。

计算机仿真测试是指利用计算机软件和硬件对各种电子设备、系统或网络进行性能测试、故障诊断、可靠性评估等的过程。通过计算机仿真测试可以提高测试效率和精度，降低测试成本和风险，提高产品质量和安全性。如对赛车模型进行计算机仿真测试，即对典型 F1 赛车地板产生的压力进行测试，测试汽车姿态不同时，地板产生的总压力，如图 4-15 所示。较冷的颜色往往表现出“拉力”（或吸力），而较热的颜色则表现出“推力”。

计算机仿真测试主要包括机电仿真测试、射频仿真测试、通用测试等。

机电仿真测试是指利用计算机软件和硬件对各种机电设备或系统进行动力学、热力学、电磁学等方面的仿真测试，主要应用于汽车、航空航天、工程机械等领域。如对电动汽车整车的电性能进行仿真测试（图 4-16），是汽车开发过程中比较关键的环节，通过测试可发现整车在电性能方面的不足，以进一步优化整车的电气系统，制定专业的电气性能解决方案，从而最大限度地降低测试成本和测试时间。

2022 年，中国机电仿真测试市场规模约为 440 亿元，占计算机仿真测试市场的 20%。

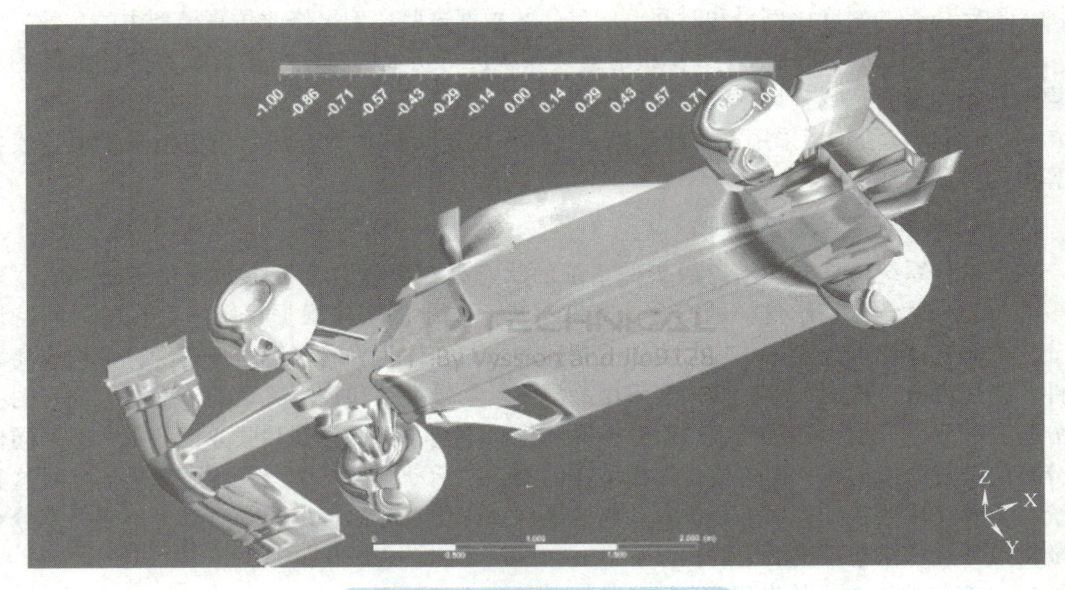

图 4-15　对赛车模型压力进行测试

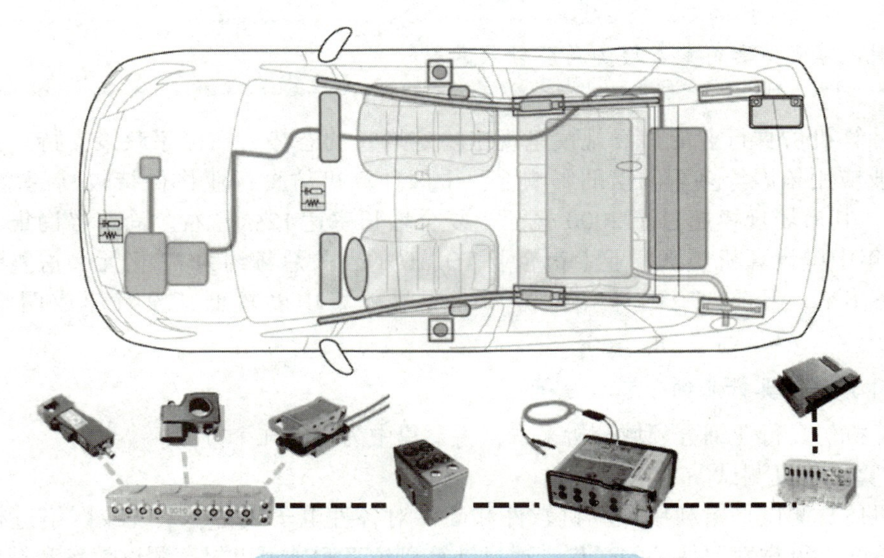

图 4-16　电动汽车整车电性能测试

射频仿真测试是利用计算机软件和硬件对各种射频设备或系统进行信号发射、接收、处理等方面的仿真测试，主要应用于通信、雷达、导航等领域。如在高速的 PCB（printed-circuit board，印制电路板）设计中，采用球栅阵列封装（ball grid array，BGA）技术来设计间距得到了广泛的使用。BGA 具有十分高的封装密度，同时又具有电性能优良、噪声小、寄生电感电容低等优点，目前 0.5mm、0.8mm 以及 1.00mm 间距的 BGA 已经普遍应用，如图 4-17所示。在实际使用中，工程师普遍认为 BGA 间距越小，PCB 的集成密度越高，信号传输性能就越好，但对于工艺来说，会存在短路或者虚焊等情况，加大了工艺上的难度。在这种高精度的射频中，采用仿真软件如 HFSS（高频结构仿真器），建立 BGA 的仿真模型，从仿真结果中得出，并不是 BGA 的间距越小，信号的传输性就越好。

图 4-17　BGA

2022 年，中国射频仿真测试市场规模约为 300 亿元，占计算机仿真测试市场的 20%。

通用测试指利用计算机软件和硬件对各种通用设备或系统进行功能、性能、兼容性等方面的仿真测试，主要应用于电子信息、医疗器械、教育科研等领域。

2022 年，中国通用测试市场规模约为 150 亿元，占计算机仿真测试市场的 15%。

2）仿真模拟训练。

将仿真模拟训练融入素养教育。在军事仿真训练中利用计算机软件和硬件构建虚拟战场和作战环境，助力操作手提升复杂情况下的作战能力。

仿真模拟训练指利用计算机软件和硬件构建虚拟环境和场景，对人员进行技能、理论、心理等方面的仿真训练。仿真模拟训练可以提高训练效果和体验，降低训练难度和危险，提高人员素质和能力。仿真模拟训练主要包括军事仿真训练、飞行仿真训练和驾驶仿真训练等。

军事仿真训练指利用计算机软件和硬件构建虚拟战场和作战环境，对军事人员进行战术技能、战略思维、心理素质等方面的仿真训练，主要应用于陆军、海军、空军等部队。2022 年，中国军事仿真训练市场规模约为 400 亿元，占仿真模拟训练市场的 70%。图 4-18 所示为引入 VR 仿真训练设备，展开机械专业模拟训练，助力操作手应对复杂情况。

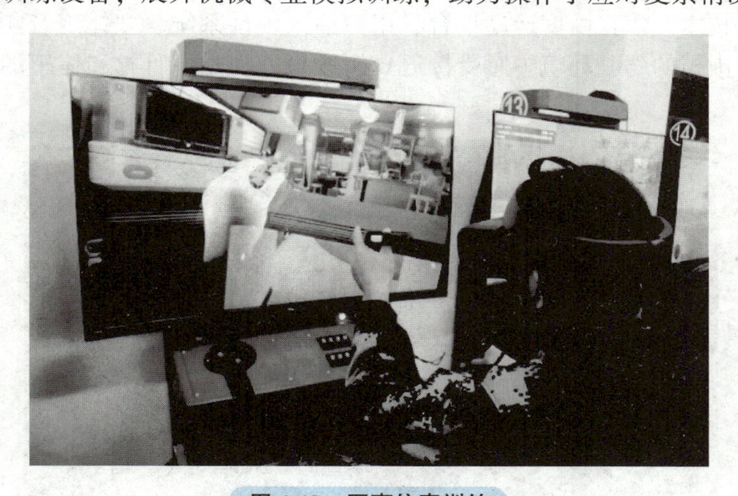

图 4-18　军事仿真训练

飞行仿真训练指利用计算机软件和硬件构建虚拟空域和飞行环境，对飞行人员进行飞行技能、飞行规则、飞行安全等方面的仿真训练，主要应用于民航、航空航天等领域。2022 年，中国飞行仿真训练市场规模约为 150 亿元，占仿真模拟训练市场的 15%。如在 2020 年

9 月，美国空军在内华达州的内利斯空军基地开设了一个 5500m^2 的虚拟测试训练中心。内利斯空军基地是红旗演习行动的所在地，在这里，美国飞行员像敌方飞行员一样操作 F-16 战机，驾驶各种外国战机，携带专门的电子设备，模仿敌机的电子信号，如图 4-19 所示。虚拟测试训练中心的建立就是为了利用更便宜的飞行模拟器，不仅可以同时训练大量的飞行员，而且可以检验 X 国已知空中战术的变化，每台模拟机每年可以运行 6000h 左右，虽然每年 100h 的模拟机并不能完全替代实际飞行时间，但如果训练场景考虑周全的话，训练效果已经很接近了。

图 4-19　飞行仿真训练

驾驶仿真训练指利用计算机软件和硬件构建虚拟道路和驾驶环境，对驾驶人员进行驾驶技能、交通规则、安全意识等方面的仿真训练，主要应用于汽车、公交车、地铁等领域。汽车驾驶仿真训练利用现代高科技手段，如三维图像即时生成技术、汽车动力学仿真物理系统、大视野显示技术、六自由度运动平台、用户输入硬件系统、立体声音响、中控系统等，让体验者在一个虚拟的驾驶环境中感受接近真实效果的视觉、听觉和体感的汽车驾驶体验，如图 4-20 所示。

图 4-20　汽车驾驶仿真

3）虚拟制造。

从虚拟制造角度来融入素养教育。在工业制造领域中融入虚拟制造可以提高产品质量和创新性，降低生产成本和周期，提高生产率和灵活性。体会科技是第一生产力，可以促进工业的发展。

虚拟制造指利用计算机软件和硬件对产品设计、工艺流程、生产线布局等进行数字化建模和优化分析的过程，如图 4-21 所示。虚拟制造可以提高产品质量和创新性，降低生产成本和周期，提高生产率和灵活性。虚拟制造主要包括数字化设计、数字化加工、数字化组装等。

图 4-21　虚拟制造

数字化设计是指利用计算机软件对产品形态、结构、功能等进行三维建模和参数化设计的过程。数字化设计可以提高设计效率和精度，实现多方案比较和优选，提高产品竞争力。2022 年，中国数字化设计市场规模约为 250 亿元，占虚拟制造市场的 45%。数字化设计展厅如图 4-22 所示。

图 4-22　数字化设计展厅

数字化加工是指利用计算机软件对产品加工工艺进行数学建模和优化控制的过程。数字化加工可以提高加工质量和稳定性，实现智能化监测和调整，提高加工效率和节能性。

2022 年，中国数字化加工市场规模约为 170 亿元，占虚拟制造市场的 30% 左右。如 SMT 贴片行业全面进入自动化，PCBA 加工过程的一系列流程将会通过线上线下结合模式，使机器自动根据指令完成 PCBA 制作的一系列工艺，如图 4-23 所示。

图 4-23　SMT 贴片自动化

数字化组装是指利用计算机软件对产品组装流程进行逻辑建模和动态模拟的过程。数字化组装可以提高组装质量和一致性，实现自动化调度和管理，提高组装效率和可靠性。2022 年，中国数字化组装市场规模约为 110 亿元，占虚拟制造市场的 20%。西门子医疗制造与研发的智能机器人组装过程如图 4-24 所示。

图 4-24　机器人组装

（2）计算机仿真行业的发展趋势

计算机仿真行业的发展趋势主要集中在以下几个方面。

1）技术创新推动行业进步。随着大数据、云计算、物联网、人工智能等新技术的不断发展和应用，计算机仿真行业也将迎来新的技术革新和突破。大数据能提供海量的仿真数据和知识，实现仿真模型的优化和更新；云计算能提供强大的计算能力和存储空间，实现仿真资源的共享和协同；物联网能提供丰富的仿真传感器和设备，实现仿真环境的互联和互动；人工智能能提供智能的仿真算法和方法，实现仿真过程的自动化和智能化。

2）行业应用拓展促进市场增长。计算机仿真行业的应用领域在不断拓展和深入，除了传统的军事、科研、教育、工业等领域，它还广泛应用于文化、医疗、娱乐、体育等新兴领域。在文化领域运用计算机仿真技术进行历史文化遗产和民俗风情的再现和展示，实现文化传承、交流、创新等；在医疗领域运用计算机仿真技术进行人体结构和功能的模拟和分析，实现医学诊断、治疗、教育等；在娱乐领域运用计算机仿真技术进行虚拟现实和增强现实的创造和体验，实现娱乐消费、社交互动、情感表达等；在体育领域运用计算机仿真技术进行运动员身体状态和运动技能的模拟和评估，实现运动训练、竞赛观看、健身指导等。

3）国家政策支持助力行业发展。计算机仿真行业在国家层面受到了高度重视和支持。近年来，国家出台了一系列相关政策文件，旨在推动计算机仿真行业的发展。如《国家中长期科学和技术发展规划纲要（2006—2020年）》明确提出“建立国家级虚拟制造与数字化设计平台”“建立国家级虚拟试验平台”“建立国家级虚拟训练平台”等重大项目；《“十三五”国家战略性新兴产业发展规划》明确提出“加快发展虚拟现实产业”“加快发展智能制造产业”等重点任务。这些政策文件为计算机仿真行业提供了有力的指导和保障，有助于促进行业的创新能力、核心竞争力和市场活力。

5. 计算机仿真技术的发展趋势

计算机仿真技术从传统的静态仿真模型迅速发展为动态模型，已应用于航天、船舶、医疗、安全、服务、教育等各个领域。随着应用范围的扩大，计算机仿真技术持续发展，目前计算机仿真技术的发展趋势主要有高性能仿真技术、增强仿真技术、集成仿真技术、可视化仿真技术、智能化仿真技术等。

1）高性能仿真技术。随着计算机仿真技术对存储、计算等要求越来越高，计算机仿真技术越来越依赖计算机的性能，未来需要更加烦琐的仿真模型，要求性能越来越高、延迟越来越低，加上大数据仿真实施技术，对性能的要求也较高。

2）增强仿真技术。增强仿真技术指以有形环境为基础，使用虚拟元素来增强仿真技术，可以实现对更多应用领域的快速处理。其中，基于虚拟现实（VR）、增强现实（AR）、混合现实（MR）技术的发展，使得模型更加重视界面和控制系统的整合和融合，也是未来发展趋势之一。

3）集成仿真技术。目前计算机仿真技术已发展为多种模型和方法，并开展了大量的新应用。计算机仿真技术将继续在实施综合应用仿真，以扩大其范围、改善仿真精度、加速计算能力、增强图形计算能力、加强决策支持和多尺度仿真等集成方面进一步发展。

4）可视化仿真技术。计算机仿真技术的一个重要组成部分是虚拟图形，通过虚拟图形技术，可以实现数据的可视化和表达，并可以模拟、实时显示场景或二维、三维地图，以便更直观地理解仿真结果。此外，计算机仿真技术已发展到允许混合仿真（MR），可以实现全景、触控等新型应用。

5）智能化仿真技术。计算机仿真技术与人工智能相结合，可以形成仿真分析系统，帮助管理者更快、更准确地做出决策。

4.2.2　数字孪生体系中的仿真技术

数字孪生体系中的仿真技术作为一种在线数字仿真技术，表示为确定性规律和完整机理的模型转化成软件的方式来模拟物理世界。在数字孪生体系中模型要正确，有完整的输入信息和环境数据，能基本正确地反映物理世界的特性和参数，验证和确认对物理世界或问题理解的正确性和有效性。

1. 数字孪生的仿真技术

从仿真的视角，数字孪生技术中的仿真属于一种在线数字仿真技术，是对物理实体建立相对应的虚拟模型，并模拟物理实体在真实环境下的行为。与传统的仿真技术相比，数字孪生中的仿真技术更加强调物理系统与信息系统之间的虚实共融和实时交互，它贯穿了全生命周期，并且是一种高频次和不断循环迭代的仿真过程。

数字孪生中的仿真技术不仅用于降低测试成本，还扩展到各个运营领域，甚至涵盖产品的健康管理、远程诊断、智能维护、共享服务等应用。基于数字孪生可对物理对象通过模型进行分析、预测、诊断、训练等仿真过程，并将仿真结果反馈给物理对象，从而帮助对物理对象进行优化和决策。数字孪生中的仿真技术与物理对象之间的关系如图 4-25 所示。仿真技术是创建和运行数字孪生体、保证数字孪生体与对应物理实体实现有效闭环的核心技术。

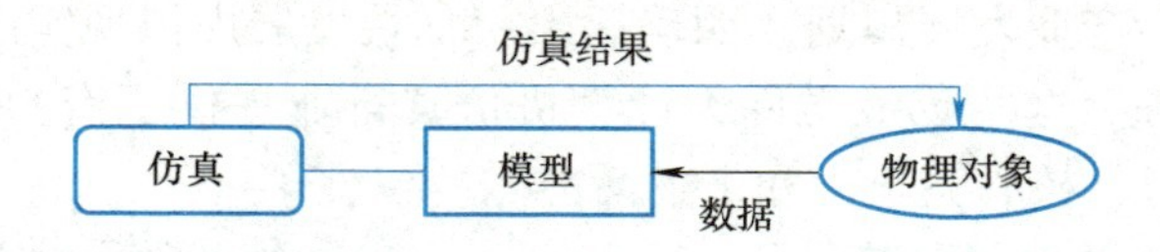

图 4-25　数字孪生中的仿真技术与物理对象之间的关系

目前数字孪生的仿真技术与信息新技术（大数据、物联网、云计算、人工智能等）相融合，其发展进入了一个新阶段，向着数字化、网络化、服务化、智能化方向发展，仿真技术架构逐渐完备。从对象、架构及粒度维度，数字孪生的仿真技术发展出很多的类型和分支。

2. 数字孪生中的仿真技术分类

数字孪生中的仿真技术可以从不同维度进行分类。

（1）按被仿真的对象进行分类

仿真技术按被仿真的对象分类，分为工程系统仿真、自然系统仿真、社会系统仿真、生命系统仿真和军事系统仿真。

1）工程系统仿真是将实际工程的状态在模型中进行模拟，通过仿真技术确认工程系统的内在变量对被控对象的影响，如制造过程的仿真。仿真技术已被用于产品制造的整个生命周期。

2）自然系统仿真指对自然场景进行真实模拟，部分自然场景具有不规则性、动态性和随机性，如气候变化仿真、自然灾害仿真，因此对自然场景的实时仿真具有重大的意义。

3）社会系统仿真是对复杂社会系统的描述与研究方法，有助于提高决策层对系统运行状态的快速掌握以及对各种状况的及时处理，如人工社会、经济行为的仿真。

4）生命系统仿真是以生命系统为研究对象、以生命的某种功能为划分系统的原则、以定量研究为特点的一种新兴学科，如数字人体。数字人体是指用信息化与数字化的方法研究和构建人体，即人体活动的信息全部数字化之后，由计算机网络来管理的技术系统，用以了解整个人体系统所涉及的信息过程，并特别注重人体系统之间信息的联系与相互作用的规律。

5）军事系统仿真指在军事仿真方面，有战争模拟、作战演练、装备使用和维修培训等应用场景，能节约经费、提高效率、保护环境、减少伤亡。如通过仿真进行军事演习，可以极大地降低演习的消耗，并避免人员的伤亡。

(2) 按仿真粒度进行分类

仿真技术按仿真粒度进行分类，分为单元级仿真、系统级仿真和体系级仿真等。

单元级仿真指面向单个部分或领域的仿真，如机械结构仿真、控制仿真、流体仿真、电磁仿真。

系统级仿真指面向单一系统整体行为的仿真，如汽车、飞机等产品的全系统仿真。

体系级仿真指面向由多个独立系统组成的体系的仿真，关注体系中各部分之间的关系和体系的涌现行为，如城市交通仿真、体系对抗仿真。

(3) 按仿真系统架构进行分类

仿真技术按仿真系统架构进行分类，分为集中式仿真和分布式仿真。其中集中式仿真指运行于单台计算机或单个平台上的仿真系统，适合中小型的仿真系统，便于设计和管理。分布式仿真指运行于多台计算机或多个平台上的仿真系统，常用于大规模体系级仿真。

3. 数字孪生中仿真技术的应用与发展

从数字孪生仿真技术应用和发展角度融入素养教育，了解数字孪生仿真技术赋能交通领域、智能制造领域、教育领域等。

目前仿真技术形成了比较完善的理论、方法和技术体系，为数字孪生的发展与应用提供了坚实的基础和有力的支撑。

(1) 数字孪生中仿真技术的应用

1）数字孪生仿真技术应用在交通领域。交通是一个复杂的人机系统，交通安全要考虑下面两个因素的作用和应用。因素一：交通安全仿真是基于虚拟现实技术的。因素二：评价系统，评价系统首先需要建立一个虚拟环境，然后在这个虚拟环境中加入各种可以诱发事故的因素，最后全程跟踪评价某一路段、某一区域的交通安全水平。计算机模拟过程是交通安全模拟和评价系统的核心，虚拟仿真的过程是可视化的，不同于传统的数值模拟，在这个虚拟环境中，在评价某路段的交通安全时，不仅需要采用传统的绝对数法和事故率法来评价，还要考虑交通人的感知和行为，在虚拟环境中可以选择不同的交通工具，设置不同的交通环境，从交通和第三方的角度进行事故的可能性实验和分析，最终实现该路段的安全评价。同时，交通安全仿真和评价系统作为交通管理部门建设和改善交通设施的依据，是分析交通事故的一种方法。

2）数字孪生仿真技术应用在智能制造领域。数字孪生中的仿真技术目前在智能制造领域的应用比较广泛，它是物联网、虚拟现实等技术相结合的产物，在工业互联网的浪潮下，仿真技术得到迅速的发展。

由于仿真技术是实现数字空间与物理世界结合的有效手段，越来越多的制造商开始借助数字孪生技术探索智能生产新模式，相继开发了虚拟车间、数字工厂、产品设计、设备管理、车联网等新型应用场景。以仿真技术为基础，加入如 IT 系统、财务程序、物理变量或人为等其他因素，数字孪生能模拟现实环境中的行为，数字代表了物理世界与虚拟世界的融合。

3）教育领域。计算机仿真实验是计算机多媒体教学中新增加的领域，可以根据需要即时组建模拟实验室。仿真实验强调实验的设计思想和实验方法，打破了教与学、理论和时间、课内与课外的界限，强调实验者的主动性。通过计算机仿真，可以加深学生对仪器的思想、方法、结构和设计原理的理解，联系实验技能，巩固知识，提高学生的学习兴趣和实验水平。模拟实现已经成为现代实验的重要手段，计算机仿真实验系统充分利用人工智能、控制理论和教师的专家系统建立内部模型，用可操作的仿真方法实现实验教学的各个环节。

(2) 数字孪生中仿真技术的发展方向

1）网络化仿真。随着计算机和网络的应用与发展，数字孪生中的计算机仿真技术在不断地发展与完善。目前计算机仿真系统还存在一些问题，如开发时间长、成本高、不兼容、共享困难、可移植性差等。系统共享在计算机仿真系统开发中是非常重要的。随着网络共享的实现，可以避免社会资源的重复开发，并可通过适当的收费来补充开发成本。因此，计算机仿真技术发展方向之一为网络化仿真。网络化仿真是一种利用数学建模和统计分析的方法模拟网络行为，通过建立网络设备和网络链路的统计模型，模拟网络流量的传输，从而获取网络设计及优化所需要的网络性能数据的一种高新技术。

2）虚拟制造技术。计算机仿真技术发展的另一方向是虚拟制造技术。虚拟制造技术是一种领先的制造技术，是利用计算机仿真技术和虚拟现实技术，通过计算机实现对产品的管理和控制。

(3) 数字孪生中仿真技术的发展趋势

由于计算机软硬件技术的快速发展推动了计算机仿真技术的快速发展，使计算机仿真技术领域的新技术和新成果有了良好发展的前景。

1）面向对象的仿真建模。面向对象的仿真建模与传统的手工建模相比，有了很大的进步，最大限度地调动了计算机符号的处理能力，加快了人们对仿真对象模型的理解和转换速度。采用面向对象的仿真建模可以充分提供系统的建模能力，更为重要的是面向对象的仿真建模技术更容易让人们掌握和使用，操作人员也能更好地利用仿真技术为系统服务。

2）分布式仿真建模。分布式仿真建模是通过计算机网络将分散在世界各地的仿真设备链接起来，实现时间和空间耦合的虚拟仿真环境。分布式仿真建模可以由多个子模型组成仿真模型。在目前的分布式仿真建模系统中，比较成熟的技术有动态和静态数据划分技术、功能划分技术、通信阻塞避免技术等。

(4) 智能仿真建模

智能仿真建模是在建模、仿真模型设计、仿真结果分析处理阶段，运用知识表达和处理技术，缩短仿真建模的时间，提高模型知识在分析中的描述能力，引入专家知识和推理，帮助用户做出最优决策。智能仿真建模可以及时修正和运维辅助模型，具有更好的人机交互界面，使人与计算机的交流更加人性化，增加了自动推理学习机制，从而实现仿真系统本身的优化能力。

(5) 可视化建模

可视化建模可以更加直观地展示整个仿真过程，有效区分仿真过程的真实性和正确性，结果简单易懂。目前流行的动画模拟本质上也是一种可视化建模。在视景仿真中加入声音，可以同时获得视觉和听觉的多媒体仿真，在多媒体仿真基础上植入三维动画，强调交互功能，可以获得支持触觉、嗅觉、味觉的虚拟现实仿真。

4.3 关键技术：虚拟现实技术

数字孪生和虚拟现实技术是当今科技领域备受瞩目的两个概念，随着技术的发展和需求的不断增加，未来二者一定是不断融合的，将带来巨大的变革和机遇。

4.3.1 虚拟现实技术概述

1. 虚拟现实技术的概念

虚拟现实的概念最早出现在1835年的一部科幻小说《皮格马利翁的眼镜》中，它描述了一种包含视觉、听觉、嗅觉、触觉等沉浸式体验的虚拟现实系统。后来这种想象到了实验室，有了虚拟现实眼镜。

虚拟现实技术又称为虚拟实境或灵境技术，是20世纪发展起来的一项全新的实用技术。虚拟现实技术是一个交叉学科，包括计算机、仿真技术、电子信息等学科。它的基本实现方式是以计算机技术为主，综合三维图形技术、多媒体技术、显示技术、仿真技术、伺服技术等，运用计算机等设备产生包含逼真的三维视觉、触觉、嗅觉等多种感官体验的虚拟世界，使人们在虚拟世界中产生一种身临其境的感觉。随着科技和生产力的发展，各行各业对虚拟现实技术的需求日益旺盛，虚拟现实技术自身也在不断发展与进步，成了一个新的科学领域。虚拟现实图像如图4-26所示。

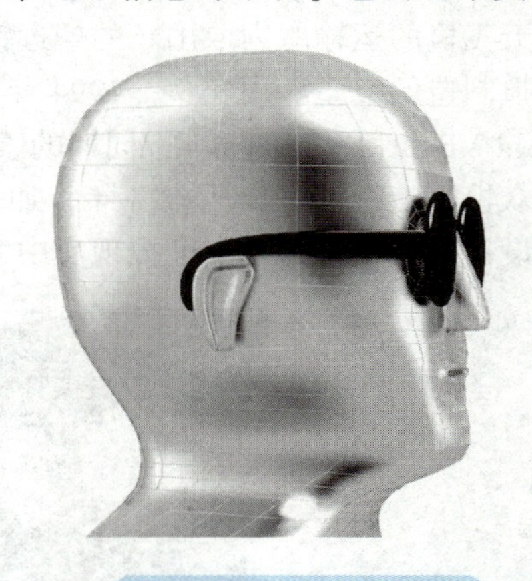

图4-26 虚拟现实图像

虚拟现实就是将虚拟和现实进行结合，从理论来讲，虚拟现实技术也是一种可以创建和体验虚拟世界的计算机仿真系统。虚拟现实技术就是利用生活中的数据，通过计算机技术生成电子信号，结合各种输出设备将其转化为能够让人们感受的现象，这些现象可以是现实中的真切的事物，也可以是肉眼看不到的物质，并将其用三维模型表示出来。虚拟现实技术呈现出来的事物是不能直接被看见的，需要通过计算机模拟出现实中的世界，所以叫虚拟现实。

目前，虚拟现实技术得到了越来越多行业和人们的认可，虚拟世界可以模拟出真实的世界，用户可以在虚拟世界中体验真实的感受。在虚拟世界中拥有一切的感知功能，如听觉、视觉、味觉、嗅觉等，它是一种超能的计算机仿真系统，实现了人机交互，人们在操作过程中可以实时操作和实时了解环境的真实反馈。

2. 虚拟现实技术的发展历程

（1）第一阶段：虚拟现实思想的萌芽阶段（1963年以前）

虚拟现实思想究其根本是对生物在自然环境中的感官和动态的交互式模拟，它与仿生学息息相关。1935年，美国科幻小说家斯坦利·温鲍姆在他的小说中首次构想了以眼镜为基础，涉及视觉、触觉、嗅觉等全方位沉浸式体验的虚拟现实概念，这是可追溯的最早的关于虚拟现实的构想。1957—1962年，莫顿·海利希研究、发明了“全传感仿真器”，并在1962年申请了专利，这个专利蕴涵了虚拟现实技术的思想理论。

(2) 第二阶段：虚拟现实技术的初现阶段 (1963—1972 年)

1968 年，美国计算机图形学之父 Sutherlan 开发出了第一个计算机图形驱动的头盔显示器(HMD) 及头部位置跟踪系统，这是虚拟现实技术的雏形，也是虚拟现实技术重要的里程碑。

(3) 第三阶段：虚拟现实技术概念和理论产生的初期阶段 (1973—1989 年)

在这一阶段，虚拟现实技术主要发生了两件大事。其一为 Krueger 设计了 VIDEOPLACE 系统，它能生产虚拟图形环境，能使体验者的图像投影实时响应自己的活动；另一事件是由 MGreevy 领导完成的 VIEW 系统，体验者穿戴数据手套和头部跟踪器，可通过语言、手势等进行交互，形成虚拟现实系统。

(4) 第四阶段：虚拟现实技术理论的完善和应用阶段 (1990 年至今)

1990 年，虚拟现实技术应用了三维图形生成技术、多传感器交互技术和高分辨率显示技术。维加精密实验室公司开发了第一套传感手套 “Data Gloves” 和第一套 HMD “Eye Phoncs”，如图 4-27 所示。1993 年 11 月，宇航员通过虚拟现实系统的训练，成功地完成了从航天飞机的运输舱内取出新的望远镜面板的工作，而用虚拟现实技术设计的波音 777 飞机是虚拟制造的典型应用实例。1994 年，日本游戏公司 SEGA 和任天堂分别针对游戏产业推出 Sega VR-1 和 Virtual Boy，同期的索尼头戴式显示器 HMZ-T3 高也面世，这使得虚拟现实向大众视野走近了一步。2022 年，加拿大造船公司 Seaspan 将 3D 沉浸式虚拟现实系统引入船舶设计，使设计师可在虚拟现实中实时浏览他们的设计。

图 4-27 Data Gloves 和 Eye Phoncs

3. 虚拟现实技术的分类

虚拟现实技术涉及的学科众多，应用领域广泛，系统种类繁杂，其分类由研究对象、研究目标和应用需求决定。

(1) 根据沉浸式体验角度分类

沉浸式体验主要分为非交互式体验、人-虚拟环境交互式体验和群体-虚拟环境交互式体验等几类。非交互式体验中的用户更为被动，所体验内容均为提前规划好的，允许用户在一定程度上引导场景数据的调度，但没有实质性的交互行为，如场景漫游等，用户几乎全程无事可做。在人-虚拟环境交互式体验系统中，用户可以用数据手套、数字手术刀等设备与虚拟环境进行交互，如驾驶战斗机模拟器等，用户可感知虚拟环境的变化，进而产生在相应现实世界中可能产生的各种感受。数字手术刀如图 4-28 所示，战斗机模拟器如图 4-29 所示。

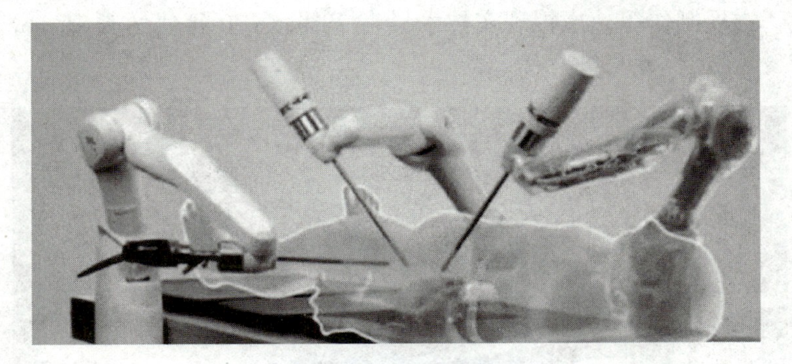

图 4-28 数字手术刀

图 4-29 战斗机模拟器

(2) 根据系统功能角度分类

虚拟现实技术从系统功能角度可分为规划设计系统、展示娱乐类系统、训练演练类系统等。

其中规划设计系统适用于新设施的实验验证，可大幅缩短研发周期，降低设计成本，提高设计效率，在城市排水、社区规划等领域均可使用，如虚拟现实模拟给排水系统（图 4-30），可大幅减少原本需用于实验验证的经费。

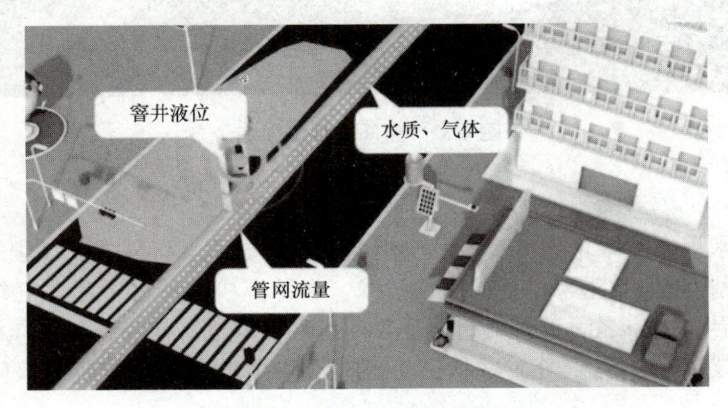

图 4-30 城市给排水系统

展示娱乐类系统适用于给用户提供逼真的观赏体验，如数字博物馆（图 4-31）、大型 3D 交互式游戏、影视制作等。虚拟现实技术早在 20 世纪 70 年代便被 Disney 用于拍摄特效电影。

图 4-31　数字博物馆

训练演练类系统可应用于各种危险环境及一些难以获得操作对象或实操成本极高的领域，如外科手术训练、空间站维修训练等，如图 4-32 所示。

图 4-32　空间站维修训练

（3）根据技术角度分类

虚拟现实技术根据技术角度分类，分为桌面式、分布式、沉浸式和增强式四种。

1）桌面式虚拟现实技术采用立体图像技术，在计算机的屏幕中生成三维立体控件的交互场景，虚拟世界与用户之间交互用到的主要设备有计算机、初级图形工作站、投影仪、键盘、鼠标、力矩仪（图 4-33）等，这是目前虚拟现实技术实现比较容易、应用也最为广泛的一种技术。

2）分布式虚拟现实技术是虚拟现实技术与网络技术相融合的产物，是指通过计算机网络将多个用户链接到同一个虚拟事件中，多个用户可以在同一个虚拟世界进行观察和操作。

分布式虚拟现实技术主要用到的设备有图像显示器、通信和控制设计以及处理系统。分布式虚拟现实技术有很好的应用前景。

3）沉浸式虚拟现实技术是将用户的视觉、听觉、味觉、触觉封闭起来提供一种完全沉浸式的体验，使用户置身于虚拟世界中。这种技术最能展示虚拟现实的效果，其主要设备有头盔式显示器、洞穴式立体显示装置、数据手套、空间位置跟踪器等，头盔式显示器如图4-34所示，洞穴式立体显示装置如图4-35所示，数据手套如图4-36所示。

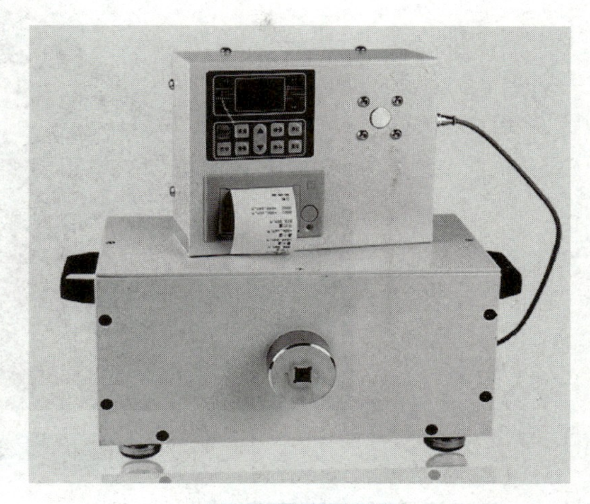

图4-33 力矩仪

4）增强式虚拟现实技术是将真实世界的信息叠加到仿真模拟世界中，将真实世界与虚拟世界融入一体，用户与虚拟世界交互过程中用到的主要设备有穿透式头盔式显示器、摄像仪、摄像头、计算与存储设备、移动设备等。这种技术很有发展潜力。

图4-34 头盔式显示器

图4-35 洞穴式立体显示装置

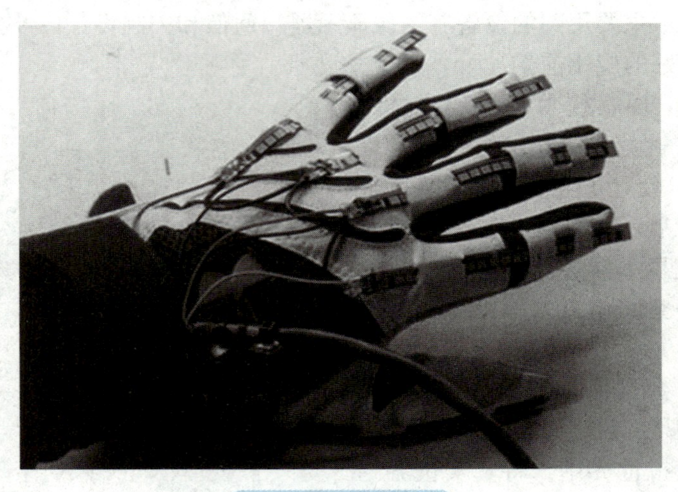

图 4-36　数据手套

4. 虚拟现实技术的原理

虚拟现实技术的实现需要信息输入、信息处理和信息输出三个重要环节。信息输入主要通过感官及交互式输入技术来实现，在虚拟系统中主要通过采集装置及时将用户的眼、头、手等动作信息进行采集，同时根据控制按键、操作手柄等交互输入设备获取用户的交互输入信息，如图 4-37 所示。信息处理是实现虚拟现实的关键技术，主要是通过 GPU 强大的图像数据计算能力，将环境建模的虚拟世界分解成用户可感知的视觉、听觉、触觉、嗅觉等信息的过程。信息输出是通过视觉、听觉等表现技术来实现的。虚拟现实技术需要借助虚拟现实头盔、3D 耳机、触觉手套、虚拟现实气体装置等信息输出设备，将虚拟世界的视觉、听觉、触觉和嗅觉等信息分别输出给用户，使用户能够感受虚拟场景。

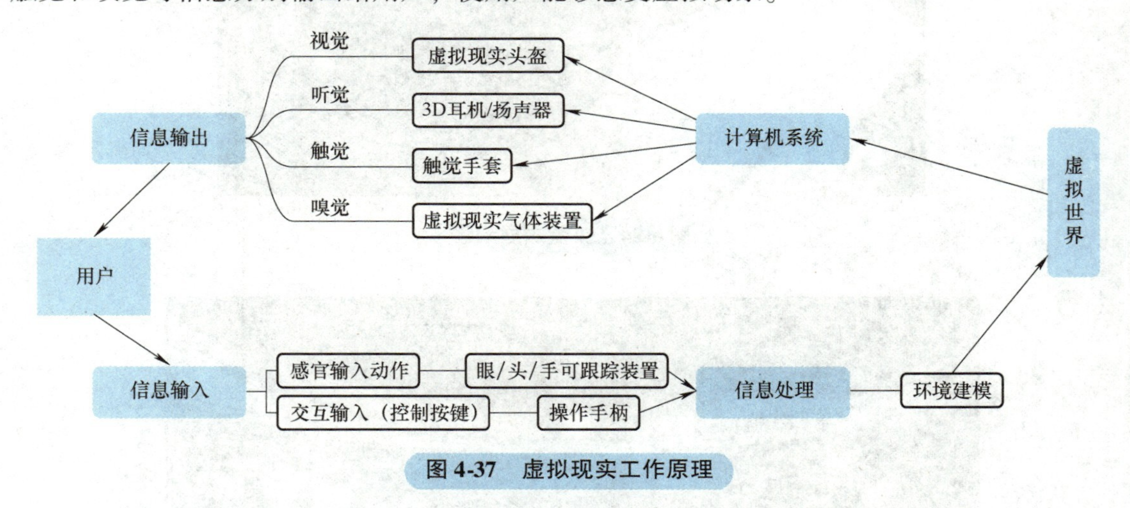

图 4-37　虚拟现实工作原理

5. 虚拟现实技术的特征

虚拟现实技术的特征有沉浸性、交互性、多感知性、构想性和自主性。

（1）沉浸性

沉浸性是虚拟现实技术最主要的特征，是让用户成为并感受到自己是计算机系统所创造环境中的一部分。虚拟现实技术的沉浸性取决于用户的感知系统，当用户感知到虚拟世界的刺激时，包括触觉、味觉、嗅觉、运动感知等，便会产生思维共鸣，造成心理沉浸，感觉如同进入真实世界。如沉浸式餐厅，通过360°全景投影技术的应用，能够让整个房间呈现3D立体景象，让用户可以身临其境地坐在深林、雪山、海底用餐，还有鸟语花香、风声海浪做伴，餐桌上还会根据主题呈现动画，各类鱼群甩着尾巴在四周游动，海水的波纹在餐桌上随意流泻，在水波荡漾中仿佛置身深海的蓝色梦境，如图4-38所示。

图4-38　沉浸式餐厅

（2）交互性

交互性指用户对模拟环境内物体的可操作程度和从环境得到反馈的自然程度。用户进入虚拟空间，对应的技术让用户与环境产生相互作用，当用户进行某种操作时，周围的环境也会做出某种反应。如用户接触虚拟空间中的物体，手上应该能够感受得到，若用户对物体有所动作，物体的位置和状态也应改变。如利用计算机产生三维虚拟空间的三维游戏几乎包含了虚拟现实的全部技术，使游戏在保持实时性和交互性的同时，大幅提升了游戏的真实感，如图4-39所示。

图4-39　三维游戏

（3）多感知性

多感知性表示为计算机技术应该拥有很多感知方式，如听觉、触觉、嗅觉等，如图 4-40 所示。理想的虚拟现实技术应该具有一切人所具有的感知功能，但由于相关技术，特别是传感技术的限制，目前大多数虚拟现实技术所具有的感知功能仅限于视觉、听觉、触觉、运动等几种。

图 4-40 虚拟现实的多感知性

（4）构想性

构想性的特征可以称为想象性，用户在虚拟空间中可以与周围物体进行互动，可以拓宽认知范围，创造客观世界不存在的场景或不可能发生的环境。构想可以理解为用户进入虚拟空间，根据自己的感觉与认知能力吸收知识，发散拓宽思维，创立新的概念和环境。虚拟现实不仅是一个用户与终端的接口，还可以使用户沉浸于此环境中并获取新的知识，提高感性和理性认识，从而产生新的构思。这种构思结果输入到系统中去，系统会将处理后的状态实时显示或由传感装置反馈给用户。如此反复，这是一个学习-创造-再学习-再创造的过程，因而可以说，虚拟现实是启发人的创造性思维的活动。

（5）自主性

自主性是指虚拟环境中的物体依据物理定律动作的程度，如当受到力的推动时，物体会向力的方向移动或翻倒，或从桌面落到地面上等。

4.3.2 虚拟现实系统的关键技术

虚拟现实系统的关键技术主要包括动态环境建模技术、实时三维图形生成技术、立体显示和传感器技术、应用系统开发工具和系统集成技术等。

1）动态环境建模技术。动态环境建模技术是虚拟现实比较核心的内容，采用 VR 系统来建立虚拟环境的目的是获取实际环境的三维数据，并根据应用的需要建立相应的虚拟环境模型。

2）实时三维图形生成技术。实时三维图形生成技术指目前三维图形的生成技术已经较为成熟，关键在于“实时”生成。为保证实时，应至少保证图形的刷新频率不低于 15 帧/s，最好高于 30 帧/s。

3）立体显示和传感器技术。立体显示和传感器技术是虚拟现实交互能力的关键。虚拟现实的交互能力依赖于立体显示和传感器技术的发展，目前现有的设备有些不能满足需要，力学和触觉传感装置的研究也有待进一步深入，虚拟现实设备的跟踪精度和跟踪范围也还需要进一步提高。

4）应用系统开发工具。虚拟现实应用的关键是寻找合适的场合和对象，选择适当的应用对象可以大幅度提高生产率，减轻劳动强度，提高产品质量。想要达到这一目的，则需要研究虚拟现实的开发工具。

5）系统集成技术。由于虚拟现实系统中包括大量的感知信息和模型，因此系统集成技术起着至关重要的作用。系统集成技术包括信息的同步技术、模型的标定技术、数据转换技术、数据管理模型、识别与合成技术等。

4.3.3 虚拟现实系统的输入设备

传统的输入设备主要指键盘、鼠标等，需要用户主动进行输入。在虚拟现实中输入设备可以通过语音操控、体感控制、空间定位、手势识别、眼球跟踪、脑电波等技术实现，将实现得更加智能和自然。

虚拟现实系统的输入设备用来输入用户发出的动作，使用户可以操作一个虚拟境界。在与虚拟场景进行交互时，大量的传感器用来管理用户的行为，同时也将场景中的物体状态信息反馈给用户。要实现人与计算机之间的交互，需要使用一些专门设计的接口，将用户的命令输入计算机，同时也需要将模拟过程中的信息反馈给用户。基于不同的目的和功能，目前有多种类型的虚拟现实接口来解决多个感觉通道的交互。如身体的动作可以使用三维定位装置来跟踪检测，人手交互的动作姿态可以通过数据手套来获取等。

虚拟现实系统中的大多数输入设备都用到了三维位置跟踪器。目前虚拟现实系统的主要输入设备包括手柄类输入设备、可穿戴设备和基于计算机视觉的动作感测设备三种。三维位置跟踪器是测量虚拟现实系统中三位对象位置和方向实时变化的一种硬件设备，是虚拟现实世界中一个比较关键的传感器，它的目的是检测方位和位置，并将这些数据报告给虚拟现实系统。虚拟现实系统检测头和手在三维空间中的方向和位置，常常需要跟踪六个不同方位的运动方向，即六自由度。跟踪器能够实时地测量用户身体或局部的位置和方向，将这些信息输入虚拟系统，并根据用户当前的视角刷新虚拟场景的现实。它是人机交互中最重要的输入设备之一。目前跟踪器的种类主要分为机器跟踪器、电磁跟踪器、光学跟踪器、超声波跟踪器、惯性跟踪器、GPS 跟踪器和混合跟踪器。

1. 手柄类输入设备

虚拟现实中多数头盔主要采用手柄类设备，主要包括游戏手柄和动作感应 VR 手柄两大类。传统的游戏手柄主要有按钮式、遥感式、触板式等，这类输入设备相对结构简单，便于操作，但对手部关节的精细动作无法精确定位，容易使动作失真。动作感应 VR 手柄主要通过惯性传感系统和光学追踪系统或磁场感应来实现动作的跟踪，如三星的 Gear VR 控制器等，如图 4-41 所示。这类设备目前还存在感应范围有限、感应精度不够高等问题，还不能完美实现人机交互的自然互动。

图 4-41 三星的 Gear VR 控制器

2. 可穿戴设备

可穿戴设备主要指直接穿在身上或整合到用户的衣服或配件上的一种便携式设备。可穿戴设备不仅是一种硬件设备，更要通过软件支持以及数据交互、云端交互来实现强大的功能。可穿戴设备将会对人们的生活、感知带来很大的转变。

可穿戴设备主要包括数据手套和全身动作捕捉系统。

(1) 数据手套

数据手套是一种典型的可穿戴设备，是一种多模式的虚拟现实硬件，通过软件编程，可进行虚拟场景中物体的抓取、移动、旋转等动作，也可以利用它的多模式性，用作一种控制场景漫游的工具。

数据手套中装有许多光纤传感器，不仅能感知手指关节的弯曲状态，还可利用磁定位传感器来精确定位手在三维空间中的位置。这种结合手指弯曲度测试和空间定位测试的数据手套被称为“真实手套”，可以将用户手势的状态信息传递给虚拟环境，还能将虚拟手和虚拟物体的接触信息反馈给用户，实现更具沉浸感的虚拟真实环境。这类数据手套使用简单，输入数据量较小，进度较快，可以直接获取手在空间的三维信息和手指的运用信息，可以识别多种手势，实时进行识别，但也存在跟踪范围有限、缺乏反馈、操作容易疲劳等问题。数据手套有 5DT、CyberGlove 等产品。5DT 数据手套如图 4-42 所示。

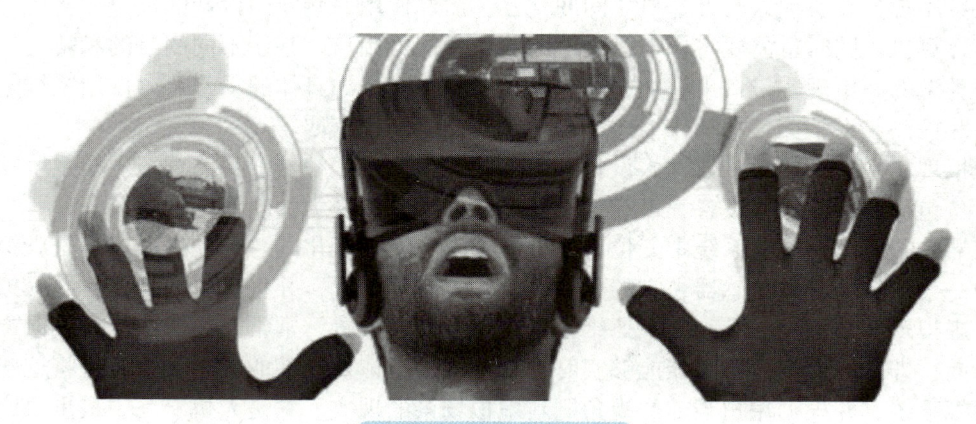

图 4-42 5DT 数据手套

(2) 全身动作捕捉系统

全身动作捕捉系统是一种可以对人体进行全身动作捕捉的系统。它可以通过传感器、摄像头、标记等设备对人体进行捕捉，然后将捕捉到的数据传输到计算机中进行处理，将人体的动作实时呈现在虚拟现实场景中。它的主要功能有动作捕捉、表情捕捉、动作数据精修等，应用范围主要有影视、动画、游戏、广告、教育、VR/AR、人体工程学研究、模拟训练、仿真和生物医学等领域。

全身动作捕捉系统的技术原理主要包括传感器技术、摄像头技术和标记技术。传感器技术可以通过测量人体的加速度、角速度、磁场等参数来捕捉人体的动作，主要应用于手部、脚部等较小的部位。摄像头技术可以通过拍摄人体的动作来进行捕捉，主要应用于人体的大部位。标记技术是一种将特定标记贴在人体上，再通过摄像头来进行捕捉的技术，可以提高人体动作捕捉的精度和稳定性。全身动作捕捉系统如图 4-43 所示。

图 4-43　全身动作捕捉系统

全身动作捕捉系统装备比较复杂，穿戴后会给肢体带来不便，而且需要配合位置追踪器一起使用，通过位置追踪器来获取人体部位的运动或者位置信息。目前追踪技术主要是基于头部和眼球的位置追踪。

头部追踪技术俗称头瞄，是指利用传感器追踪用户头部的运动，然后根据头部的姿势移动所显示的内容，广泛用于三维显示中的虚拟视角控制。头部追踪技术能检测到用户头部转动的方向，还能检测到 VR 头盔的位置变化与身体运动之间的关系。蚁视二代 VR 头盔产品如图 4-44 所示。

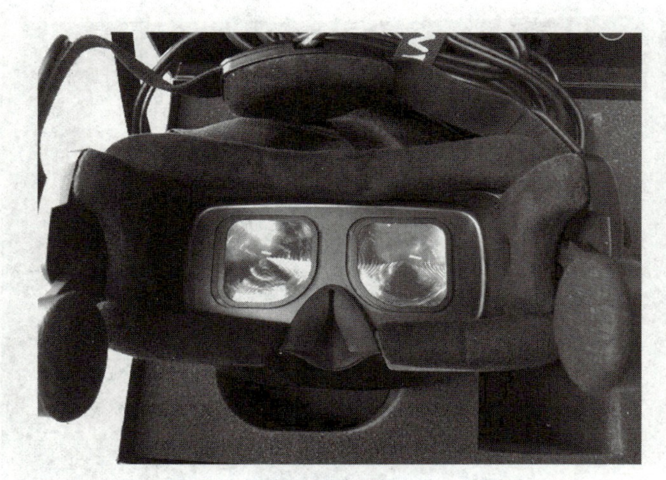

图 4-44　蚁视二代 VR 头盔产品

采用眼球追踪技术，用户无须触摸屏幕即可翻动页面。从原理上看，眼球追踪技术主要研究眼球运动信息的获取、建模和模拟，用途颇广。获取眼球运动信息的设备除了红外设备外，还可以是图像采集设备，甚至一般计算机或手机上的摄像头，在软件的支持下也可以实现眼球追踪。眼球追踪技术是当代心理学研究的重要技术，广泛运用于实验心理学、应用心理学、工程心理学、认知神经科学等领域。眼球追踪技术的实现原理是当人的眼睛看向不同方向时，眼部会有细微的变化，这些变化会产生可以提取的特征，计算机可以通过图像捕捉或扫描提取这些特征，从而实时追踪眼睛的变化，预测用户的状态和需求，并进行响应，达到用眼睛控制设备的目的。眼球追踪与头部转动协同控制视角变化，可让人摆脱不自然头部转动产生的画面晃动，是解决 VR 头显设备眩晕问题的突破之处。通过传感器捕获、提取眼球运动信息，可以分析、预测用户的状态和需求，并根据人眼的注视点位置提供最佳的 3D 显示效果，使图像更自然、清晰，延迟更小。眼球追踪如图 4-45 所示。

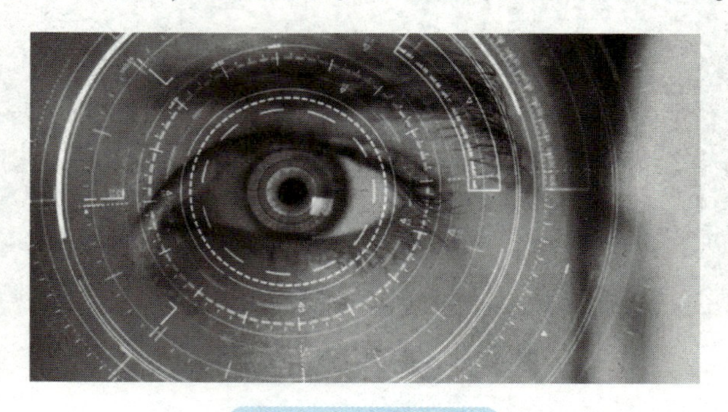

图 4-45　眼球追踪

3. 基于计算机视觉的动作感测设备

基于计算机视觉的动作感测设备是运用外摄像头、红外光采集图像，建立手势模型，实现对用户动作感测和捕捉的一种设备。手势识别的硬件基础是深度摄像头，深度摄像头主要采用结构光、双目成像和飞行时间三种技术。结构光的典型代表为 Prime Sense 的 Kinect 系列外设（图 4-46），双目成像的代表为 Leap Motion，飞行时间的代表有国内的凌感科技等。

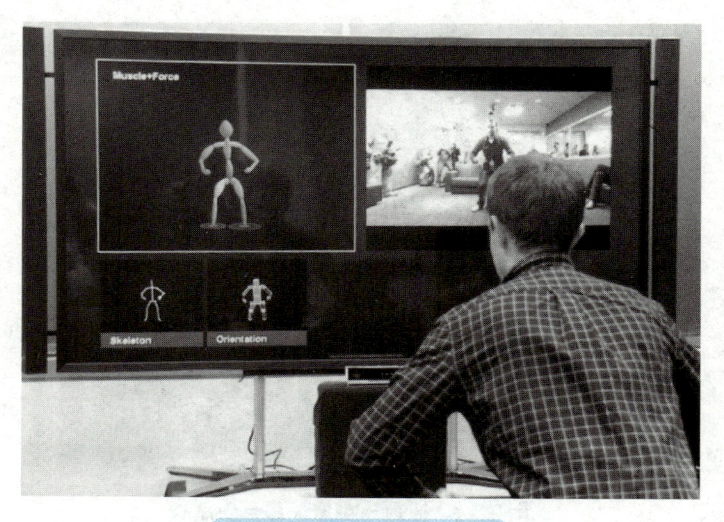

图 4-46　Kinect 系列外设

4.3.4　虚拟现实系统的输出设备

虚拟现实技术为用户提供了逼真的虚拟体验，通过降低外部干扰，将用户置于虚拟环境中。为了实现这种体验，虚拟现实平台需要输出设备，这些设备将虚拟环境带入到用户的眼前。虚拟现实系统的输出设备主要指虚拟影像的显示设备，是通过光学系统展示沉浸效果的重要设备，主要有头戴式显示器、虚拟投影设备和立体声音箱。

1. 头戴式显示器

头戴式显示器也叫头盔显示器（head mounted display，HMD），是虚拟现实平台最常用的输出设备。它已经存在了多年，现在的技术使其成为更加舒适、实用的设备。头戴式显示器由一副可调节的头戴、一个小型屏幕和两个透镜组成。屏幕放置在眼睛前方，透镜可以在眼睛和屏幕之间产生准确的距离。头戴式显示器的优势在于它可以将用户完全包围在虚拟环境中，使用户感觉自己身临其境。头戴式显示器目前可以分为 PC 端 VR 头盔、游戏主机 VR 头盔、移动端 VR 头盔和 VR 一体机四种类型。

（1）PC 端 VR 头盔

PC 端 VR 头盔是以外接个人计算机为主的 VR 显示器，这种设备的体验度好、算法复杂，主要涉及光学、仿真、传感、人机交互等技术。它发展成熟，在目前 VR 市场上占据主流位置。该设备主要的使用场景在室内，便携性较差。

（2）游戏主机 VR 头盔

游戏主机 VR 头盔是以游戏机为主的 VR 显示头盔。它具有独立的 VR 屏幕，可以与 PC 端 VR 头盔媲美，但它只兼容特定的游戏机。

（3）移动端 VR 头盔

移动端 VR 头盔是以智能手机为运行系统的显示设备，也称为眼镜盒子，通过凸透镜给两眼造成视差来实现 3D 效果。其中，智能手机承担了计算单元、内容输出和显示单元的功能。移动端 VR 头盔的体验效果一般，未真正实现交互和沉浸。

（4）VR 一体机

VR 一体机是将数据运算主体和显示主体集成，不需要外设的 VR 独立平台，该设备对技术设计要求比较高。

2. 虚拟投影设备

虚拟投影设备是指使用光场成像技术来展示沉浸效果的设备，是视觉表现的主要方式。视觉表现技术主要包括平面显示技术和光场景成像技术，光场景成像技术还分为全息技术和视网膜投影技术。全息技术是利用干涉和衍射原理再现三维图像的技术。视网膜投影技术更加先进，不需要任何显示屏，直接在视网膜上扫描，使用户感觉到一副逼真的外部图像，如 Google Class。

3. 立体声音箱

虚拟现实平台的声音部分十分重要，因为声音可以增强用户体验。虚拟现实平台使用立体声音箱（或插耳式耳机）来隔离外界噪声，提供更准确的声音和更好的听觉体验。

4.3.5　虚拟现实系统的软件与技术开发平台

1. 虚拟现实系统的软件

虚拟现实的支撑软件主要包括 UI 设计软件、VR 操作系统和中间件。

（1）UI 设计软件

UI 设计软件是对人机交互、操作逻辑、界面美观等进行整体设计的一类软件。虚拟现实系统的 UI 设计会影响用户的交互和操控体验，常用的虚拟现实系统的 UI 设计软件主要有 Sketch、Unity 3D、Photoshop、Mockplus、Zeplin、AE 等。

(2) VR 操作系统

VR 操作系统的价值是有机会去定义行业标准，通过 VR 操作系统可以搭建 VR 基础和通用模块，无缝融合多源数据和多源模型，成为标准分散的硬件设备和各类引擎开发商的中间层，最终成为标准的统一者。

VR 操作系统是管理 VR 硬件资源、软件程序和 VR 应用程序的软件。目前 VR 操作系统是由头部显示器厂商自行开发的，虽然用户体验有优势，但对整个生态而言是封闭和割裂状态。目前 VR 操作系统包括原生系统和开源系统。VR 操作系统的代表厂商主要有雷蛇、Marvel、谷歌、HTC、Viro Media 等。

(3) 中间件

中间件在软件开发过程中的主要作用，一是作为内核和用户体验之间的软件；二是添加服务、特性和功能，改进和简化游戏开发软件。

2. 虚拟现实软件开发工具包

虚拟现实软件开发工具包主要包括虚拟现实整合软件、虚拟现实引擎、开发语言和 SDK（软件开发工具包）。

(1) 虚拟现实整合软件

虚拟现实整合软件主要包括 Virtools、Quest3D、WebMax 等。

Virtools 是一套整合软件，可以将现有常用的档案格式整合在一起，如 3D 模型、2D 图形或音效等。它是一套具备丰富的互动行为模块的实时 3D 环境虚拟实境编辑软件，可以让没有编程基础的美术人员利用内置的行为模块快速制作出许多不同用途的 3D 产品，如网际网络、计算机游戏、多媒体、建筑设计、交互式电视、教育训练、仿真与产品展示等。

Quest3D 是一个容易且有效的实时 3D 建构工具。比起其他的可视化建构工具，如网页、动画、图形编辑工具，Quest3D 能在实时编辑环境中与对象互动。

WebMax 是上海创图科技公司自主研发的以 VGS（视频监控运行保障系统）技术为核心的新一代网上三维虚拟现实软件开发平台，它具有独特的压缩技术、真实的画面表现、丰富的互动功能，通过 WebMax 开发的三维网页无须下载，只需输入网址，即可直接在互联网上浏览三维互动内容。

(2) 虚拟现实引擎

VR 已经成为电子游戏、电影乃至普通人们日常生活的必备元素，VR 体验却离不开一个强大的制作引擎，有了 VR 虚拟现实制作引擎，可以创造出仿佛真实世界的虚拟现实环境。

虚拟现实引擎是虚拟现实系统中的核心部分，负责控制、管理整个系统中的数据、外围等资源，通常虚拟现实引擎用来封装渲染、物理、声效、输入、网络和人工智能。目前常见的虚拟现实引擎有 Unity 3D、Unreal、VR-Platform、Converse 3D 等。

Unity 3D 是一款跨平台的游戏引擎，可以用来制作游戏、应用程序、虚拟现实和增强现实体验。它提供了一整套开发工具和引擎组件，包括渲染、物理模拟、声音、动画、人工智能、网络功能和用户界面设计。

Unreal（UNREAL ENGINE）由 Epic 开发，是世界知名、授权最广的游戏引擎之一。该引擎采用了最新的即时光迹追踪、HDR 光照技术、虚拟位等新技术，而且每秒钟能够实时进行两亿个多边形运算。在亚洲，众多知名游戏开发商购买该引擎，主要用于次世代网游的开发，如《剑灵》《TERA》《战地之王》《一舞成名》《无尽之剑》《蝙蝠侠》等。

VR-Platform 又称为 VRP，即虚拟现实仿真平台，是一款由中视典数字科技有限公司独立开发的具有完全自主知识产权的直接面向三维美工的虚拟现实软件。VR-Platform 所有的操作都以美工可以理解的方式进行，不需要程序员参与。如果需要操作者有良好的 3DMAX 建模和渲染基础，只要对 VR-Platform 平台稍加学习和研究，就可以很快制作出自己的虚拟现实场景。

从虚拟现实引擎入手融入素养教育，了解我国公司为虚拟现实技术注入的新生命力。

Converse 3D 是由北京中天灏景网络科技有限公司自主研发的具有完全自主知识产权的一款三维虚拟现实平台软件，可广泛地应用于视景仿真、城市规划、室内设计、工业仿真、古迹复原、娱乐、艺术与教育等行业。该软件适用性强、操作简单、功能强大。Converse3D 的问世给我国虚拟现实技术领域注入了新的生命力。

(3) 开发语言

虚拟现实系统的开发语言主要有高级着色器语言、虚拟现实建模语言、X3D 等。

1）高级着色器语言（high level shader language，HLSL）是由微软开发的一种着色器语言，最初的开发是为了辅助 Direct3D 9 的着色器汇编语言，后成为 Direct3D10 以来统一着色器模型所必需的语言。可以使用 HLSL 编写顶点着色器或像素着色器，也可以使用 HLSL 编写计算着色器，还可以实现物理模拟。

2）虚拟现实建模语言（virtual reality modeling language，VRML）是一种用于建立真实世界的场景模型或人们虚构的三维世界的场景建模语言。它具有跨平台特性，本质上是一种面向 Web、面向对象的三维造型语言。

3）X3D 是一种专为万维网而设计的三维图像标记语言，全称为可扩展三维语言，是由 Web3D 联盟设计的，是 VRML 标准的最新升级版本。X3D 基于 XML 格式开发，所以可以直接使用 XML DOM 文档树、XML Schema 校验等技术和相关的 XML 编辑工具。目前 X3D 已经是通过 ISO 认证的国际标准。

4.4　关键技术：增强现实技术

增强现实技术是一种将虚拟信息与真实世界巧妙融合的技术，广泛运用了多媒体、三维建模、实时跟踪及注册、智能交互、传感等多种技术手段，将计算机生成的文字、图像、三维模型、音乐、视频等虚拟信息模拟仿真后，应用到真实世界中，使虚拟信息和真实信息互为补充，从而实现对真实世界的“增强”，如图 4-47 所示。

1. 增强现实技术简介

增强现实技术也被称为扩增现实，是促使真实世界信息和虚拟世界信息内容综合在一起的较新的技术内容，其将原本在现实世界空间范围中比较难以体验的实体信息在计算机等科学技术的基础上，实施模拟仿真处理，将虚拟信息内容在真实世界中加以有效应用，并且在这一过程中能够被人类感官所感知，从而实现超越现实的感官体验。真实环境和虚拟物体之间重叠之后，能够在同一个画面以及空间中同时存在。

图 4-47　增强现实

增强现实技术不仅能够有效体现真实世界的内容，也能够促使虚拟的信息内容显示出来，这些虚拟内容相互补充和叠加。在视觉化的增强现实中，用户需要在头盔显示器的基础上，促使真实世界能够和计算机图形重合在一起，在重合之后可以充分看到真实的世界围绕着用户。增强现实技术中主要有多媒体和三维建模以及场景融合等新的技术和手段，增强现实所提供的信息内容和人类能够感知的信息内容之间存在着明显不同。

2. 增强现实技术的特点

虚拟现实技术强调的是虚拟世界给人的沉浸感，强调人能以自然的方式与虚拟世界中的对象进行交互。增强现实技术则强调真实场景汇总融入计算机生成的虚拟信息的效果，不隔断观察者与真实世界之间的联系。增强现实技术的特点是虚拟结合、实时交互、三维注册。

1）虚拟结合。虚拟物体与真实世界的结合，使用户感知的混合世界中，虚拟物体出现的时间、位置与真实世界对应的事物相一致。

2）实时交互。虚拟系统根据用户当前的位置或状态，及时调整与之对应的虚拟世界，并将虚拟世界与真实世界结合。真实世界与虚拟世界之间的影响或相互作用是实时完成的。

3）三维注册。三维注册要求对合成的真实场景汇总的虚拟信息和物体准确进行定位并进行真实感实时绘制，使得虚拟事物在合成场景中具有真实的存在感和位置感。

3. 增强现实的关键技术

增强现实的关键技术主要包括跟踪注册技术、显示技术、虚拟物体生成技术、交互技术和合并技术等。

（1）跟踪注册技术

为了实现虚拟信息和真实场景的无缝叠加，要求虚拟信息与真实环境在三维空间位置中进行配准注册。这包括用户的空间定位跟踪和虚拟物体在真实空间中的定位两个方面的内容。而移动设备摄像头与虚拟信息的位置需要相对应，这就需要通过跟踪技术来实现。跟踪注册技术首先检测需要“增强”的物体特征点以及轮廓，跟踪物体特征点自动生成二维或三维坐标信息。跟踪注册技术的好坏直接决定着增强现实系统的成功与否，常用的跟踪注册技术有基于跟踪器的注册、基于机器视觉的跟踪注册、基于无线网络的混合跟踪注册三种。

(2) 显示技术

增强现实技术中显示技术是比较重要的内容，为了能够得到较为真实的虚拟结合的系统，使实际应用的便利程度不断提升，使用色彩较为丰富的显示器是其重要基础。在这一基础上，显示器包含头盔显示器和非头盔显示设备等，透视式头盔能够为用户提供相关的逆序融合在一起的情境。这些系统的操作原理与虚拟现实领域中的沉浸式头盔等相似。其与用户交互的接口及图像等综合在一起，使用微型摄像机拍摄外部环境图像，使计算机图像在得到有效处理时，可以和虚拟环境以及真实环境融合在一起，并且两者之间的图像能得以叠加。光学透视头盔显示器可以在这一基础上利用安装在用户眼前的半透半反光学合成器，充分与真实环境综合在一起，真实的场景可以在半透镜的基础上，为用户提供支持，并且满足用户的相关操作需要。

(3) 虚拟物体生成技术

应用增强现实技术的目的是使虚拟世界的相关内容在真实世界中得到叠加处理，在应用算法程序的基础上，促使物体动感操作有效实现。当前虚拟物体的生成是在三维建模技术的基础上得以实现的，能够充分体现虚拟物体的真实感。在对增强现实动感模型研发的过程中，需要全方位和集体化地将物体对象展示出来。

(4) 交互技术

与在现实生活中不同，增强现实是将虚拟事物在现实中呈现，而交互就是为虚拟事物在现实中更好地呈现做准备，因此想要得到更好的增强现实体验，交互是重中之重。增强现实设备的交互方式主要分为以下三种。

1）通过现实世界中的点位选取来进行交互。这是最常见的一种交互方式，如增强现实贺卡和毕业相册，就是通过图片位置来进行交互的。

2）对空间中的一个或多个事物的特定姿势或状态加以判断，这些姿势都对应着不同的命令，用户可以任意改变和使用命令来进行交互，如用不同的手势表示不同的指令。

3）使用特制工具进行交互。如谷歌地球就是利用类似于鼠标一样的东西来进行一系列的操作，从而满足用户对于增强现实互动的需求。

(5) 合并技术

增强现实的目标是将虚拟信息与输入的现实场景无缝结合在一起，为了增加增强现实用户的现实体验，要求增强现实具有很强的真实感。为了达到这个目标，不但要考虑虚拟事物的定位，还要考虑虚拟事物与真实事物之间的遮挡关系以及具备的四个条件：几何一致、模型真实、光照一致和色调一致，四者缺一不可。任何一个条件的缺失都会导致增强现实效果的不稳定，从而严重影响增强现实的体验。

4. 增强现实技术的应用

增强现实技术应用十分广泛，包括教育、广告、医疗、机器装配与维修、导航系统、考古与文物展示、艺术、娱乐游戏等诸多领域。

素养园地

从增强现实技术的应用入手融入素养教育，了解我国增强现实技术在教育、广告、医疗、机器装配与维修、导航系统、考古与文物展示、艺术、娱乐游戏等领域的应用，赋能各行各业。

(1) 增强实现应用在教育领域

增强现实技术在教育领域的应用越来越受到重视，它可以帮助学生更好地理解知识，提高学习效果。例如，增强现实技术可以将3D模型和数字信息投影到真实环境中，让学生更直观地了解知识；增强现实技术还可以结合教材，制作交互式教学应用，让学生在互动中学习；增强现实技术还可以在学校博物馆和展览馆中应用，让学生更好地了解历史和文化。增强现实技术在教育领域的应用如图4-48所示。

图4-48　增强现实技术在教育领域的应用

(2) 增强现实应用在医疗领域

增强现实技术在医疗领域的应用也越来越广泛。增强现实技术可以帮助医生进行手术操作，在手术前让医生更好地了解病情，手术中可以显示患者的生命指标和手术操作信息，提高手术的成功率。增强现实技术还可以帮助医生进行诊断和治疗，如增强现实技术可以将3D模型投影到患者身上，让医生更好地了解患者的病情和治疗方案；还可以进行5G+增强现实远程会诊、增强现实查房、非接触式增强现实测温等。增强现实技术在医疗领域的应用如图4-49所示。

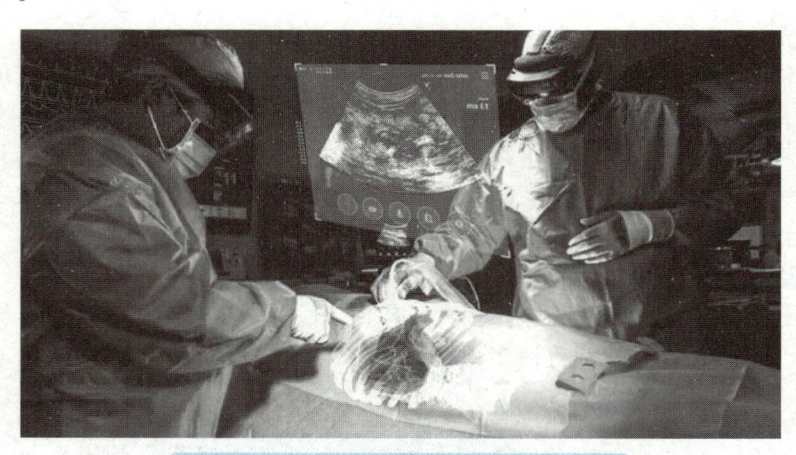

图4-49　增强现实技术在医疗领域的应用

(3) 增强现实应用到旅游领域

增强现实技术在旅游领域的应用也越来越广泛。增强现实技术可以帮助游客了解景点的历史和文化背景，如增强现实技术可以将数字信息和3D模型投影到景点上，让游客更好地了解景点的历史和文化，增强现实技术还可以结合导航系统，提供更好的导航服务，让游客更轻松地找到景点和餐馆。中国国家博物馆推出的“万年永宝：中国馆藏文物保护成果展”引入了增强现实技术，利用增强现实眼镜等穿戴设备，实现了展厅现场中虚拟与现实的交互展示，观众可以看到我国馆藏文物保护修复的最新成果。增强现实技术在旅游领域的应用如图4-50所示。

图4-50　增强现实技术在旅游领域的应用

(4) 增强现实技术应用到娱乐领域

增强现实技术在娱乐领域的应用也非常广泛。例如，增强现实技术可以结合游戏，制作出更加逼真的游戏体验。

(5) 增强现实技术应用到广告领域

增强现实技术在广告领域的应用也越来越广泛。增强现实技术可以帮助企业制作出更加吸引人的广告。例如，增强现实技术可以将数字信息和3D模型投影到广告牌上；增强现实技术还可以结合实体产品，制作出更加生动的广告宣传片，让消费者更好地了解产品。增强现实技术在广告领域的应用如图4-51所示。

图4-51　增强现实技术在广告领域的应用

（6）增强现实技术应用到建筑领域

增强现实技术在建筑领域的应用也越来越广泛。增强现实技术可以帮助建筑师进行设计和施工，例如，增强现实技术可以将3D模型投影到建筑现场，让建筑师更好地了解建筑结构和施工进度；增强现实技术还可以帮助建筑师和业主进行沟通，让业主更好地了解建筑设计和施工进度。增强现实技术在建筑领域的应用如图4-52所示。

图4-52　增强现实技术在建筑领域的应用

4.5　本章小结

本章主要围绕数字孪生关键技术中建模、仿真、虚拟现实技术展开。其中建模主要围绕建模的基本概念、建模的基本步骤、建模的实现方法、模型的构建等进行展开，强调在不同场景中建模的实现方法。仿真主要介绍仿真技术概述、数字孪生中的仿真技术，重点强调仿真技术的工具、仿真方法以及计算机仿真技术在不同行业中的应用。虚拟现实技术主要介绍虚拟现实技术的概述、虚拟现实系统的关键技术、虚拟现实系统的输入设备、输出设备、虚拟现实系统的软件与技术开发平台、增强现实技术的概述等内容，强调虚拟现实技术的特点、实现原理及虚拟现实设备等内容。

【本章习题】

1. 单项选择题

1）模型主要由实体模型和（　　）构成。

A. 增强现实　　B. 虚拟模型　　C. 感知模型　　D. 光学模型

2）实体模型按表现形式分为静模、（　　）和动模。

A. 助力模型　　B. 水体模型　　C. 动态模型　　D. 感知模型

3）虚拟模型主要分为虚拟静态模型、虚拟动态模型、（　　）。

A. 助力模型　　B. 水体模型　　C. 动态模型　　D. 虚拟幻想模型

4）物理模型也称（　　），是以实体或图形直观地表达对象特征所得的模型。

A. 实体模型　　B. 水体模型　　C. 动态模型　　D. 虚拟幻想模型

5）物理模型主要分为实物模型和（　　）。

A. 温度　　B. 类比模型　　C. 动态模型　　D. 虚拟幻想模型

6）在数字孪生中的模型主要指（　　）。

A. 助力模型　　B. 水体模型　　C. 动态模型　　D. 物理模型

7）数字孪生对物理对象建模一般包含四个步骤：模型抽象、模型表达、模型构建、（　　）。

A. 模型实验　　B. 模型运行　　C. 模型仿真　　D. 模型测试

8）模型抽象是实现对物理对象的（　　）。

A. 属性描述　　B. 物理模型　　C. 特征抽象　　D. 形态描述

9）在数字孪生体系中，将不同层面的建模进行分类，模型构建主要分为几何模型构建、信息模型构建、（　　）等类型。

A. 助力模型　　B. 动态模型　　C. 机理模型构建　　D. 物理模型

10）仿真工具主要指仿真硬件和（　　）。

A. 仿真软件　　B. 仿真方法　　C. 仿真实验　　D. 仿真平台

11）用于仿真的计算机的类型有三种，分别是模拟计算机、数字计算机和（　　）。

A. 高性能计算机　　B. 个人计算机　　C. 混合计算机　　D. 电子计算机

12）仿真方法是建立系统的数学模型并将它转换为适合在计算机上编程的仿真模型，然后对模型进行仿真试验的方法。仿真方法基本上分为两大类，分别为（　　）和离散事件系统仿真方法。

A. 连续系统仿真方法　　B. 对象仿真方法　　C. 软件仿真方法　　D. 硬件仿真方法

13）目前计算机仿真技术的发展趋势主要有高性能仿真技术、（　　）、集成仿真技术、可视化仿真技术、智能化仿真技术等。

A. 虚拟现实仿真　　B. 增强仿真技术　　C. 大数据仿真　　D. 感知仿真技术

14）数字孪生技术中的仿真属于一种（　　），是对物理实体建立相对应的虚拟模型，并模拟物理实体在真实环境下的行为。

A. 线性仿真技术　　B. 在线数字仿真技术　　C. 大数据仿真　　D. 感知仿真技术

15）仿真技术按被仿真的对象分类，分为（　　）、自然系统仿真、社会系统仿真、生命系统仿真和军事系统仿真。

A. 线性仿真技术　　B. 在线数字仿真技术　　C. 工程系统仿真　　D. 感知仿真技术

16）仿真技术按仿真粒度进行分类，分为单元级仿真、（　　）和体系级仿真等。

A. 虚拟现实仿真　　B. 增强仿真技术　　C. 生命体系仿真　　D. 系统级仿真

17）虚拟现实技术又称为虚拟实境或（　　），是 20 世纪发展起来的一项全新的实用技术。

A. 增强现实技术　　B. 灵境技术　　C. 模型仿真　　D. 虚拟镜像

18）目前虚拟现实系统的主要输入设备包括手柄类输入设备、（　　）和基于计算机视觉的动作感测设备三种。

A. 可穿戴设备　　B. 控制类　　C. 头盔类　　D. 可视化类

19）全身动作捕捉系统的技术原理主要包括传感器技术、摄像头技术和（　　）。

A. 计算机视觉　　B. 人工智能技术　　C. 网络技术　　D. 标记技术

20）头部追踪俗称（　　），是指利用传感器追踪用户头部的运动，然后根据头部的姿势移动所显示的内容，广泛用于三维显示中的虚拟视角控制。

A. 头瞄　　B. 电子眼　　C. 头盔类　　D. 标记

2. 多项选择题

1）增强现实技术强调真实场景汇总融入计算机生成的虚拟信息的效果，不隔断观察者与真实世界之间的联系，其特点是虚拟结合、(　　)。

A. 实时性　　B. 三维注册　　C. 实时交互　　D. 交互性

2）增强现实的关键技术主要包括跟踪注册技术、(　　）等。

A. 合并技术　　B. 显示技术　　C. 交互技术　　D. 虚拟物体生成技术

3）虚拟现实技术的实现需要（　　）三个重要环节。

A. 信息捕捉　　B. 信息输入　　C. 信息处理　　D. 信息输出

4）虚拟现实技术根据技术角度分类，分为桌面式（　　）四种。

A. 沉浸式　　B. 分布式　　C. 增强式　　D. 时效式

5）虚拟现实技术从系统功能角度可分为（　　）等。

A. 规划设计系统　　B. 展示娱乐类系统　　C. 训练演练类系统　　D. 增强式

3. 简答题

1）如何理解数字孪生的建模？

2）简述增强现实的关键技术。

3）简述在数字孪生中对物理对象建模中的四个步骤及其主要完成的任务。

4）简述增强现实技术的特点。

5）头盔显示器可以分为哪些类型？

6）简述计算机仿真技术的发展趋势。

第5章　数字孪生的实验平台

数字孪生是利用物理模型、传感器、运行历史等数据的仿真过程，在虚拟空间中完成与物理实体之间的映射，并反映物理实体的全生命周期过程。要实现物理实体的数字孪生，需要经过数字化阶段、建模仿真阶段、优化阶段。

1）数字化阶段是实现数字孪生的第一步，是通过高精度的3D扫描技术，将实物模型数字化，并利用相应软件处理和优化数据，得到高精度的三维重建模型，准确地反映实物的几何形态和属性信息。数字化阶段在保证数据精度的同时，要兼顾数据处理速度和成本。

2）建模仿真阶段是实现数字孪生的第二步，是基于已数字化的物理模型，利用仿真软件进行建模和分析，建立数字孪生的对应模型，并对系统进行仿真，考虑其中的各种物理因素、器件和参数等，模拟系统运行的行为规律，以预测实际系统的性能和行为。建模仿真的结果可以为实际系统的设计、调试、优化提供重要的理论指导和预测结果。

3）优化阶段是实现数字孪生的最后一步，是通过对建模仿真结果的分析，发现系统中存在的局限和问题，从而针对性地进行优化和改进，提升系统性能和效率。在优化阶段，不仅要考虑技术上的可行性和实验结果的统计学意义，还要考虑各个优化方案对成本、质量以及环境等因素的影响，寻找最佳的综合方案。

要实现物理实体的数字孪生，需要构建数字孪生平台，接下来介绍数字孪生平台。

5.1　开源平台

数字孪生平台的基本组成部分包括感知层、数据采集层、计算层和应用层。感知层主要负责从现实世界中获取感知信息，包括传感器、监测设备等。数据采集层负责采集感知信息并将其转化为数字信号，然后通过网络设备传输到计算层进行处理。计算层主要负责基于数字孪生技术实现物理场景的实时模拟和仿真，同时对现实场景的数据进行反馈，辅助进行实时决策。应用层是数字孪生平台最终输出的结果，也就是那些基于实时模拟信息进行决策的结果。接下来介绍几款开源的数字孪生平台。

5.1.1　ROS

ROS（robot operating system）即机器人操作系统，是一个面向机器人的开源元级操作系统。它能够提供类似传统操作系统的诸多功能，如硬件抽象、底层设备控制、进程间消息传递和程序包管理等。此外，它还提供相关工具和库，用于获取、编译、编辑代码以及在多台计算机之间运行程序，完成分布式计算。ROS 的运行架构是一种使用 ROS 通信模块实现模块间 P2P 的松耦合网络连接的处理架构。它执行若干种类型的通信，包括基于服务的同步 RPC（远程过程调用）通信、基于 Topic 的异步数据流通信，以及参数服务器上的数据存储。

1. ROS 简介

ROS 是用于创建机器人应用程序的软件框架，其主要目的是提供可以用于创建机器人应用程序的功能，创建的应用程序也可以被其他机器人使用。ROS 由一系列可以简化机器人软件开发的软件工具、软件库和软件包组成，是 BSD（伯克利软件发行）许可的一个完整的开源项目，可用于研究和商业应用。

2. ROS 的组成

ROS 是管道（消息传递）、开发工具、应用功能和生态系统的组合，如图 5-1 所示。ROS 中有强大的开发工具，可以调试和可视化机器人数据。ROS 具有内置的机器人应用功能，如机器人导航、定位、绘图、操作等。它们有助于创建强大的机器人应用程序。

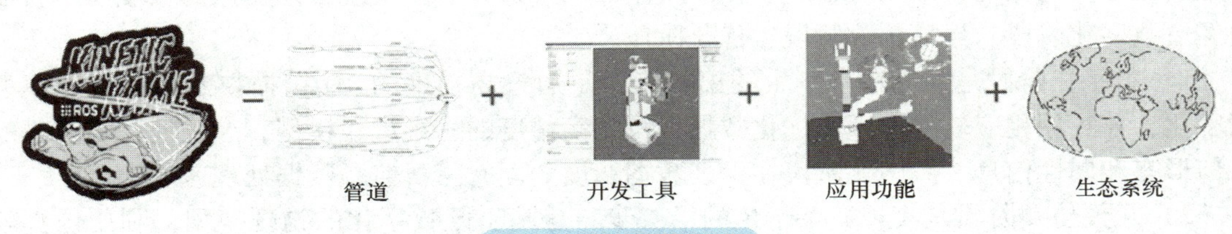

图 5-1　ROS 的组成

3. ROS 的主要功能

1）消息传递接口。消息传递接口是 ROS 的核心功能，支持进程间通信。ROS 程序可以与其链接的系统进行通信并交换数据。

2）硬件抽象。ROS 具有一定程度的抽象功能，使开发人员能够创建与机器人无关的应用程序，这种应用程序可以在任何机器人中使用，因此开发人员只需要关心底层的机器人硬件即可。

3）软件包管理。ROS 软件包是指把 ROS 节点以软件包的形式组织在一起。ROS 软件包由源代码、配置文件、构建文件等组成。ROS 中有一个构建系统，可以创建包、构建包和安装包。ROS 的软件包管理使 ROS 的开发更加系统化和组织化。

4）第三方软件库集成。ROS 框架可与许多第三方软件库集成，如 OpenCV、PCL（可编程逻辑控制器）、OpenNI 等。这有助于开发者在 ROS 中创建各种各样的应用程序。

5）底层设备控制。使用机器人工作时，有时需要使用底层设备，如控制 I/O 引脚、通过串口发送数据等。ROS 可控制底层设备。

6）分布式计算。处理来自机器人传感器的数据所需的计算量非常大。使用 ROS 可以轻松地将计算分配到计算节点集群中。分配计算能力使 ROS 处理数据的速度比使用单台计算机更快。

7）代码复用。ROS 的主要目标是实现代码复用。代码复用促进了全球研发团队的发展。ROS 的可执行文件称为节点。这些可执行文件被打包成一个实体，称为 ROS 软件包。

一批软件包集合称为元软件包，软件包和元软件包都可以共享和分发。

8）语言独立性。ROS 框架可以使用当前流行的编程语言（如 Python、C ++ 和 LISP）。节点可以用任何一种语言来编写，并且可以通过 ROS 框架进行无障碍通信。

9）测试简单。ROS 有一个内置的单元/集成测试框架 rostest，用于测试 ROS 软件包。

10）扩展。ROS 可以扩展到机器人中执行复杂的计算。

11）免费且开源。ROS 的源代码是开放的，并且是完全免费的。ROS 的核心部分经 BSD 协议许可，可以在商业领域和不开源的产品上复用。

4. ROS 框架

ROS 框架主要分成三个层级，分别是 ROS 文件系统、ROS 计算图和 ROS 社区。

（1）ROS 文件系统

ROS 文件系统主要介绍了硬盘上 ROS 文件的组织形式，包括软件包、软件包清单、消息类型、服务类型。其中 ROS 软件包是 ROS 软件框架的独立单元，包含源代码、第三方软件库、配置文件等，ROS 软件包可以复用和共享。软件包清单（package manifest）指清单文件（package. xml），列出了软件包的所有详细信息，包括名称、描述、许可信息以及最重要的依赖关系。消息类型：消息的描述存储在软件包的 msg 文件夹下，ROS 消息是一组通过 ROS 的消息传递系统进行数据发送的数据结构，消息的定义存储在扩展名为 . msg 的文件中。服务类型：服务的描述使用扩展名 . srv 存储在 srv 文件夹下，该文件定义了 ROS 内服务请求和响应的数据结构。

（2）ROS 计算图

ROS 计算图是 ROS 处理数据的一种点对点的网络形式。它的基本功能包括 ROS 节点、ROS 控制器、参数服务器、ROS 主题、ROS 消息、ROS 服务、ROS 消息记录包。

1）ROS 节点。ROS 节点是使用 ROS 功能处理数据的进程，其基本功能是计算。如节点可以对激光扫描仪数据进行处理，以检查是否存在碰撞。ROS 节点的编写需要 ROS 用户端库文件（如 roscpp 和 rospy）的支持。

2）ROS 控制器（master）。ROS 节点可以通过名为 ROS 控制器的程序相互连接。ROS 控制器提供计算图其他节点的名称、注册和查找信息。如果不运行控制器，节点之间将无法相互连接和发送消息。

3）参数服务器（parameter server）。ROS 参数是静态值，存储在参数服务器的全局位置。所有节点都可以从参数服务器访问这些值，甚至可以将参数服务器的范围设置为“private”，以访问单个节点，或者设置为“public”，以访问所有节点。

4）ROS 主题（topic）。ROS 节点使用命名总线（ROS 主题）彼此通信。数据以消息的形式流经主题。通过主题发送消息称为发布，通过主题接收数据称为订阅。

5）ROS 消息。ROS 消息是一种数据类型，可以由基本数据类型（如整型、浮点型、布尔型等）组成。ROS 消息流经 ROS 主题。一个主题一次只能发送/接收一种类型的消息，可以创建自己的消息定义并通过主题发送。

6）ROS 服务（service）。ROS 主题的发布/订阅模型是一种非常灵活的通信模式，是一种一对多的通信模式，意味着一个主题可以被任意数量的节点订阅。在某些情况下，可能还需要一种请求/应答类型的交互方式，它可以用于分布式系统。这种交互方式可以使用 ROS 服务实现。ROS 服务的工作方式与 ROS 主题类似，使用该消息定义可以将服务请求发送到另一个提供该服务的节点，服务的结果将作为应答发送。

7）ROS 消息记录包（bag）。它是一种用于保存和回放 ROS 主题的文件格式。ROS 消息记录包是记录传感器数据和处理数据的重要工具。这些 ROS 消息记录包以后可用于离线测试算法。

ROS 节点和 ROS 控制器之间的通信如图 5-2 所示，ROS 控制器位于两个 ROS 节点之间。在启动 ROS 中的任何节点之前，应该先启动 ROS 控制器。ROS 控制器充当节点之间的中介，以交换关于其他 ROS 节点的信息，从而建立通信。假设节点 1 发布名为/xyz 的主题，消息类型为 abc，它首先接近 ROS 控制器，说："我将发布一个名为/xyz 的主题，消息类型为 abc，并共享其细节。"当另一个节点，如节点 2，希望订阅消息类型为 abc 的相同主题/xyz 时，控制器将共享关于节点 1 的信息，并分配一个端口来直接在这两个节点之间启动通信，而不需要与 ROS 控制器通信。

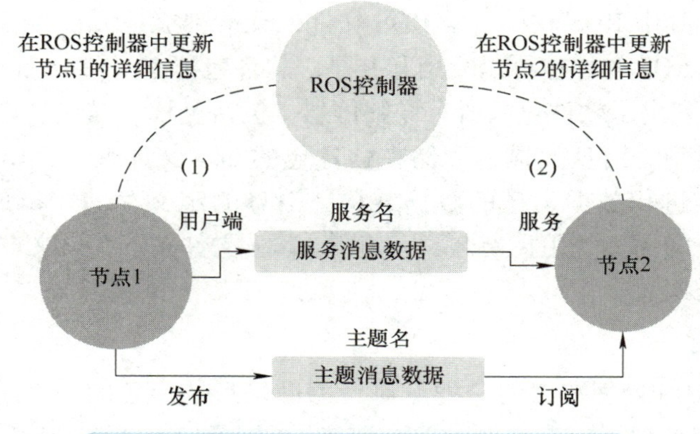

图 5-2 ROS 节点和 ROS 控制器之间的通信

（3）ROS 社区

ROS 社区是 ROS 机器人开发者社区，有专业的 ROS 机器人博客教程、系统的 ROS 机器人视频课程及项目仿真实践，并提供了大量的开发工具和软件包，用户可以自由使用这些工具和软件包，也可以参与到 ROS 社区的开发中来，为机器人领域做出自己的努力。

5. ROS 的应用与开源

ROS 广泛应用于机器人研发、教育、工业领域，已成为机器人软件开发的实时标准之一。ROS 是机器人领域开源的软件平台，它基于 Linux 系统开发，提供了一系列的功能库和工具，能够大大简化机器人软件的开发流程。ROS 可以运行在各种硬件平台上，支持多种编程语言，提供一系列机器人领域的基本功能和服务，如导航、运动控制、感知、视觉处理等。

5.1.2 Gazebo 三维多机器人动力学仿真平台

Gazebo 仿真平台是一个广泛应用于机器人研发、测试和教育等领域的开源软件。它可以模拟机器人的运动、感知和控制等行为，并提供丰富的物理引擎、传感器模拟和 ROS 集成等功能，使用户可以高效地进行机器人仿真和开发。

1. Gazebo 仿真平台简介

Gazebo 仿真平台的历史和发展可以追溯到 2002 年，当时由美国南加州大学的 Howard 教授和 Koenig 博士等人创建了一个基于 OpenGL 的 3D 仿真引擎，用于模拟室内机器人的运动和控制。后来，他们将其开源发布，逐渐形成了一个成熟的机器人仿真平台。随着机器人技术的快速发展和广泛应用，Gazebo 仿真平台也逐渐得到了更广泛的应用和发展，成了机器人仿真领域的一个重要组成部分。用 Gazebo 仿真平台构建机器人行走，如图 5-3 所示。

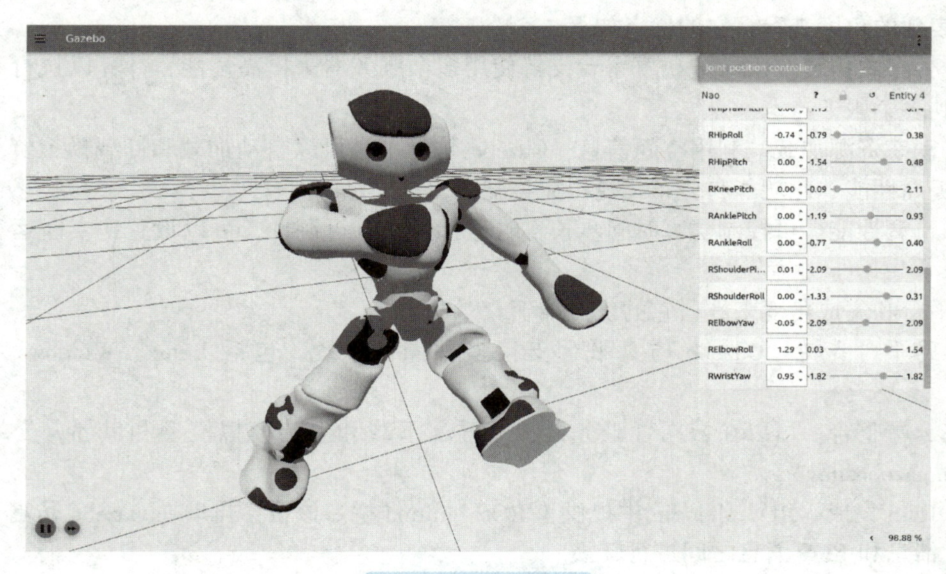

图 5-3　机器人行走

2. Gazebo 仿真平台的特点

与其他机器人仿真软件相比，Gazebo 仿真平台有其自身的特点。

1）高度可定制化。Gazebo 仿真平台提供了丰富的插件和 API，可以方便地扩展和定制仿真模型、控制器、传感器等组件，便于用户根据自己的需求快速定制和修改仿真场景。

2）高度灵活性。Gazebo 仿真平台支持多种物理引擎和传感器模拟，可以适应不同的机器人平台和场景需求。这使得用户可以根据不同的机器人类型和应用场景选择合适的物理引擎和传感器模拟，从而更加准确地模拟机器人的行为。

3）高度可视化。Gazebo 仿真平台提供了强大的 3D 可视化功能，可以直观地展示仿真场景和机器人的运动和行为。这使用户可以更加深入地理解和分析仿真结果，从而更好地优化机器人的设计和控制。

3. Gazebo 仿真平台的基本概念

1）物理引擎（physics engine）。Gazebo 仿真平台使用物理引擎来模拟机器人的运动和相互作用。它可以计算机器人在仿真环境中的运动、碰撞、摩擦、弹性等物理特性，从而实现真实的仿真效果。

2）仿真模型（simulation model）。Gazebo 仿真平台使用仿真模型来描述机器人的物理特性和结构。仿真模型包括机器人的几何形状、质量、惯性、运动学、动力学等属性，可以通过简单的文本格式（如 URDF、SDF 等）进行描述和创建。

3）传感器模拟（sensor simulation）。Gazebo 仿真平台提供了多种传感器模拟，包括激光雷达、摄像头、IMU（惯性测量单元）等，可以模拟机器人的感知能力。用户可以自定义传感器的参数、位置和方向，并通过 ROS 等通信框架将传感器数据传输到其他系统中。

4）控制器（controller）。Gazebo 仿真平台提供了多种控制器，包括关节控制器、力控制器、轨迹控制器等，可以控制机器人的运动。用户可以通过编写控制器插件来实现自定义的控制算法。

4. Gazebo 仿真平台的优点

从表现的角度来看，它的优点如下：

1）分布式仿真。Gazebo 仿真平台支持使用多个服务器来提高性能，计算以执行者为基础分发到多个服务器。

2）动态资源加载。利用空间信息，Gazebo 仿真平台可以自动加载和卸载模拟资源，从而显著提高性能。此功能与分布式模拟完美配合。

3）可调性能。可控制仿真时间步长实时运行并具有可调性，可以设置比实时运行更快或更慢。

从平台和集成角度来看，它的优点如下：

1）跨平台支持。Gazebo 仿真平台支持多种操作系统，包括 Linux、Windows 和 Mac OS 等。

2）云端整合。可以在云托管服务器上查看、下载和上传模拟模型和世界，云端网址为：app. gazebosim. org。

3）ROS 集成。ROS Melodic 中提供了 ROS Ignition 桥。该桥会自动在 Gazebo 仿真平台的 Protobuf 消息和 ROS 消息之间进行转换。

从真实模拟角度来看，它的优点如下：

1）传感器和噪声模型。单目相机、深度相机、LIDAR（激光探测及测距）、IMU、接触式、高度计和磁力计传感器均可用于此平台，更多传感器正在开发中。每个传感器都可以选择利用噪声模型来注入高斯或自定义噪声属性。

2）高级 3D 图形。高级 3D 图形可通过 Gazebo Rendering 获得，它提供对最新渲染技术的访问，包括增强的阴影贴图、基于物理渲染的材质和更快的渲染管道。通过 Gazebo 仿真平台实现的高级 3D 图形，如图 5-4 所示。

图 5-4　高级 3D 图形

3）精确物理。DART 是 Gazebo 物理中的默认物理引擎，可提供超越游戏引擎的精确度。

从可扩展角度来看，它的优点如下：

1）基于插件的物理、渲染和GUI（图形用户界面）库。大多数Gazebo库都提供插件接口，支持在运行时使用自定义代码。特别是Gazebo渲染和Gazebo物理提供了集成其他渲染和物理引擎所需的钩子。

2）插件模拟系统。Gazebo仿真平台提供了一种加载可以直接与模拟交互的自定义系统的机制。这些系统可用于实时反思和修改模拟。

3）异步IPC（进程间通信）。Gazebo Transport利用ZeroMQ和Protobuf进行快速、高效的异步进程间/进程内通信，提供了用于消息传递和服务的命名主题。

从工具和接口来看，它的优点如下：

1）命令行界面。gz命令行工具接口被多个Gazebo库使用，提供了方便的命令行工具，包括主题内省、消息内省、启动和日志记录。

2）图形界面。基于Qt Quick的图形界面可用于可视化模拟，并提供一组有用的插件，用于主题可视化、消息传递以及模拟世界控制和统计。

3）网页界面。Gazebo Web应用程序可用于查找新的模拟资产、管理团队的资产、参加模拟比赛以及在云资源上运行模拟。Gazebo Web是对Gazebo开发的Web端可视化平台，可实现前后端通信互动。Gazebo Web作为Gazebo Client与本地的数据库通信，在完成端口和数据库设置后，在本地局域网的任意终端打开Web应用，输入相对应的端口地址即可在Web端实时展示Gazebo仿真平台的界面，是为Gazebo仿真平台制作远端可视化窗口的绝佳工具，如图5-5所示。

图5-5　Gazebo Web应用程序

5.1.3　Azure数字孪生平台

微软工业元宇宙解决方案的出炉，是从物联网、边缘计算、数字孪生、智能技术到开发工具、HoloLens全息眼镜和Teams应用，构建与物理世界平行的全息工业数字世界，为用户提供从仿真扩展到决策与运营价值。其中，微软Azure数字孪生服务作为微软工业元宇宙解决方案的核心组件，已于2022年3月起面向中国市场提供内测，成为激活并构建工业元宇宙应用场景和商业价值的关键。Azure数字孪生平台不是单一的数字孪生服务平台，而是一个能与各种数字平台技术集成、构建跨行业、提供端到端就绪的数字孪生解决方案的开放平台服务。它不仅适用于智能制造、智能楼宇行业，还适用于医疗、农业、教育、能源等行业，可以赋能于各行业企业的数字化转型。

1. Azure 数字孪生平台简介

Azure 数字孪生平台是一项平台即服务（PaaS）产品/服务，它能够创建基于整个环境的数字模型的孪生图，这些数字模型可以在建筑物、工厂、农场、能源网络、铁路、体育场馆，甚至整个城市中应用，并有推动产品改进、运营优化、成本降低和用户体验突破等能力。Azure 数字孪生平台如图 5-6 所示。

图 5-6　Azure 数字孪生平台

Azure 数字孪生平台是一个物联网（IoT）平台，可用于创建真实物品、地点、业务流程和人员的数字表示形式，为整个环境创建全面的数字模型。Azure 数字孪生平台用于设计数字孪生体系结构，该体系结构能在广泛的云解决方案中代表实际物联网设备，并连接到物联网中心设备孪生，以发送和接收实时数据。

2. Azure 数字孪生平台的关键技术

Azure 数字孪生平台结合了云计算、物联网、数据建模、数据智能、混合现实等创新技术，是微软在数字孪生领域经过长时间技术沉淀和实践验证的端到端的 PaaS 服务平台。

Azure 数字孪生平台主要包括的核心技术有空间智能图谱技术、数字孪生对象建模、高级计算能力、开放建模语言、广泛的 API 等。

1）空间智能图谱技术。空间智能图谱技术能将物理环境中人、设备和场所等之间的关系，映射到一个虚拟数字模型中，让企业建立起对这个空间中所有关系的洞察，从而得出能耗优化、空间利用率提升、用户体验改善的方案。

2）数字孪生对象建模。数字孪生对象建模提供了预置的数据模式和设备通信协议，可以很方便地建立物理设备的数字孪生模型及模型之间的拓扑关系，该建模技术也可应用到整座城市的建模。

3）高级计算能力。高级计算能力通过定义函数建立物理物体与数字孪生体之间的互动方式，如在一个会议室打开 PPT 时自动降下窗帘和调暗室内灯光。

4）开放建模语言。Azure 数字孪生平台开放建模语言，数字孪生定义语言（digital twin definition language）基于 JSON-LD 标准语言，可帮助开发者轻松接入和集成 Azure 数字孪生平台服务和外部第三方应用。

5）广泛的 API。Azure 数字孪生平台提供了广泛的 API 接口等。

Azure 数字孪生平台通过这些核心技术，实现物理世界与现实世界的交互。首先，在 Azure 数字孪生服务的输入（INPUT）环节中，用户可运用微软在物联网领域的强大技术实力，实现物理环境中人、机、物的互联，包括通过使用微软 Azure 以合规性、安全性和隐私优势构建企业级物联网连接解决方案，并通过与 Azure IoT Hub 集成，以高水平的安全性和可伸缩性监控、管理和更新物联网设备；其次，在实时执行环境中，用户可通过微软提供的开放数字孪生建模语言，定义和创建任何领域的反映其现实环境的数字孪生自定义域模型，并根据模型的定义在数字孪生服务中创建模型的实体，构建反映现实世界的数字孪生图谱；最后，在 Azure 数字孪生服务的输出（OUTPUT）环节，用户也可以通过使用 Azure 提供的创新技术，获得更加全面、多维度的产品数据，让制造企业实现更强的洞察力和分析能力，由此指导相应的业务决策。

3. Azure 数字孪生平台构建解决方案

利用基于 Azure 数字孪生平台来构建自定义的连接解决方案，主要包括如下类型的解决方案。

1）为任何环境建模，并以可缩放且安全的方式将数字孪生引入生活。

2）连接 IoT 设备和现有业务系统等资产，使用可靠的事件系统生成动态业务逻辑和进行数据处理。

3）查询实时执行环境以从孪生图中提取实时见解。

4）生成连接的环境 3D 可视化效果，便于上下文中显示业务逻辑和孪生数据。

5）查询历史记录环境数据并与其他 Azure 数据分析和 AI 服务进行集成，更好地跟踪过去并预测未来。

4. Azure 数字孪生平台的主要功能

（1）定义业务流程

在 Azure 数字孪生平台中，可以使用称为模型的自定义孪生类型来定义表示物理环境中的人、物、位置和事物的数字实体。如在建筑管理解决方案中定义一个模型，这个模型可以是建筑类型、楼层类型、电梯类型。模型的定义采用类似 JSON 语言，可以根据状态属性、遥测事件、命令、组件和关系描述不同类型的实体，也可以从头开始设计自己的模型集，或者可以先利用一组预先存在的基于行业通用词汇的 DTDL（数字孪生产研圈）行业本体。

定义数据模型后，接下来创建表示环境中每个特定实体的数字孪生体。如使用建筑模型定义创建多个建筑物类型孪生体（如 1 号楼、2 号楼等），还可以使用模型定义中的关系使孪生体之间相互连接，形成概念图。可以在 Azure Digital Twins Explorer 中查看 Azure 数字孪生概念图，如图 5-7 所示。

（2）将 IoT 和业务系统数据置于上下文中

Azure 数字孪生平台中的数字模型是真实世界的实时最新表示。要使数字孪生属性在环境中保持最新状态，可在 IoT 中心将解决方案连接到 IoT 和 IoT Edge 设备，IoT 中心的受管理设备表示为孪生图的一部分，并提供用于驱动模型的数据。为此，可以创建一个新的 IoT 中心与 Azure 数字孪生平台结合使用，也可以连接现有 IoT 中心及其管理的设备，还可以使用 API 接口或连接其他 Azure 服务等其他数据源来驱动 Azure 的数字孪生。

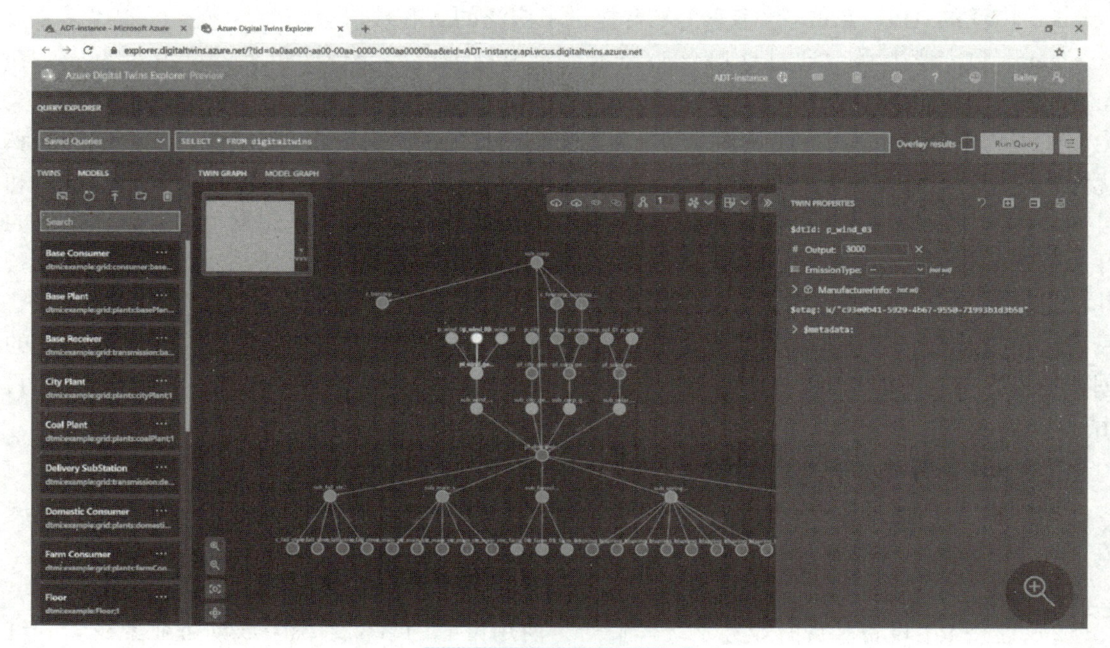

图 5-7　数字孪生概念图

Azure 数字孪生平台提供丰富的事件系统，使图形保持最新状态，包括可自定义为匹配业务逻辑的数据处理功能，也可以连接外部计算资源（如 Azure Functions），以灵活的自定义方式来驱动此数据处理。

(3) 查询环境见解

Azure 数字孪生平台提供了强大的查询 API，可帮助用户获得从实时执行环境中提取的见解。API 可以使用广泛的搜索条件进行查询，包括属性值、关系、关系属性、模型信息等，还可以进行组合查询，并收集广泛的见解和回答自定义的问题。

(4) 可视化 3D 场景工作室中的环境

Azure 数字孪生平台 3D 场景工作室是一种沉浸式视觉 3D 环境，用户可以通过 3D 资产的视觉上下文监控、诊断和调查可操作的数字孪生数据。借助数字孪生图和特选的 3D 模型，主题专家利用工作室的低代码生成器将 3D 元素映射到 Azure 数字孪生图中的数字孪生，并通过定义 UI 交互性和业务逻辑来为业务环境提供 3D 可视化效果。然后可以在托管的 3D 场景工作室中或者在利用可嵌入 3D 查看器组件的自定义应用程序中使用 3D 场景。3D 场景工作室中的场景示例，显示了如何使用 3D 元素可视化数字孪生属性，如图 5-8 所示。

(5) 将孪生数据共享到其他 Azure 服务

可以将 Azure 数字孪生模型中的数据路由到下游 Azure 服务，以实现更多分析或存储。首先需要将数字孪生体数据发送到 Azure 数据资源管理器，通过 Azure 数字孪生体的数据历史记录功能，将 Azure 数字孪生体实例连接到 Azure 数据资源管理器群集，这样就自动地将图形更新作为历史记录发送到 Azure 数据资源管理器。然后，使用 Azure 数据资源管理器的 Azure 数字孪生查询插件在 Azure 数据资源管理器中查询此数据。

若要将数字孪生体数据发送到其他 Azure 服务或发送到 Azure 外部，则可以创建事件路由，这些路由利用事件中心、事件网格和服务总线通过自定义流发送数据。

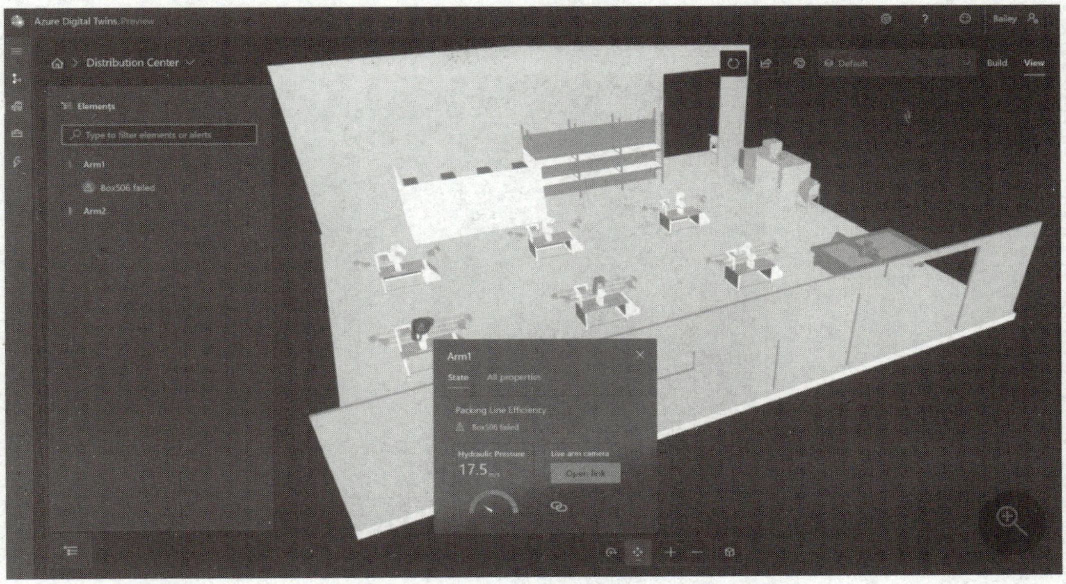

图 5-8 3D 场景工作室

5. Azure 数字孪生平台的优点

与市场上的其他数字孪生解决方案比较，Azure 数字孪生平台有着独特的优势。其一，Azure 数字孪生平台是世界上首个端到端就绪的数字孪生服务，更是业界首先实现落地的数字孪生服务；其二，Azure 数字孪生平台是一个 PaaS 平台型的服务，用户可以“拿来即用”，这使用户有更多的时间专注于业务的创新上，可以提升效率，也能整体降低成本；其三，Azure 数字孪生平台能赋能开发者，为开发者提供建模语言和数字孪生图谱等服务，能赋能最终用户，让用户“所见即所得”，最大化地发挥数字孪生带来的价值。

5.1.4 Open CASCADE 数字孪生平台

1. Open CASCADE 简介

Open CASCADE（简称 OCC）是由法国 Matra Datavision 公司开发的 CAD/CAE/CAM 软件平台，是世界上最重要的几何造型基础软件平台之一，主要用于开发二维和三维几何建模应用程序，包括计算机辅助设计系统、制造或分析领域的应用程序、仿真程序或图形演示工具。

Open CASCADE 是一个功能强大的三维建模工具，提供点、线、面、体和复杂形体的显示和交互操作，经过深度开发后可实现纹理、光照、图元填充、渲染等图形操作和放大、缩小、旋转、漫游、模拟飞行、模拟穿越等动态操作，如图 5-9 所示。

开源 OCC 是从底层构建的 CAD 平台，所以在机械仿真方面会好用很多，比如在数控加工中模拟切屑的去除过程、对干涉进行检查等，使用 OCC 的实体布尔运算即可实现。

2. Open CASCADE 的功能

Open CASCADE 提供二维和三维几何体的生成、显示和分析功能，主要如下：

1）创建锥、柱、环等基本几何体。OCC 几何以标准参数的形式进行定义，还可以实现旋转曲面、直纹曲面、二次曲面等 NURBS 曲面，如图 5-10 所示。

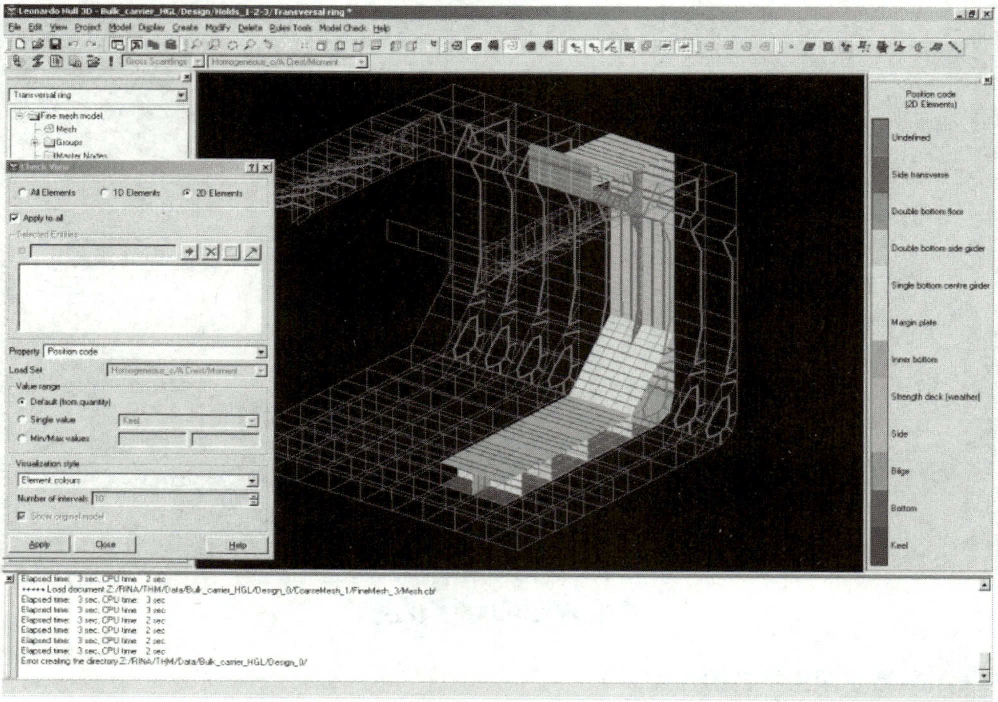

图 5-9　OCC 三维建模

2）对几何体进行布尔操作（相加、相减、相交运算）。可实现几何体的切割、融合、通用、形状和表面的布尔操作。几何体的切割如图 5-11 所示。

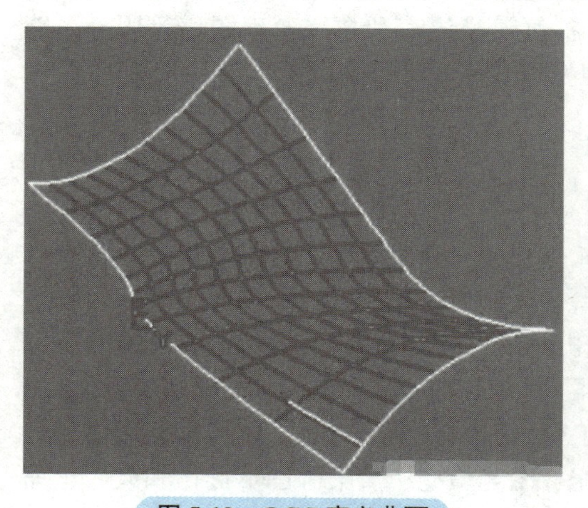

图 5-10　OCC 定义曲面

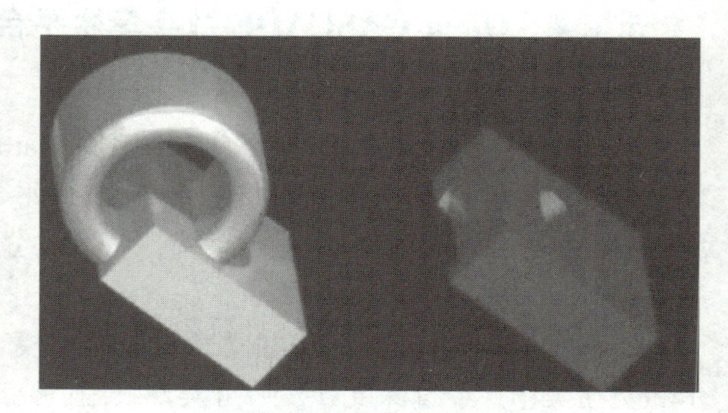

图 5-11　几何体的切割

3）可进行倒角、斜切、镂空、偏移、扫视。

4）可进行几何空间关系计算（法线、点积、叉积、投影、拟合等）。

5）可进行几何体分析（质心、体积、曲率等）。

6）可进行空间变换（平移、缩放、旋转）。

7）可进行应用框架服务。

8）可进行数据交换服务。

3. Open CASCADE 的优点

Open CASCADE 可以从底层实现二维或者三维的建模，能实现各种曲线建模、曲面建模、布尔操作、模型的标准化、模型的可视化、数据交换等功能，其功能强大、开源，实现比较灵活，它提供的管理应用程序数据的组织框架能使开发人员快速地进行开发。

5.2 商业平台

在5.1节中从开源平台角度讲解了数字孪生的实现，本节以几个典型的商业平台为例，讲解数字孪生的实现。

以国产的数字孪生商业平台为切入点融入素养教育，讲解国产数字孪生商业平台的功能、优点以及使用场景，了解我国数字孪生技术的发展。

5.2.1 SenseMARS 火星混合现实平台

SenseMARS 火星混合现实平台是商汤科技打造元宇宙的技术赋能平台，搭载了多种关键能力，包括感知智能、决策智能、智能内容生成（如增强现实、混合现实）、软件智能体及其他基础设施（如云引擎等），为各类元宇宙应用提供支持。通过对三维空间的数字化重建，同时结合图像、物体识别等 AI 技术，SenseMARS 火星混合现实平台可以做到理解场景中的人、事、物，进而将虚实融合的超现实互动变为可能。

商汤科技是人工智能软件公司，主要集中在原创技术研究，不断增强行业领先的多模态、多任务通用人工智能能力，涵盖感知智能、自然语言处理、决策智能、智能内容生成等关键技术领域，同时包含 AI 芯片、AI 传感器及 AI 算力基础设施在内的关键能力。其业务主要涵盖智慧商业、智慧城市、智慧生活、智能汽车四大板块。除此，商汤科技也积极参与有关数据安全、隐私保护、人工智能伦理道德和可持续人工智能的行业、国家及国际标准的制订，与多个国内及多边机构就人工智能的可持续及伦理发展开展了密切合作。商汤科技的《AI 可持续发展道德准则》被联合国人工智能战略资源指南选录。

SenseMARS 火星混合现实平台主要包括 SenseMARS 特效引擎、SenseMARS DigitalHuman 商汤 AI 数字人、SenseMARS Reconstruction 三维空间重建等。

（1）SenseMARS 特效引擎

SenseMARS 特效引擎提供多项智能图像渲染和算法能力，包含贴纸特效、美化滤镜、运用生成对抗网络生成特效、试妆试戴、计算机视觉基础检测识别算法，可广泛应用于拍照工具、直播、短视频、电商、在线教育等各类场景，可提供用户全套解决方案。

SenseMARS 特效引擎包含 Effects 解决方案、HumanAction 解决方案、GAN 生成特效解决方案、Tryon 解决方案等。

1）Effects 解决方案基于智能图像渲染和算法能力，提供美颜、美妆、贴纸特效等功能，可广泛应用于拍照工具、直播、短视频、在线教育、智能车舱等泛娱乐化场景，可提供完整的特效解决方案。它的功能有美颜滤镜，包括美白、磨皮、红润等基础美颜，精细的面部微整形，多种风格滤镜，如图 5-12 所示；智能美妆，包括多种风格的美妆素材，跟随性好，支持妆容遮挡；贴纸道具，支持 2D/3D 贴纸，包括支持猫、狗贴纸，支持背景分割；瘦身美体，支持人体各个部位的美体，支持全身美体。

Effects 解决方案的优势有：稳定性强；能适应不同环境，鲁棒性好；算法领先，拥有市场领先的面部关键点检测技术；特效丰富，人体、猫脸、狗脸、天空等各种增强现实特效全覆盖，可满足用户的多样化需求；全平台支持，PC 端、移动端均支持；专业技术支持，一线售后快速响应，支持 SDK 快速集成。

图 5-12　美颜滤镜

2）HumanAction 解决方案为直播、短视频等泛娱乐化产品所需的特效提供基础检测功能，支持 3D Mesh、动物面部检测跟踪、分割、手势检测跟踪、肢体检测跟踪、TryOn 6 大模块功能，检测能力可全面满足互联网娱乐行业的用户需求。

HumanAction 解决方案的产品优势有：轻量级库体积，全功能移动端底层库 < 5MB，PC 端底层库 < 10MB，移动端 < 2MB；检测性能优良，可实现主流手机 5ms/帧的实时处理速度；功能覆盖全面，提供 Mesh、动物面部、分割、手势、肢体、TryOn 共计 6 个大项、36 个小项的功能支持；多平台支持，支持 Android、iOS、Windows、OSX、云端等多个平台。

3）GAN 生成特效解决方案是由商汤科技自主研发的基于图片处理的 GAN 特效算法产品，旨在用 GAN 技术，助力美图、短视频、直播、视频剪辑平台等领域打造符合业务场景的高精特效，包含风格化、头发编辑、肤质生成、妆容迁移、活照片等多种功能。它的功能有：风格化，采用 GAN 技术对图片进行二次编辑，可将图片变换为各种类型的虚拟风格；属性编辑，包含年龄、性别、表情等四十余种属性，通过参数控制属性改变的程度，从而组合出无穷多种效果；肤质生成，通过 GAN 技术重塑肤质，能够有效祛除深层瑕疵，让肌肤重新焕发光彩，如图 5-13 所示；头发编辑，一键换发型，目前可支持长发、直发、卷发、妹妹头等多种发型供用户选择；妆容迁移，可对妆容模板进行一键迁移，自然上妆；活照片，可以给照片中的人物赋予生动表情；GAN Studio 编辑工具，可根据需要自由编辑 GAN 特效生成软件。

GAN 生成特效解决方案的优势有：功能种类繁多，包含 14 种人物风格化、9 种全图风格化、8 种头发编辑、1 种肤质生成、40 种属性编辑、3 种妆容、3 种活照片等；效果逼真自然，基于 GAN 技术进行生成，可在有效保证特征的基础上进行风格变换，无明显处理痕迹；高精图片处理，保留原图尺寸，增加面部细节，提升画面质感。

4）Tryon 解决方案为电子商务场景中的各类产品赋能增强现实能力，通过增强现实技术提升用户购物的交互使用体验，提高购买转化率，为电子商务公司销售助力。它的功能有：染发产品，可以在线试用各类染发产品不同发色的真实效果；美妆产品，可以在线试用各类美妆产品上妆后的真实效果；手表试戴，可以在线体验各类奢侈品牌表实际上手后的效果；鞋子试穿，可以在线感受鞋子真实上脚后的效果。直接试穿、试妆、试戴，如图 5-14 所示。

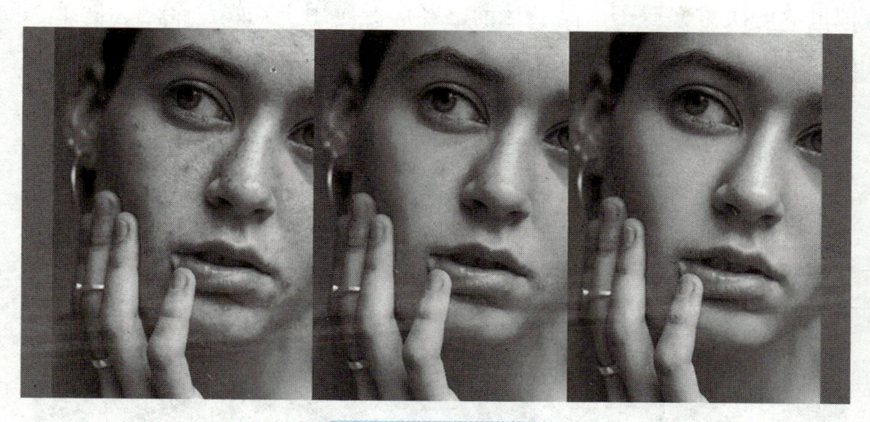

图 5-13 肤质生成

图 5-14 直接试穿、试妆、试戴

Tryon 解决方案的优势有：高精人脸关键点跟踪检测，使用最新的 240 点位检测面部关键技术，鲁棒性好、稳定性高、准确率高、性能卓越，并且增加了对眉毛、眼睛、嘴唇的点位解析，提高了产品的可用性、可靠性，为美妆场景下的真实妆容展示提供人脸点位信息；高精头发分割，对图像中的人物头发进行检测，将头发从图片中精细分割，可以支持多人分割识别、远距离分割识别、部分遮挡识别，支持实时预览版本和高精版本，为染发效果提供可靠的底层保障；领先 3D 指甲关键点，支持检测每个指甲的 16 个轮廓点的跟踪与检测，同时输出类别 0 ~ 4，分别表示大拇指、食指、中指、无名指、小拇指，为美甲效果提供关键点位信息。

SenseMARS 特效引擎的应用场景如直播短视频，可以提供美颜、美妆、特效，提供完整直播、短视频解决方案。智能拍照能提供基于底层的算法、美颜、微整形等技术；在线教育能与在线教育平台一起打造在线直播间；在电商平台场景中，提供了试妆、试穿、试戴等功能，助力电商平台产品更好地展示。

（2）SenseMARS DigitalHuman 商汤 AI 数字人

SenseMARS DigitalHuman 商汤 AI 数字人是基于 SenseMARS 火星混合现实平台领先的

“AI + AR + VR” 能力，打造的整套提供各类服务的多模态人机交互系统及解决方案。该系列包含数字人自动生成平台、Avatar 虚拟人解决方案、服务型数字人解决方案、虚拟会议解决方案、虚拟世界解决方案等子产品，目前已经广泛应用于互娱、金融、展馆、商超等多个行业领域。商汤 AI 数字人如图 5-15 所示。

图 5-15 商汤 AI 数字人

1）商汤如影是以数字人视频生成技术为核心，基于多种 AI 生成能力打造的应用平台，包括文本生成、语音生成、动作生成、图片生成、NeRF 等。它依据商汤日日新 SenseNova 大模型，拥有 AI 文案生成、长文本处理、上下文理解和内容创作等优势，同时提供海量素材库，包括背景、元素、各具特色的数字人分身，以及不同形象和声音。数字人视频如图 5-16 所示。

图 5-16 数字人视频

商汤日日新 SenseNova 大模型提供自然语言处理、图片生成、自动化数据标注、自定义模型训练等多种大模型及能力。它的优势有：三位一体，数据、模型训练和部署三位一体；可处理复杂任务，基于多年行业经验，有丰富的数据积累，能处理多行业场景的复杂任务；接口灵活，提供多种灵活的 API 接口及服务。

2）数字人自动生成平台。随着人工智能的发展，虚拟数字人被视为虚拟世界的核心资产和元宇宙发展的基础。各产业对数字人的需求不断增加，虚拟数字人的内容成为一股潮流。数字人自动生成平台采用 AI 技术能力，支持多种精度级别的虚拟人生成和捏脸，包括

3A 级别的超写实风格、拟真人风格、3D 美型、二次元风格等，可满足不同行业对虚拟人风格和驱动等相关能力的要求，助力不同场景数字人的应用需求，创作多元的互动体验。虚拟数字人生成平台如图 5-17 所示，它的功能有：多风格虚拟人快速重建，超写实、拟真人、卡通、美型多种风格自由选择；捏脸换装自由搭配，卡通千人千面自动捏脸，多种服装配饰自由搭配；STA 语音驱动，丰富音色可选择，STA 语音驱动所有角色；轻量视频编辑，快速产出数字人视频/图片。

图 5-17　虚拟数字人生成平台

数字人自动生成平台的优势有：操作便捷易上手，进入网页通过鼠标点选就可快速进行角色编辑，可实时进行编辑预览；自动生成超写实虚拟人，上传若干符合要求的照片，即可自动生成 3A 级别的虚拟人；标准化云端素材风格多样，可满足不同用户需求，覆盖超写实、美型、卡通、游戏风、二次元等风格；多种驱动玩法，支持多语言、语音驱动、表情驱动等多种驱动玩法；内容生成，可通过虚拟人生成平台进行视频或图片内容制作编辑；快速应用，可无缝接入数字人多种平台软件中，实现快速应用落地。

3）Avatar 虚拟人解决方案。SenseMARS Avatar 是商汤科技推出的虚拟人解决方案，针对直播、短视频、智能相机、虚拟社交、虚拟会议等场景提供行业解决方案，主要通过卡通风格的 Avatar 虚拟数字人，增强用户虚实互动（图 5-18），提升用户趣味体验，减少用户个人隐私信息暴露。它的功能有：拍照一键生成，通过拍照，实时生成卡通虚拟形象；面部驱动（表情），通过 AI 面部捕捉能力，进行虚拟人驱动；面部驱动（语音），通过 AI 语言识别能力，进行虚拟人驱动；半身驱动，通过 AI 人体捕捉能力，根据用户的上半身动作进行虚拟人驱动；全身驱动，通过 AI 人体捕捉能力，根据用户的全身动作进行虚拟人驱动。

图 5-18　虚拟现实互动

Avatar 虚拟人解决方案的优势有：面部表情精准识别，面部驱动技术会准确识别用户的多种表情，包括但不限于微笑、大笑、惊喜、愤怒、恐惧、尴尬、无聊、沮丧、厌恶、害怕等的表情识别；形象库丰富，用户可选择不同风格的虚拟人形象，包括但不限于卡通、写实、二次元、拟真人等风格；自由定义虚拟人形象，用户可选择手动和自动捏脸，DIY 自己的虚拟人形象，以较低的制作成本实现生动的效果。

4）服务型数字人解决方案。SenseMARS 服务型数字人是一套基于多模态的人机交互系统，具有拟人的样貌、部分肢体语言及部分脑力，可作为元宇宙世界的一个超级员工，承担智能助手、智能客服、智能导购员、智能讲解员和形象代言人等工作。其产品形态丰富多样，适配各种终端，可满足不同行业对数字人的应用需求。服务型数字人如图 5-19 所示。它的功能有：拟人化驱动，以极高的拟人度播报内容并展示口型、表情及动作；多模态交互，基于视觉、语音、语义等多模态算法，带给用户更自然的交互体验；个性化 IP 定制，从五官到身体，从思想到人设，都可由用户决定；深度学习算法，具备语音识别、对话、合成全链路能力，可基于知识库或图谱智能解决用户问题。

图 5-19　服务型数字人

服务型数字人解决方案的优势有：数字人形象生动、风格多样，最高可达到毛孔级还原精度，支持超写实、卡通、真人等多种风格；AIGC 赋能数字人制作，以模块化、标准化、智能化的方式，支持用户“低代码”完成数字人制作，AI 技术业界领先，可基于商汤 SenseCore AI 大装置训练商汤独创的数字人垂直行业语音语义对话模型。如运用场景重建技术、物体重建技术、数字人技术，通过渲染引擎结合“人、物、场”三大元素制造平行于真实世界的虚拟数字空间，如图 5-20 所示。

5）虚拟会议解决方案。虚拟会议解决方案是通过会议软件类似于插件的方式给用户提供虚拟形象、虚拟会议体验的软件。虚拟人 AR、VR 方案给虚拟会议场景提供多元的参会体验，能非常好地解决私人空间背景不美观、个人形象状态欠佳等尴尬问题，同时还能提升会议的趣味性。虚拟会议室如图 5-21 所示。它的功能有：用户安装后就可以选择不同的虚拟形象或头像参会；支持多人进入虚拟会议场景，进行虚拟会议沟通交流，支持 PC 或 VR 眼镜体验。

图 5-20　虚拟数字空间

图 5-21　虚拟会议室

虚拟会议解决方案的优势：精准实时面部驱动，实时识别面部，捕捉表情，高度还原动作、口型与眼神，“克隆”另一个自己；可选择美颜、虚拟背景、头套模式、虚拟模式Avatar等多种参会方式；个人形象编辑功能，提供丰富多样的虚拟形象，轻松捏出自己专属的虚拟形象，服装五官随挑随选；兼容多系统和会议软件，目前支持 Windows 和 Mac OS 平台，且支持腾讯会议、小鱼、Zoom、OBS 等软件。

6）虚拟世界解决方案。基于商汤科技丰富的三维场景重建、三维物体重建技术和 AI 数字人技术，形成了元宇宙重要的“人”“物”和“场”三大元素，构建了元宇宙的基础。通过渲染引擎结合“人”“物”和“场”三大元素创造出一个平行于真实世界的虚拟数字空间，用户可通过 VR/AR 等交互技术在虚拟空间中进行沉浸式的互动体验，包含活动互动、社交和购物等，如图 5-22 所示。它的功能有：打造超现实空间场景，创造一个平行于真实世界的虚拟数字空间；打造个人虚拟形象，自动生成个人形象并可以进行捏脸换装；多模态自然互动，多维驱动、多种语音算法等形成自然互动。

虚拟世界解决方案的优势有：丰富的场景重建技术，快速打造超现实空间场景体验；多维驱动方式，如表情驱动、语音驱动，让互动体验变得生动有趣。

图 5-22　沉浸式互动

(3) SenseMARS Reconstruction 三维空间重建

SenseMARS Reconstruction 三维空间重建可使用户利用消费级移动设备（包括智能手机、运动相机及无人机）重建物理世界的高精度三维模型，提供厘米级精度的空间映射及定位能力，可通过 AR 眼镜、智能手机及智能电视，将视觉内容叠加在物理世界中。SenseMARS Reconstruction 三维空间重建覆盖场景广，支持对各种大小物体及空间的重建，从小物体到购物商场、交通枢纽乃至城市，都可以完美复刻。

SenseMARS Reconstruction 三维空间重建的优势有：城市级，大规模高精视觉地图，无须安装额外硬件，具有构建大规模、高精度、三维数字化地图和空间感知计算能力；轻量级，全场景快速实施部署，覆盖景区、展馆、机场、园区、商场等场景，只需要简单几步即可完成实施部署；跨平台，多终端系统解决方案，支持 Android、iOS、H5、小程序等平台，多种渠道发布，连接全量用户场景；易运营，智能化用户运营管理，具备数据采集、建图、地图编辑、AR 内容制作和运营等完整工具链，极大地降低了使用门槛，提供智能化的灵活运营云端管理服务。商业综合体三维空间如图 5-23 所示。

图 5-23　商业综合体三维空间

SenseMARS Reconstruction 三维空间重建包括：智慧博物馆（SenseMARS Museum）、智慧机场（SenseMARS Airport）、智慧景区（SenseMARS Tourism）、智慧商超（SenseMARS

Mall）、智慧展馆（SenseMARS Exhibition）等。

1）智慧博物馆。智慧博物馆基于SenseMARS火星混合现实平台构建，具有行业领先的专业级高精度三维数字化地图构建、跨平台和终端的空间感知计算、全场域厘米级端云协同定位等能力，向博物馆、科技馆、数字体验馆等场馆提供平台建设、MR虚实体验、数据运营、展馆运营的全栈式一体化解决方案，助力博物馆行业完成数字化、智能化升级。商汤科技通过SenseMARS火星混合现实平台使博物馆能为大众提供AR导航导览、智能讲解、AR互动、AR游戏、文物AR三维展示等新颖的智能服务，让大众游览和知识获取的体验变得更生动、有趣、易得，以AI惠社会；通过智能化洞察系统让博物馆准确了解大众的兴趣点及参观游览行为，为优化策展规划、路线规划、展品陈列及互动选择提供真实强大的数据洞察；为博物馆塑造差异化竞争力，提升品牌价值。智慧博物馆如图5-24所示。

图5-24　智慧博物馆

智慧博物馆的功能包括：虚拟讲解SenseAR数字人，根据语音、语意及视觉影像、动作、用户特征做出智能自然的交互讲解，支持形象个性化订制；AR导航导览，采用行业领先的高精度三维数字化地图，支持跨平台和空间感知计算，能实现全场域厘米级端云协同定位等功能，向用户提供简单易用、定位准确的AR导航体验，并提供生动、有趣的AR讲解和导览功能，同时支持在导航和导览路径点上增加AR营销、广告内容，为用户带来生动、便捷的智能“伴游”体验，为馆方提供软硬一体化的全栈解决方案，增加客流，提高营收；AR互动及游戏SenseParadise平行乐园，以AR互动解密游戏让博物馆/科技馆变身探险乐园，让儿童和青少年获取知识的体验生动、有趣；AR场景及互动SenseCreator造梦空间，基于视觉空间定位，为用户带来虚实融合的AR空间互动体验；AR门票/AR文创/AR明信片/AR书籍，让用户可以将自创的照片、视频、语音、文字放到门票、明信片或书籍等文创产品上，通过手机扫描AR标识进行AR展示，让回忆及快乐通过AR来分享；AR拍照合影，让用户可以和AR虚拟场景或人物合影，留存珍贵记忆，传播、分享快乐；AR透视屏，基于商汤科技的AR算法，通过大屏将虚拟物体融合展示到真实场景中，实现虚实融合的AR互动、AR拍照等功能；AR沙盘，以物理沙盘和AR虚拟效果叠加或独立AR虚拟沙盘承载丰富的媒体信息，并支持多种交互；文物保护及展示三维重建，基于商汤科技强大的视觉技术，支持多种设备智能化、快速生成网格模型和纹理贴图，实现文物和大型景区的快速三维重建。

SenseMARS Museum 智慧博物馆的优势有：简单易管理，具备数据采集、建图、地图编辑、AR 内容制作和运营等完整工具链，极大地降低了使用门槛，提供灵活的智能化云端运营管理服务；快捷部署，支持跨平台/终端部署（Android、iOS、H5、小程序等平台），并支持馆方已有 APP 嵌入 AR 功能；轻量化打造，可实现快速上线；便捷用户部署和使用，帮助馆方提升核心应用黏性；高精技术大规模、高精、全场域三维地图可覆盖整管及景区，全时段不同光照环境，端云协同实现厘米级精准识别定位；洞悉行业，携手合作伙伴服务全国博物馆，覆盖全业务流程，基于丰富的行业洞察力打造高效解决方案。文物讲解如图 5-25 所示。

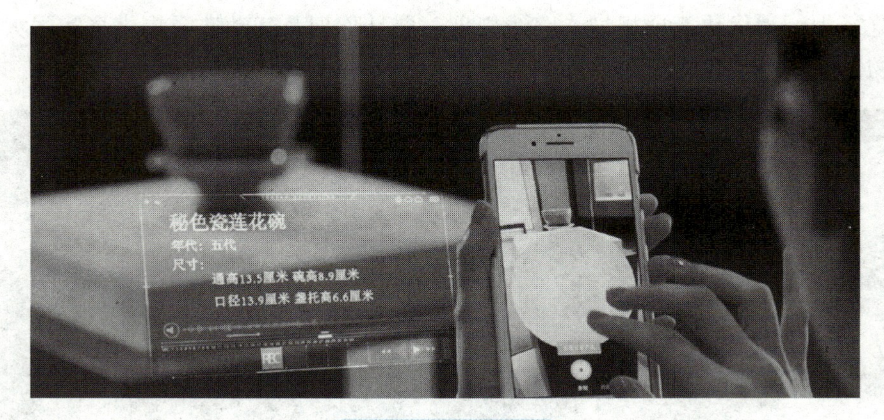

图 5-25　文物讲解

2）智慧机场。智慧机场是基于商汤科技行业领先的三维高精度地图重建技术及空间感知计算打造的一站式机场解决方案。针对机场室内外空间场景，方案提供虚实融合、智慧高效的 AR 服务工具，如 AR 导航导览、AR 城市介绍、AI 路线推荐、AR 互动体验等，满足用户寻找候机厅、寻找商家、机场娱乐、了解目的地、制定交通线路等需求，同时满足机场运营管理、商家营销、城市宣传等需求，大力促进机场智慧转型升级。智慧机场如图 5-26 所示。

图 5-26　智慧机场

智慧机场的功能有：AI 路线推荐，为用户提供定制化旅游路线推荐服务；AR 导航，提供实时视觉定位导航服务，可视化 AR 实景导航引导用户前往目的地；AR 互动，共享同一个数字孪生世界，带给用户 AR 弹幕、AR 拍照、AR 游戏等多种互动娱乐体验；AR 营销，提供 AR 寻宝、AR 优惠券、AR 红包等多种 AR 营销方式，向用户智能化推荐和展示线下营销活动。AR 导航如图 5-27 所示。

图 5-27 AR 导航

智慧机场的优势有：城市级，大规模高精视觉地图，无须安装额外硬件，具备构建大规模、高精度、三维数字化地图和空间感知计算能力；轻量级，全场景快速实施部署，覆盖大型交通枢纽室内外多个场景，只需要简单几步，即可完成实施部署；跨平台，多终端系统解决方案，支持 Android、iOS、H5、小程序等平台，多种渠道发布，连接全量用户场景；易运营，智能化用户运营管理，具备数据采集、建图、地图编辑、AR 内容制作和运营等完整工具链，极大地降低了使用门槛，提供智能化的灵活运营云端管理服务。

3）智慧景区。智慧景区是基于商汤科技行业领先的三维高精度地图重建技术及空间感知计算功能打造的文化旅游风景区智慧升级全套方案。针对自然风景、人文景观、主题乐园、名人故居、城市风情街等文化旅游场景，提供 AR 导航、AR 讲解、AR 历史场景复原、AR 互动、AR 景观、AR 观光车等产品。方案致力于在让游客拥有全新的旅游观光、文化学习、历史教育体验的同时，大力促进城市文化旅游产业升级、城市 IP 传播及城市文化建设宣传。

智慧景区的功能有：AR 导航，实时视觉定位导航服务，可视化 AR 实景导航，引导用户前往目的地；AR 讲解，场景叠加 AR 虚拟内容，为用户提供图片、文字、语音等多模态智能信息讲解；AR 互动，共享同一个数字孪生世界，带给用户 AR 弹幕、AR 拍照、AR 游戏等多种互动娱乐体验；AR 历史场景复原，通过 AR 内容向用户展示老建筑、名人故居原本的面貌，虚实融合地展示历史文化场景；AR 景观，用数字孪生打造城市新景观，带给用户 AR 夜景、AR 地标、AR 天气等观光新体验；AR 观光车，赋能传统观光汽车，采用 AR 技术基于实景描绘景区相关内容，让用户在全新的形式中了解景区文化；AI 个性化定制，定制化文旅互动体验，通过 AI 表情互动、手势识别、肢体识别等多种互动方式，为用户智能定制游览路线和娱乐互动形式。智慧景区的优势与智慧机场类似。

4）智慧商超。智慧商超是基于商汤科技行业领先的三维高精度地图重建技术及空间感知计算功能打造的一站式商业综合体。针对商超室内外空间场景，方案提供空间导航工具、空间地图管理、AR 营销及运营后台、AR 多人互动体验等虚实融合产品，协助商超管理方在信息咨询、便民服务、商场营销、店铺娱乐活动等方面实现智慧化运营，同时让用户在商超拥有全新的购物、娱乐、消费体验。智慧商超如图 5-28 所示。

图 5-28 智慧商超

智慧商超的功能有：AR 导航、AR 互动、AR 营销、AR 寻宝、AR 优惠券、AR 红包等多种 AR 营销方式，向用户智能化推荐和展示线下营销活动。智慧商超的优势与智慧机场类似。

5）智慧展馆。智慧展馆是基于商汤科技行业领先的三维高精度地图重建技术及空间感知计算功能打造的全方位助力展馆智慧化升级的行业一体化方案。方案服务于博物馆、展览馆、党建馆、城市规划馆、人工智能展厅、美术馆类用户，提供 AR 空间导航导览、AI + AR 互动展项、AR 智慧沙盘、沉浸式数字多媒体装置等产品，协助展馆在互动展项、展馆便民服务、信息引导、活动营销、文化宣传等方面实现智慧化运营，同时让用户在馆内拥有全新的观展体验。

智慧展馆的功能有：全息风扇，将 AI 手势、感知技术结合全息风扇，提升交互体验；AR 投影/LED，将虚拟内容通过 AR 投影/LED 投影到现实环境中，用户可与之互动；透明屏，将透明屏与现实环境进行创意整合，同时展示相应的虚拟内容，达到虚拟现实融合的效果；展馆设立沉浸式智慧屏幕，内置 AI 识别互动，为用户 360°全方位展示文化内容，增强互动体验；AI 个性化定制，定制化文旅互动体验，通过 AI 表情互动、手势识别、肢体识别等多种互动方式，为用户智能定制游览路线和娱乐互动形式；AR 历史场景复原，通过 AR 内容向用户展示老建筑、名人故居原本的面貌，虚实融合展示历史文化场景；AR 营销，AR 寻宝、AR 优惠券、AR 红包等多种 AR 营销方式，向用户智能化推荐和展示线下营销活动；AR 互动，共享同一个数字孪生世界，带给用户 AR 弹幕、AR 拍照、AR 游戏等多种互动娱乐体验；AR 导航，提供实时视觉定位导航服务，可视化 AR 实景导航引导用户前往目的地；AR 智慧沙盘，利用空间虚拟内容和物理沙盘对城市资源、空间规划和协同管理进行综合研究及展示。

5.2.2 BIM Windows 管理平台

1. BIM 简介

建筑信息模型（building information modeling，BIM）是建筑学、工程学及土木工程的新工具。建筑信息模型或建筑资讯模型一词由 Autodesk 所创。它用来形容那些以三维图形为主、物件导向、建筑学有关的计算机辅助设计。

BIM 已经在全球范围内得到业界的广泛认可，它可以帮助实现建筑信息的集成，从建筑的设计、施工、运行直至建筑全生命周期的终结，各种信息始终整合于一个三维模型信息数据库中，设计团队、施工单位、设施运营部门和业主等各方人员可以基于 BIM 协同工作，有效提高工作效率、节省资源、降低成本，以实现可持续发展。

BIM 的核心是通过建立虚拟的建筑工程三维模型，利用数字化技术，为这个模型提供完整的、与实际情况一致的建筑工程信息库。该信息库包含描述建筑物构件的几何信息、专业属性及状态信息，还包含了非构件对象（如空间、运动行为）的状态信息。

2. BIM Windows 管理平台简介

BIM Windows（简称 BW）是北京跨世纪软件技术有限公司自主研发，基于 BIM 的轻量化展示、管理平台。它能快捷地管理 BIM 及项目图纸、文档等文件，充分调用 BIM 项目中模型的信息价值，并且支持移动 APP 端和 PC 端，能实现 DWG、Bentley、Revit、Catia、IFC 等二维图纸和三维模型的快速转换和便捷浏览。BIM Windows 支持的文件如图 5-29 所示。

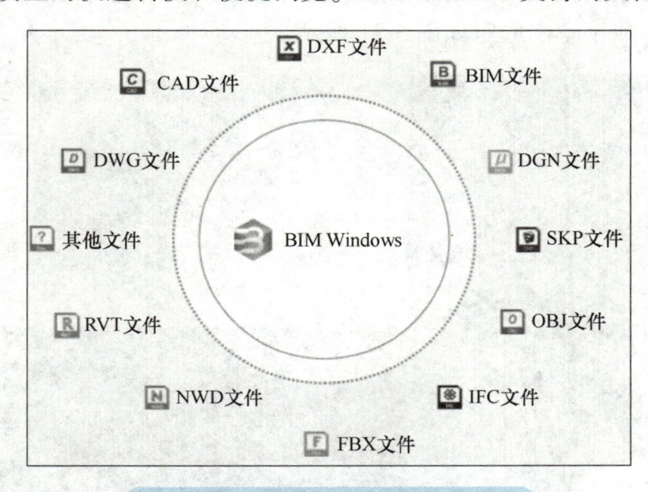

图 5-29　BIM Windows 支持的文件

BIM Windows 是 BIM 轻量化数字孪生底座，它解决了现阶段模型轻量化与模型精细化转换不兼容的问题，用新技术规避与模型精度的矛盾，同时将已有的成熟数字孪生平台与国内相应的建模标准和行业特色融合，通过技术手段实现模型层次关系及属性等信息的自动构建及梳理，简化了后期模型的手工深化工作，提高了效率与模型精细度，形成了真正有价值的数字孪生模型。

3. BIM Windows 模块的构成

BIM Windows 主要分为两大模块：协同管理和三维模型。其中协同管理是基于云端协同平台的，可以对设计及施工过程中的模型、图纸和数据进行全面的管控和维护，进行模型可视化的展示、审核分析等。三维模型主要包括数字孪生底座、BIM + GIS 图形引擎、专业应用工具，如图 5-30 所示。

（1）数字孪生底座

BIM 轻量化数字孪生底座是通过对现有技术及发展情况的综合分析及对比，提出了采用最新的技术结合已有的成熟数字孪生底座的新思路，解决了现阶段模型轻量化与模型精细化转换不兼容的问题，规避了二者的矛盾。此外，BIM 轻量化数字孪生底座将已有技术与国内相应的建模标准和行业特色融合，实现了模型层次关系及属性等信息的自动构建及梳理，为后期模型的手工深化工作简化了流程，提高了效率与模型精细度。

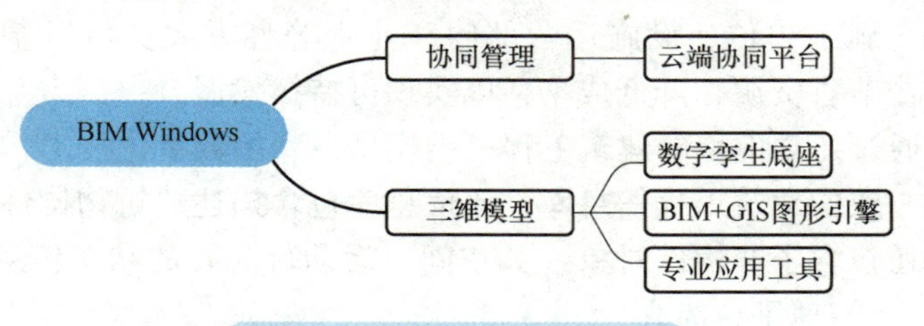

图 5-30 BIM Windows 模块

数字孪生底座提供 BIM 轻量化与模型信息无损发布兼容的平台，解决了轻量化压缩模型精度的技术难题；提供国内建筑领域的数字孪生底座，解决国家、政策及专业造成的技术壁垒；还提供自动构建及梳理模型数据信息的功能，解决了手动深化模型造成的时间、质量及成本损失的问题。数字孪生底座如图 5-31 所示。

图 5-31 数字孪生底座

(2) BIM + GIS 图形引擎

BIM Windows 的内核为 BIM + GIS 图形引擎，它支持 rvt/dgn/dwg/ifc/obj/fbx/等 BIM 格式文件的打开、组装及发布，还支持 3dm/3dtiles 等三维实景数据。BIM Windows 在模型精细度、二三维混合、GIS（地理信息系统）能力各方面有一定优势，尤其是在实景和大体量模型的支持上，不仅能满足建筑领域需求，也能支持大型线性工程等基础设施领域的应用，如图 5-32 所示。

BIM Windows 作为基础性图形引擎平台，提供了文件操作、显示操作、渲染效果处理、属性查询编辑等种类丰富的 API 开发接口。

(3) 专业应用工具

BIM Windows 针对已有的模型操作板块研发更多面向行业应用的专业工具，如模型碰撞检查、工程算量、施工模拟、工期对比、受力分析，利用物联网设施实现运维管理等工具。

图 5-32　BIM + GIS 图形引擎在大型线性工程等基础设施领域的应用

(4) 云端协同平台

BIM 技术的核心是围绕模型数据信息实现智能化管理，BIM Windows 以已有的模型平台为依托，以项目为单位打造云端协同平台，形成了一套完整的工程数字化解决方案。

BIM Windows 用户可以通过 Web、钉钉、微信等移动端或私有化部署的 OA 系统，访问 BIM Windows 中的文档、模型、图纸等各类项目文件；可以实时浏览、查看、批注、审核模型，共享各类数据信息，实现在线协同工作。BIM Windows 计划打通与设计软件 CSD、桥梁大师等的数据通道，实现资源共享、项目协同，逐步丰富各种在线工具、共享资源，打造云端协同工作生态。

4. BIM Windows 的应用领域

BIM Windows 的应用领域包含市政工程、房建设施、水利水电、公路交通、桥梁隧道、轨道交通、机场基建、船舶港口等。

5.2.3　其他商业平台

数字孪生应用于各种领域，如航空、交通、能源、医疗、智能制造等行业，在不同领域中，各企业开发了不同的商业平台。

1. 山海鲸可视化

山海鲸可视化是一款智能可视化产品，提供了可视化工具、业务管理、场景管理等功能，是数字孪生行业内的佼佼者。该软件最大的优点是操作简单，不需要编程技能即可完成数字孪生可视化的开发。

2. 华为数字孪生平台

华为数字孪生平台是一款基于云端架构的数字孪生解决方案，旨在通过数据整合、模拟仿真等功能，为用户提供全方位的数字孪生体验。它的优点有：华为数字孪生平台基于华为云平台，具有高可靠性和高可用性，可保证数据的安全性和稳定性；广泛适用性，支持多种类型的数据接入方式，包括传感器、物联网设备等，用户可以根据自身需求进行数据采集和整合；丰富的模拟仿真功能，包括机器人仿真、人员行为仿真等，用户可以通过模拟实现数字孪生的多种应用场景；智能化分析功能，提供丰富的数据分析功能，包括数据可视化、机器学习等，可为用户提供智能化的数据分析支持。

3. 腾讯云数字孪生平台

腾讯云数字孪生平台作为一款国内知名的数字孪生平台，它的优点有：强大的计算能力，可以支持大规模数据处理和计算，同时也提供了多种计算框架和算法，方便用户进行深度学习、数据挖掘等操作；全面的数据支持，支持多种数据源的接入，包括云存储、数据库等，可以满足不同数据需求的用户；丰富的可视化功能，提供了多种可视化组件和模板，用户可以自由定制和调整可视化效果，同时也提供了数据驱动的交互式可视化分析功能，方便用户进行数据分析和发现；安全性高，采用了多层次的安全防护措施，包括数据加密、访问控制、身份认证等，保障了用户数据的安全性。

5.3 本章小结

本章主要从数字孪生的开源平台和商品平台两个维度对数字孪生的实验平台进行讲解。其中开源平台主要讲解了 ROS、Gazebo 三维多机器人动力学仿真平台、Azure 数字孪生平台和 Open CASCADE 数字孪生平台。ROS 是面向机器人的开源元级操作系统，强调了其组成、主要功能和框架；Gazebo 是一个广泛应用于机器人研发、测试和教育等领域的开源软件，强调了其特点、仿真平台的基本概念及优点；Azure 数字孪生平台是能够创建基于整个环境的数字模型的孪生图，强调了关键技术、平台的主要功能及平台的优点；Open CASCADE 是一个功能强大的三维建模工具，强调了其功能及优点。商业平台主要讲解了 SenseMARS 火星混合现实平台和 BIM Windows 管理平台。SenseMARS 是三维空间的数字化重建，同时结合图像、物体识别等 AI 技术将人、事、物实现虚实融合的平台，强调了它的主要产品；BIM Windows 主要是管理 BIM 模型及项目图纸、文档等文件，实现二维图纸和三维模型的快速转换，强调了模块的构成及应用领域。

【本章习题】

1. 单项选择题

1）要实现物理实体的数字孪生，需要经过数字化阶段、（　　）、优化阶段。

A. 计算机仿真　　B. 建模仿真阶段　　C. 决策阶段　　D. 模型运行阶段

2）数字孪生平台的基本组成部分包括感知层、数据采集层、（　　）和应用层。

A. 数据采集层　　B. 模型层　　C. 计算层　　D. 应用层

3）数字化阶段是实现数字孪生的第一步，是通过高精度的 3D 扫描技术，将实物模型（　　）的过程。

A. 数字化　　B. 虚拟化　　C. 模型化　　D. 3D 化

4）ROS 即（　　）操作系统。

A. 机器人　　B. 嵌入式　　C. 传感器　　D. 人工智能

5）ROS 由（　　）、开发工具、应用功能和生态系统四个部分组合而成。

A. 操作系统　　B. 传感器　　C. 管道（消息传递）　　D. 软件

6）Gazebo 仿真平台使用物理引擎来模拟（　　）的运动和相互作用。

A. 机器人　　B. 传感器　　C. 物体　　D. 仿真模型

7）ROS 软件包由（ ）、配置文件、构建文件等组成。

A. 配置文件 B. 软件 C. 操作系统 D. 源代码

8）Gazebo 仿真平台的优点有分布式仿真、（ ）和可调性能。

A. 高性能 B. 可靠性 C. 动态资源加载 D. 支持多种文件

9）Gazebo 仿真平台支持多种操作系统，包括 Linux、Windows 和（ ）等。

A. iOS B. Mac OS C. 安卓 D. CentOS

10）Azure 数字孪生平台是一项（ ）产品/服务，它能够创建基于整个环境的数字模型的孪生图。

A. SaaS B. IaaS C. 平台即服务 PaaS D. 基础设施

11）Azure 数字孪生平台是一个（ ）平台，可用于创建真实物品、地点、业务流程和人员的数字表示形式，为整个环境创建全面的数字模型。

A. PaaS B. 物联网（IoT） C. 混合计算机 D. 电子计算机

12）Azure 数字孪生平台主要包括的核心技术有空间智能图谱技术、数字孪生对象建模、高级计算能力、（ ）、广泛的 API 等。

A. 开放建模语言 B. 建模 C. 三维图像 D. 物联网

13）Open CASCADE 是一个功能强大的（ ）。

A. 虚拟现实仿真 B. 图像处理 C. 大数据仿真 D. 三维建模工具

14）SenseMARS 火星混合现实平台主要包括 SenseMARS 特效引擎、（ ）、SenseMARS Reconstruction 三维空间重建。

A. SenseMARS 特效引擎 B. SenseMARS DigitalHuman 商汤 AI 数字人

C. Effects 解决方案 D. HumanAction 解决方案

2. 判断题

1）建模仿真阶段是实现数字孪生的第二步，是基于已数字化的物理模型，利用仿真软件进行建模和分析，建立数字孪生的对应模型，并对系统进行仿真。（ ）

2）SenseMARS 火星混合现实平台能实现人、事、物融合的虚实融合。（ ）

3）SenseMARS 火星混合现实平台采用领先的"AI + AR + VR"能力，打造整套提供各类服务的多模态人机交互系统及解决方案。（ ）

4）BIM 是建筑学、工程学及土木工程的新工具。（ ）

5）BIM Windows 主要有两大模块：协同管理和三维模型。（ ）

6）优化阶段是实现数字孪生的最后一步，是通过对建模仿真结果的分析，发现系统中存在的局限和问题，从而针对性地进行优化和改进，提升系统性能和效率。（ ）

7）数字孪生平台的基本组成部分包括感知层、数据采集层、模型层和应用层。（ ）

8）硬件抽象是 ROS 的核心功能，使开发人员能够创建与机器人无关的应用程序，这种应用程序可以在任何机器人中使用，因此开发人员只需要关心底层的机器人硬件即可。（ ）

9）ROS 广泛应用于机器人研发、教育、工业领域，已成为机器人软件开发的实时标准之一。（ ）

10）Gazebo 仿真平台可以模拟机器人的运动、感知和控制等行为，并提供了丰富的物理引擎、传感器模拟和 ROS 集成等功能。（ ）

第6章　智能制造的数字孪生生态

制造业作为全球经济发展的重要支撑，世界各国纷纷制定国家级发展战略，我国先后出台了“中国制造 2025”“互联网 +”“工业互联网”等制造业国家发展实施战略，把推动制造业高质量发展作为构建现代化经济体系的重要一环，推动制造业与新型 ICT 技术融合，实现制造业数字化、智能化转型。

6.1　智能制造的生态圈

智能制造中对象与系统主要包括智能产品、智能生产系统、智能生产运行过程，与其相关的数字孪生系统可以包括产品数字孪生系统、生产系统数字孪生系统和供应链数字孪生系统。

1. 智能制造数字孪生的模型和数据来源

由于孪生对象不同，产品的数字孪生基于产品设计、制造和使用过程来建设，其模型和数据来源于产品设计部门、制造部门和产品服务等部门以及用户。

生产系统数字孪生的模型和数据主要来源于工厂设计规划部门、建筑设计院、设备供应商、工厂制造部门以及工厂管理层等。

供应链数字孪生的模型和数据来源主要是供应链相关企业的管理部门、制造部门以及物流配送企业。

2. 产品、生产系统、供应链数字孪生的关系

产品、生产系统、供应链三者数字孪生的模型和数据来源不同、更新频率不同、责任主体也不同，因此很难构建一个覆盖整个制造过程和制造要素的数字孪生系统，只能是三个相对独立、又互相关联的数字孪生系统。

3. 产品数字孪生系统

一个产品在其生命周期内的演化是一个分层次、分阶段且相互交互协同的立体反馈的运行模型。

在产品设计阶段，先于物理产品“出世”的数字胚胎是产品生命周期数据积累的开始和唯一的模型，集成了产品的三维集合模型、产品关联属性信息、工艺信息等。同时，需要专业的工艺人员根据经验总结和工业知识对工艺流程进行编制，即将产品设计模型转变为制造方法、步骤和工艺参数，然后将产品数字胚胎模型和设计文档传递到制造阶段。

在产品制造阶段，产品的制作过程数据（生产进度、产品订单干扰、外协需求以及产品质量等）都实时记录在产品数字孪生体中，可基于生产约束、生产目标、产品工艺等实现对产品行为和状态的生产监控和控制，达到产品的制造情况完全透明化，最终交付用户的是产品设计的物理实例以及和其对应的唯一的产品数字孪生体。此时，产品数字孪生体经过生产系统制造完成后已经具备与物理产品一样的实例行为。

在产品使用和运维阶段，物理产品的使用状态变化、组件更新等信息，以及产品性能优化的信息都将反馈到数字孪生体。物理产品在进入使用服务阶段，随着使用时间的推移和使用次数的增加往往会出现零组件故障、磨损或损坏的情况，需要更换部分组件。而产品数字孪生体与物理产品始终保持一致，会自动响应产品的组件变更信息。

产品数字孪生体是产品全生命周期的数据中心，它包含了产品从设计阶段、使用服务到报废/回收的所有信息和模型。产品数字孪生体表达产品的集合特征、性能、状态和功能，产品信息能够在产品数字孪生体中实现可追溯。

4. 生产系统数字孪生系统

生产系统是将原材料变为产品，是信息、能量流和物流相交汇的系统。根据不同层次来划分，生产系统可以包括工厂、车间、生产线和加工单元。这里主要指工厂数字孪生系统或者车间数字孪生系统。

一个生产系统的全生命周期可以包括规划与设计阶段、施工建造阶段、运营与维护阶段以及报废或者回收阶段。生产系统每一个阶段的特征和目标都不是相同的，对信息的需求也不同，信息也具有不同的特征。在生产系统中，信息是不断积累的，是由前一个阶段传递到下一个阶段的，具有延续性，并且信息是面向产品生产制造过程的多领域、全要素、全业务流程的融合信息，这时就需要生产系统数字孪生系统的信息具有流动性、集成性和可扩充性。

(1) 生产系统规划设计过程的数字孪生

生产系统数字模型中的三维几何模型一般包括厂房（车间）基础设施模型、生产线设备模型、物流设施模型等。厂房是工厂的基础设施，因此 BIM 是生产系统模型的一个重要组成部分。

1）厂房（车间）基础设施模型主要包括：所有细节信息，如机械、自动化、资源及车间人员等，并且与制造生态系统中的产品设计无缝连接；专用模型库，用于实现厂房（车间）的快速规划设计；为方便维护和重构，与实际车间同步更新；支持各类虚拟试验仿真，更好地支持车间的迭代更新。

2）生产线设备模型包括工艺规划和生产过程仿真。利用工厂数字孪生体积累的数据和模型，对产品的工艺设计方案进行验证和仿真，可以缩短加工过程、系统规划以及生产设备设计所需要的时间，具体包括：制造过程模型，形成对应如何生产相关产品的精确描述；生产设施模型，以全数字化方式展现产品生产所需要的生产线和装配线；生产设施自动化模型，描述自动化系统（SCADA、PLC、HMI 等）如何支持产品生产系统。还包括机器人运动仿真与编程、人因工程分析、装配过程仿真等，利用数字孪生支持的 3R（VR/AR/MR）技术，可以让仿真分析过程虚实融合，更加精确和直观。

3）物流设施模型。生产物流规划包括企业内部物流（工厂或车间物流）和企业外部物流（供应链物流），合理的物流规划路线对于保证企业的正常生产、提高生产率及降低产品成本具有重要的作用。利用工厂数字孪生体和供应链企业的数字孪生体模型，可以优化工厂的物流方案，包括物流设施的配置、物流路线设计、物流节拍和生产节拍的协同等。相关数字孪生体的运作模型随着对应物理实体的不断运行也在不断完善，以与实际情况一致，保证在虚拟模型上优化结果的可行性和可信性。

(2) 生产系统运行过程的数字孪生

生产过程的核心是制造运行管理。制造运行管理是指通过协调管理企业的人员、设备、物料和能源等资源，把原材料或零件转化为产品的活动。它包含管理那些由物理设备、人和信息系统来执行的行为，并管理有关调度、产能、产品定义、历史信息、生产装置信息以及与之相关的资源状况信息的活动。生产系统运行过程数字孪生的主要功能如下：

1）三维可视化实时监控。传统的数字化车间主要通过现场看板、手持设备、触摸屏等二维的可视化平台完成系统监测，无法完整展示系统的全方位信息与运行过程，可视化程度较低。生产系统数字孪生系统具有高保真度、高拟实性的特点，结合 3R（VR/AR/MR）技术能将可视化模型从传统的二维平面过渡到三维实体，车间的生产管理、设备管理、人员管理、质量数据、能源管理、安防信息等均能以更为直观、完整的方式呈现给用户。

2）生产调度。传统生产制造模式中生产计划的制定、调整等以工作人员根据生产要求及车间生产资源现状来手动制定调整为主，如果生产车间缺乏实时数据的采集、传输与分析系统，很难对生产计划执行过程中的实时状态数据进行分析，无法实时获取即时生产状态，导致对于生产的管理和控制缺乏实际数据的支撑，无法及时发现扰动情况并制定合理的资源调度和生产规划策略，导致生产率下降。生产系统数字孪生系统，从生产计划的制定、仿真、实时优化调整等均基于实际工厂（车间）数据，使得生产调整具有更高的准确性与可执行性。生产系统数字孪生系统的生产调度有：初始生产计划的制定，结合车间的实际生产资源情况及生产调度相关模型，制定初步的生产计划，并将生产计划传送给虚拟车间进行仿真验证；生产计划的调整优化，虚拟车间对制定的初步生产计划进行仿真，并在仿真过程中加入一些干扰因素，保证生产计划有一定的抗干扰性，结合相关生产调度模型、数据及算法对生产计划进行调整，多次仿真迭代后，确定最终的生产计划并下发给车间投入生产；生产过程的实时优化，在实际生产过程中，将实时生产状态数据与仿真过程数据进行对比，如果存在较大的不一致性，那么基于历史数据、实时数据及相关算法模型进行分析、预测、诊断，确定干扰因素，在线调整生产计划。

3）生产和装配指导。随着产品复杂程度越来越高，产品设计方案越来越复杂，给生产过程的参数优化，以及装配过程的工艺参数控制提出了新的要求。同时，个性化的提升让单件、小批生产成为主流，需要在制造前熟悉不同新产品的生产和装配工艺要求，给现场操作工人提出了挑战。利用数字孪生技术可以有效支持生产和装配过程的指导。生产系统数字孪生系统提供的统一产品定义模型，可以方便地转化成直观的产品生产需求和装配指导书，让操作工人可以尽快熟悉。生产系统数字孪生系统可以对生产过程参数进行模拟优化，同时可以借鉴类似产品的加工数据进行迁移学习，推广到新产品加工过程的参数优化中。对质量数据的在线分析也能对生产、装配的结果进行评估，并及时反馈到生产现场，减少不合格品的数量。生产系统数字孪生系统所拥有的运维过程数据可以为类似产品的生产过程参数设定提供参考，为提高产品加工质量提供量化依据。

4）设备管理。生产设备的故障预测与健康管理指利用各种传感器和数据处理方法对设备健康状况进行评估，并预测设备故障及剩余寿命，从而将传统的事后维修转变为事前维修。生产系统数字孪生系统建立在虚实设备精准映射的基础上，由于虚实设备的实时交互及全要素、全数据的映射关系，可以方便地对相关设备进行全方位的分析及故障的预测性诊断。同时，基于虚拟设备模型及历史运行数据可以进行故障现象的重放，有利于更加准确地确定故障原因，从而制定更合理的维修策略。另外，当设备发生故障时，专家无须到达现场即可实现对设备的准确维修指导。远程专家可以调取数字孪生模型的报警信息、日志文件等相关数据，在虚拟空间内进行设备故障的预演推测，实现远程故障诊断和维修指导，从而减少设备停机时间并降低维修成本。

5）能耗管控。“碳达峰、碳中和”成为新时代制造的一个核心话题，越来越多的制造企业关注制造过程的碳排放问题，以实现节能减排。生产系统数字孪生系统的能耗智能管控指通过传感器技术对能耗相关信息、生产要素信息和生产行为状态等的感知，通过感知得到实时能耗信息，对生产过程的参数进行调整和优化。一方面利用能耗模型来指导产品设计过程，采用低碳环保的方案；另一方面通过调整生产计划、降低不必要的能耗等方法来减少加工过程中的能源消耗。通过数字孪生系统，能耗管理由传统的凭经验、凭直觉的定性方法转向基于能耗模型的量化方法，并且能提供持续优化的能力。

6）安全防护。在智能车间中，相对于装备、产品等生产要素而言，人员在产品设计、制造运维等过程中的主观活动更为重要，特别是在复杂机电产品生产车间，其生产规模大、活动空间广、工位错综多样、工序繁杂、关键生产流程具有一定的危险性，人员行为的主观能动性和不可替代性表现尤为突出，完善人员行为识别对于规范和保障车间的安全生产、消除隐患、防患于未然具有重大意义。目前而言，车间人员行为分析仍然通过分布于车间中的摄像机和人工监控的方式来实现。近年来，随着计算机视觉、深度学习等智能算法的推广和计算机算力的提升，车间人员行为的观测正逐步从“机械式”的人工观测方式向基于深度视觉的智能人员行为理解的模式转变。车间人员行为智能识别的本质在于提取人员行为特征并进行分类，深层次分析深度学习算法有助于人员行为特征的自动、多层次提取，数字孪生技术则为智能人员行为理解模式的实现提供了实现框架。

5. 供应链数字孪生系统

在供应链过程中，所有产品都会产生动态、性能、状态等相关信息，利用这些信息聚合成海量的数据，企业就可以进行建模和仿真，创建供应链的数字孪生。供应链主要包括仓储、枢纽、运输、配送等节点和各个节点的业务环节，对其进行建模，供应链中的节点就是最小的智能体单元，对智能体单元进行建模和仿真，将这些智能体单元通过接口串联起来，就可以在虚拟空间将整个供应链的网络运转起来，这样既可为现实世界的供应链提供信息，又能从现实世界的供应链中获取信息。供应链数字孪生不仅能体现供应链的历史和当前状态的实时信息，还能体现未来的规划和决策。

供应链涉及供应商、制造商、经销商和零售商之间的物流活动，如图6-1所示，目的是确保产品和服务能够按时提供给消费者。通过供应链数字孪生系统，监控和管理整个供应链的运作。通过实时数据的监测和分析，可以及时发现和解决供应链中的问题，提高整体运营效率和灵活性。例如，当某个环节出现问题时，供应链数字孪生系统可以快速定位问题所在，并提供相应的解决方案，从而减少供应链中断的时间和风险。

供应链数字孪生系统在运输和仓储管理中也发挥着重要作用。智能制造行业需要管理大量的运输和仓储活动，包括货物的装卸、运输路线的规划和优化、仓库空间的利用等，如图6-2所示。通过供应链数字孪生系统，可虚拟模拟不同运输和仓储方案的效果，从而优化物流运作。例如，可以模拟不同运输路线的成本和效益，选择最优的路线来降低运输成本。仓储空间的利用也可以通过供应链数字孪生系统进行优化，以确保货物的高效存储和管理。

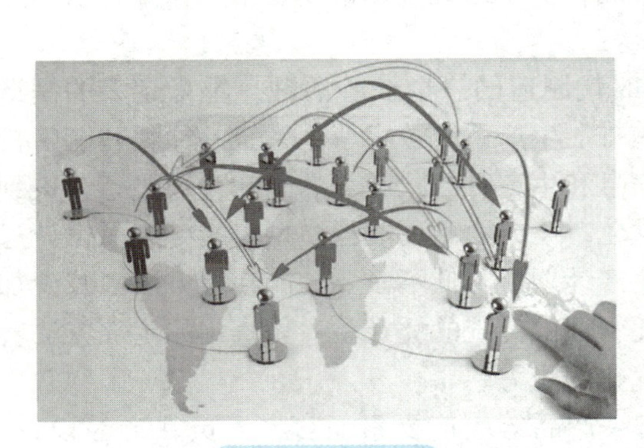

图6-1　供应链

图6-2　运输管理

6.2　智能制造与智能工厂

在智能制造浪潮下，数字孪生成了关键和基础性技术之一。数字孪生作为连接物理世界和信息世界虚实交互的闭环优化技术，已成为推动制造业数字化转型，促进数字经济发展的重要抓手，数字孪生以数据和模型为驱动，打通业务和管理层面的数据流，可实时、连接、映射、分析、反馈物理世界的行为，使工业全要素、全产业链、全价值链达到最大限度的闭环优化，助力企业提升资源优化配置，有助于加快制造工艺数字化、生产系统模型化、服务能力生态化。

6.2.1　智能制造系统

智能制造的实施其实是一个系统，涉及智能产品、智能生产、智能服务三个方面。智能生产的主要载体就是智能制造系统，如智能生产线、智能车间、智能工厂。由于用户的需求越来越个性化，对质量的要求越来越高，产品的复杂度也变得越来越高，智能制造不是一个单独运行的孤立系统，其与上下游企业及用户形成了一个智能生态。

1. 德国“工业4.0”

在德国“工业4.0”战略中，智能制造涉及三个集成，即横向集成、纵向集成和端到端的集成，这是智能制造系统结构与其他系统之间的关系。2015年3月，德国正式提出了工业4.0的参考架构模型（reference architecture model industrie 4.0，RAMI4.0），这是一个从产品生命周期 & 价值链、层次结构和功能级三个维度，分别对工业4.0进行多角度描述的框架模型，如图6-3所示。它代表了德国对工业4.0所进行的全局式思考。有了这个模型，各个企业尤其是中小企业，就可以在整个体系中寻找到自己的位置。

现在，RAMI4.0已作为公共可用规范IEC/PAS 63088发布。RAMI 4.0以一个三维模型展示了工业4.0涉及的所有关键要素，借此模型可识别现有标准在工业4.0中的作用以及缺口和不足。为方便起见，本文使用 *X*、*Y*、*Z* 来区分三个轴向。*X* 轴和 *Y* 轴都是基于已有标准，但为适应工业4.0需求而进行扩展。*X* 轴为生命周期 & 价值链维度，在 IEC 62890《工业过程测量控制和自动化系统和产品生命周期管理》的基础上，根据资产在增值链中的使用方式，将产品生命周期进一步划分为样机和产品两个阶段。样机阶段与产品阶段都包括资产的使用、维护、优化，并且相互间有反馈形成闭环。*Y* 轴为企业的层次结构维度，在 IEC 62264《企业控制系统集成》的基础上进行扩展。由于工业4.0不仅关注生产产品的工厂、车间和机器，还关注产品本身以及工厂外部的跨企业协同（包括质量链、价值链等的协同）制造关系，因此在底层增加了"产品"层，在工厂顶层增加了"互联世界"层。RAMI4.0模型的最大创新在于 *Z* 轴即功能级维度，可将其理解为一种信息建模方法，用于对另外两个维度建模——即对生命周期维度进行价值链建模，对层次结构维度进行技术对象建模。RAMI4.0模型在此维度定义了工业4.0组件来作为建模的载体。工业4.0组件由资产和管理壳组成。资产为各种人、机、料、法、环等技术对象，工业4.0组件使用对象来数字化表示资产，在生产部分都要有虚拟和实物制造两个过程，体现了数字孪生的特征。多个小资产可通过数字连接组合成"大"资产。将管理壳附加到资产上，一方面可作为对外展示信息及提供访问的接口，另一方面可对内进行资源管理。

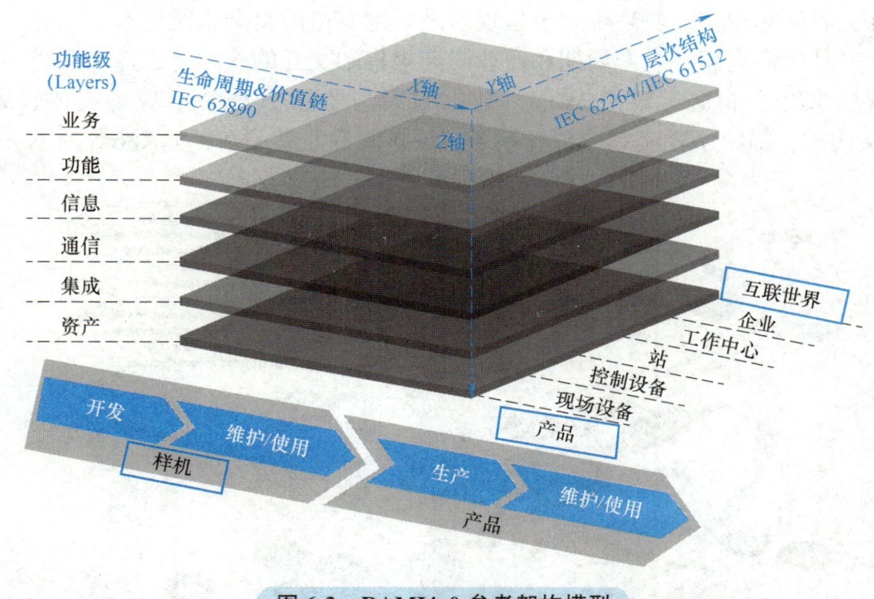

图6-3　RAMI4.0参考架构模型

2. 工业价值链参考架构（IVRA）

日本工业价值链促进会（IVI）于2015年12月发布了工业价值链参考架构（IVRA），旨在自下而上地从制造业需求出发，将制造技术和信息技术"串接"起来。面向工业需求多样性和个性化的复杂系统，IVRA首先定义了智能制造单元（SMU）来表示智能制造的一个自主单元。SMU也由三个维度组成，分别对应资产、活动和管理三个视角，如图6-4所示。不同SMU之间可互联互通，并实现物、信息、数据、价值等传递，最终实现生产力和效率的极大提高。

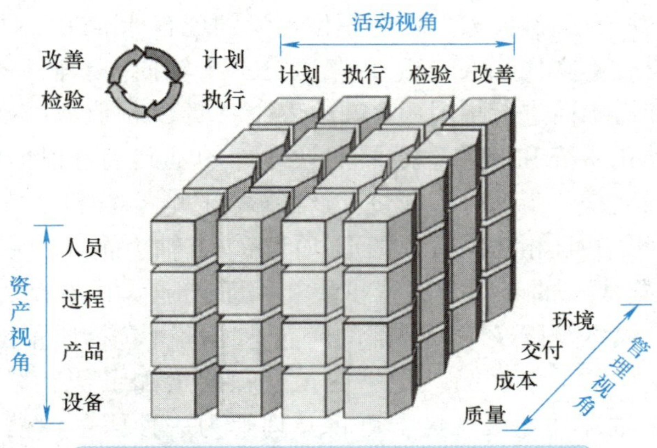

图 6-4　日本工业价值链参考架构（IVRA）

3. NIST 的制造系统

美国标准与技术研究院（NIST）2016 年 2 月发布《智慧制造系统标准》，提出智慧制造生态系统架构，在其定义中分为三个主轴：Business（商业）、Product（产品）、Production（生产），在这三个主轴之间进行更紧密的串联互动，形成更快的产品创新周期、更高效的商业链，并让生产系统产生更大的灵活性。这个架构将企业经营整体维度纳入考虑范畴，以多维度相互关联解释现实商业环境，也呈现未来智慧制造的复杂系统姿态。

其中，产品生命周期、生产周期和商业周期聚集和交互的核心为制造金字塔。金字塔包括企业经营层 ERP、制造运筹层 MOM、数据采集与监控层 CPPS、现场实体设备层 Field Devic共四层构成，描绘了现实制造现场系统与设备间的互动关系，如图 6-5 所示。

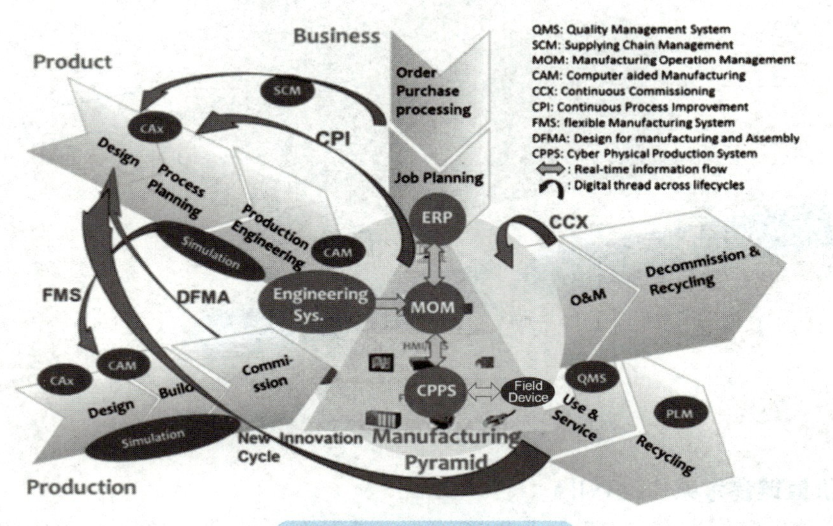

图 6-5　NIST 的制造系统

4. 我国的智能制造系统结构

素养园地

以我国智能制造的《国家智能制造标准体系建设指南（2018 年版）》为切入点，讲解我国智能制造系统架构、特征及发展趋势。

智能制造是基于先进制造技术与新一代信息技术深度融合，贯穿于设计、生产、管理、服务等产品全生命周期，具有自感知、自决策、自执行、自适应、自学习等特征，旨在提高制造业质量、效率、效益和柔性的先进生产方式。我国《国家智能制造标准体系建设指南（2018 年版）》对智能制造系统架构通过生命周期、系统层级和智能特征三个维度构建完成，主要解决智能制造标准体系结构和框架的建模研究，如图 6-6 所示。

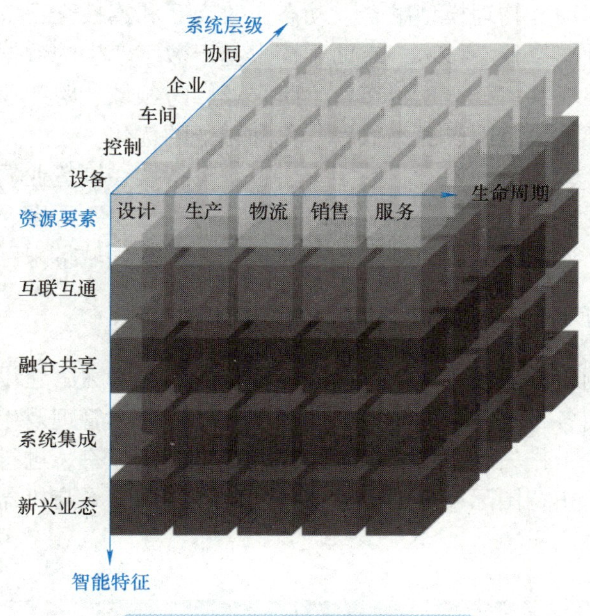

图 6-6 我国智能制造系统架构

生命周期是由设计、生产、物流、销售、服务等一系列相互联系的价值创造活动组成的链式集合。生命周期的各项活动可进行迭代优化，具有可持续发展等特点，不同行业的生命周期构成和时间顺序不尽相同。

系统层级包括设备层、控制层、车间层、企业层和协同层共五层。设备层是企业利用传感器、仪器仪表、机器、装置等，实现实际物理流程并感知和操控物理流程的层级；控制层是用于企业内处理信息、实现监测和控制物理流程的层级；车间层是实现面向工厂或车间生产管理的层级；企业层是实现面向企业经营管理的层级；协同层是企业实现其内部和外部信息互联和共享，实现跨企业间业务协同的层级。

智能特征是制造活动具有的自感知、自决策、自执行、自学习、自适应之类功能的表征，包括资源要素、互联互通、融合共享、系统集成和新兴业态五层智能化要求。

智能制造的系统层级体现了装备的智能化和互联网协议（IP）化，以及网络的扁平化趋势。

5. 我国智能制造的发展趋势

制造业数字孪生的应用发展前景广阔。随着物联网、大数据、云计算、人工智能等新型 ICT 技术席卷全球，数字孪生得到了越来越广泛的应用，被应用于航空航天、电力、船舶、离散制造、能源等领域，应用场景如研发设计、生产制造、营销服务、运营管理、规划决策等环节。在智能制造领域，数字孪生被认为是一种实现制造信息世界与物理世界交互融合的有效手段，数字孪生技术的使用将大幅推动产品设计、生产、维护及维修等环节的变革。基于模型、数据、服务方面的优势，数字孪生正成为制造业数字化转型的核心驱动力。

制造业数字孪生基础和关键技术待提升。数字孪生作为综合性集成融合技术，涉及跨学科知识的综合应用，其核心是模型和数据。特别是在制造业领域，各行业间原料、工艺、机理、流程等差异较大，模型通用性较差，面临多源异构数据采集协调集成难、多领域多学科角度模型建设融合难和应用软件跨平台集成难等问题。基于高效数据采集和传输、多领域多尺度融合建模、数据驱动与物理模型融合、动态实时交互和连接交互、数字孪生人机交互技术呈现等数字孪生基础支撑核心技术，有助于探索基于数字孪生的数据和模型驱动型工艺系统变革新路径，促进集成共享，实现数字孪生跨企业、跨领域、跨产业的广泛互联互通，实现生产资源和服务资源更大范围、更高效率、更加精准的优化。

随着企业数字化转型需求的提升，数字孪生技术将持续在制造业领域发挥作用，在制造行业各领域形成更深层次的应用场景，通过跨设备、跨系统、跨厂区、跨地区的全面互联互通，实现全要素、全产业链、全价值链的全面连接，为制造领域带来巨大变革。

6.2.2 智能工厂

智能工厂是智能制造的载体。为了提高智能制造业的竞争力，建设智能工厂是重要的着力点。智能工厂是利用各种现代化的技术，实现工厂的办公、管理及生产自动化，达到加强及规范企业管理、减少工作失误、堵塞各种漏洞、提高工作效率、进行安全生产、提供决策参考、加强外界联系、拓宽国际市场的目的。智能工厂实现了人与机器的相互协调合作，其本质是人机交互。

素养园地

以我国智能制造标准体系为切入点，讲解我国智能工厂建设的标准体系和智能工厂建设标准。

1. 智能工厂制造标准

在《中国制造 2025》中，明确提出加快推动新一代信息技术与制造技术融合发展，把智能制造作为深度融合的主攻方向，在重点领域建设智能工厂与数字车间。智能工厂是我国传统智能制造企业实施创新驱动、价值创造战略的自身要求。智能工厂的建设是行业信息化实现创新发展的关键，代表了信息化发展的未来方向，既可以提升智能化水平、培养人才、锻炼队伍，也可以带动企业制造信息化的转型。

智能工厂的建设可以依据《国家智能制造标准体系建设指南》。该指南明确了国家智能制造标准体系建设的三方面内容，如图 6-7 所示，分别为基础共性、关键技术和行业应用。其中基础共性主要包括通用、安全、可靠性、检测、评价、人员能力六个部分。关键技术主要指智能装备、智能工厂、智慧供应链、智能服务、智能赋能技术和工业网络六个部分。行业应用主要包括船舶与海洋工程装备、建材、石化、纺织、钢铁、轨道交通、航空航天、汽车、有色金属、电子信息、电力装备及其他共 12 个部分。

2. 智能工厂建设标准

智能工厂建设标准主要包括智能工厂设计、智能工厂交付、智能设计、智能生产、智能管理、工厂智能物流、集成优化七个部分，如图 6-8 所示，主要规定智能工厂设计和交付等过程，以及工厂内设计、生产、管理、物流及系统集成等内容。

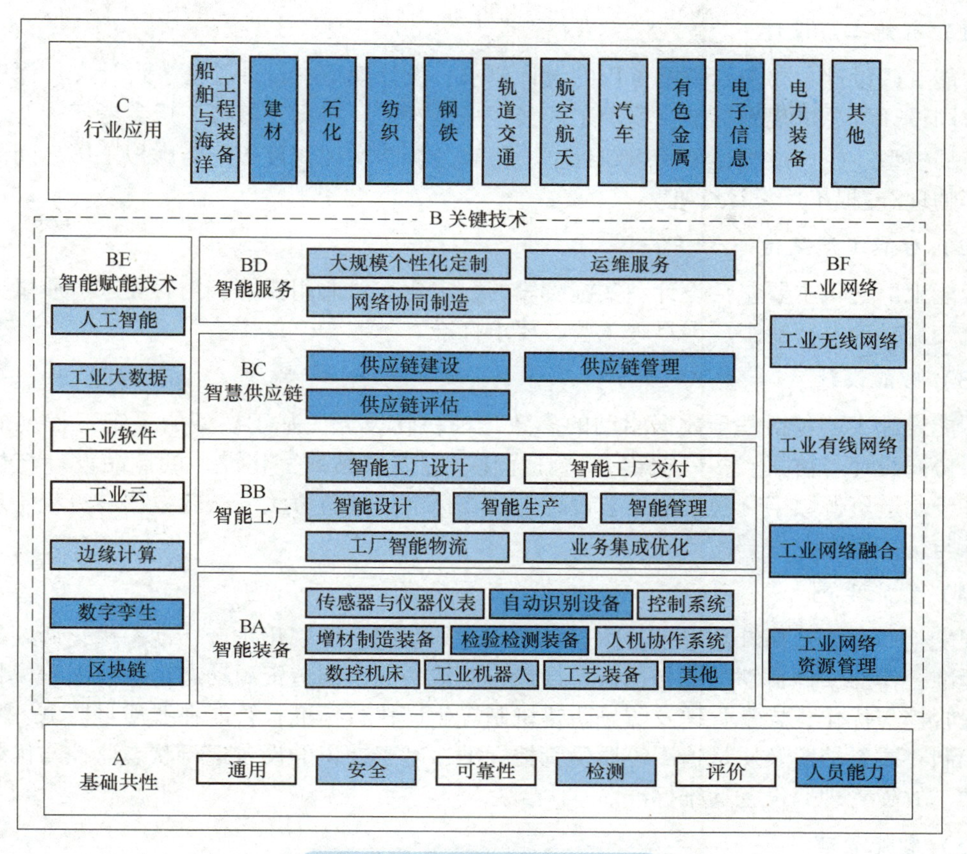

图 6-7　智能制造标准体系建设

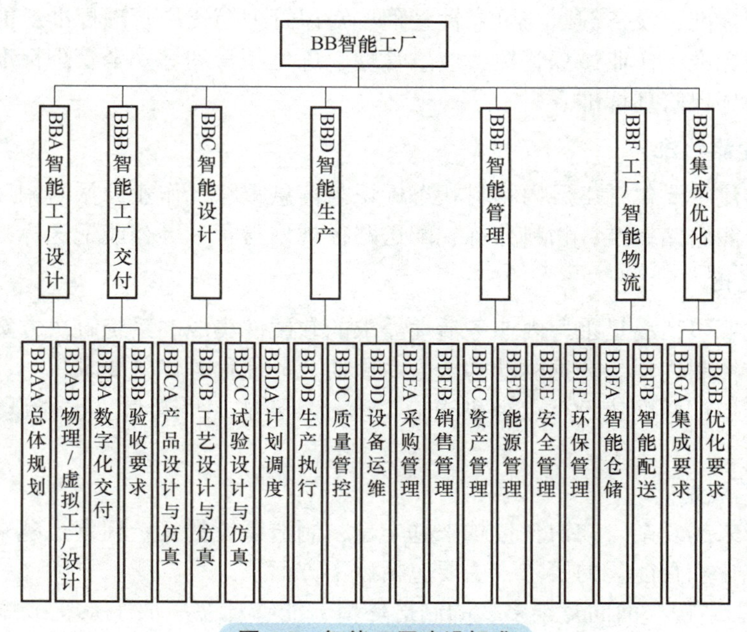

图 6-8　智能工厂建设标准

(1) 智能工厂设计

智能工厂设计主要包括智能工厂的设计要求、设计模型、设计验证、设计文件深度要求以及协同设计等总体规划标准；物理工厂数据采集、工厂布局、虚拟工厂参考架构、工艺流程及布局模型、生产过程模型和组织模型、仿真分析，实现物理工厂与虚拟工厂之间的信息交互等物理/虚拟工厂设计标准。

(2) 智能工厂交付

智能工厂交付主要包括设计、实施阶段的数字化交付通用要求、内容要求、质量要求等数字化交付标准及智能工厂项目竣工验收要求标准。

(3) 智能设计

智能设计主要包括基于数据驱动的参数化模块化设计、基于模型的系统工程（MBSE）设计、协同设计与仿真、多专业耦合仿真优化、配方产品数字化设计的产品设计与仿真标准；基于制造资源数字化模型的工艺设计与仿真标准；试验方法、试验数据与流程管理等试验设计与仿真标准。

(4) 智能生产

智能生产主要包括计划建模与仿真、多级计划协同、可视化排产、动态优化调度等计划调度标准；作业文件自动下发与执行、设计与制造协同、制造资源动态组织、流程模拟、生产过程管控与优化、异常管理及防呆防错机制等生产执行标准；智能在线质量监测、预警和优化控制、质量档案及质量追溯等质量管控标准；基于知识的设备运行状态监控与优化、维修维护、故障管理等设备运维标准。

(5) 智能管理

智能管理主要包括原材料、辅料等质量检验分析等采购管理标准；销售预测、用户服务管理等销售管理标准；设备健康与可靠性管理、知识管理等资产管理标准；能流管理、能效评估等能源管理标准；作业过程管控、应急管理、危化品管理等安全管理标准；环保实时监测、预测预警等环保管理标准。

(6) 工厂智能物流

工厂智能物流主要包括工厂内物料状态标识与信息跟踪、作业分派与调度优化、仓储系统功能要求等智能仓储标准；物料分拣、配送路径规划与管理等智能配送标准。

(7) 集成优化

集成优化主要包括满足工厂内业务活动需求的软硬件集成、系统解决方案集成服务等集成要求；操作与控制优化、数据驱动的全生命周期业务优化等优化要求。

其中，智能工厂标准建设重点为智能工厂设计、智能工厂交付、智能设计、智能生产、集成优化。

3. 智能工厂规划

随着产品越来越复杂、知识含量越来越丰富，制造系统的复杂程度也越来越高，智能工厂需要满足集成化和智能化的要求，主要包括以下方面。

1）开发动态结构。面向复杂多变的制造环境，能够动态集成子系统或删除已存在的子系统。

2）敏捷性。表现在能适应快速变化的市场制造能力，产品快速变化、要求系统易重构，并能快速进行生产，将产品投入市场。

3）柔性。表现在能适应市场动态变化的生产逐渐替换批量生产。一个制造系统的生产和竞争能力主要通过是否能在足够短的开发周期内适应市场各个方面的最新需求，生产出成本较低、质量较高的不同品种的产品。

4）跨组织的集成。为了适应全球竞争和快速响应市场，独立的企业或者部门需要通过网络与相关管理系统，如采购、设计、生产、车间、规划等合作伙伴集成，完成网络集成、信息集成、应用集成、过程集成，最终实现知识集成的高度目标。

5）异构环境。离散化的制造模型必然使计算机软硬件信息系统形成异构的数据环境。

6）协同工作能力。异构信息环境使用不同的编程语言，以不同的逻辑表达数据，运行在不同的计算机平台，这就必然要求系统具备内部协同工作的能力。

7）人机交互能力。系统要吸取人的经验，集成人的智慧，必然要求很好的人机交互能力。

8）系统容错性。在保证产品开发速度的同时，要保证产品的质量，产品或系统的缺陷可能导致工期的延迟，因此要求系统具有检查错误并修订错误的能力。

智能工厂的上述八个特点，使得目前智能工厂的生产设备和制造系统日趋复杂，供应商和用户在规划和设计系统的前期、组装和调试新设备并投入使用的生产过程中面临更多、更复杂的问题。如果采用传统的手工处理方式，设计人员不能对新的制造技术和制造系统有正确的了解，可能直接导致产品设计上的错误，需要在以后花更多的代价去更正；生产过程中的经验也不能很好地反馈到设计阶段，设计和制造两个关键环节就会脱节。如何避免这个问题呢？迫切需要提高企业的生产规划能力和制造系统的设计能力。

对于传统工厂规划的局限性，需要将其升级改造为智能工厂，其中数字化工厂技术的引入能更好地解决这些问题。集现代制造技术、自动化技术、计算机信息技术、现代管理技术和系统工程技术于一体的数字化工厂布局规划系统，运用先进的规划软件，可模拟现在制造企业进行生产运作管理、车间制造自动化、质量监控、现在物流控制等活动，能充分体现数字化工厂规划的综合性、工程性、集成性、系统性和可扩展性的特征。

数字化工厂在工厂层面的应用主要是工厂和车间布局以及初步的生产规划仿真。布局是按照一定的原则在设备和车间内部空间面积的约束下，对车间内各组成单元的工作地进行生产设备的合理布置，使它们之间的生产配合关系最优，设备的利用率更高，物料运送代价最小，并且能够保证生产的长期运转。数字化工厂的车间布局功能为新厂房的建立以及厂房的调整与改善提供预分析和规划工具，同时也为生产线的仿真和规划以及数字化装配做好了铺垫。因此，进行车间布局是应用数字化工厂技术的第一步，有着重要的作用。

数字化工厂技术采用面向对象技术建立制造环境中的基本资源类型库，并针对其中的对象建立相应的模型库，包括生产环境、机床、运输设备、仓库以及缓冲区等生产工位的合理位置的三维可视化仿真模型，规划人员和操作者通过对空间布局进行调整，对生产的动态过程进行模拟，统计相应的评价参数，确定布局的优化方案。

数字化工厂中的物流分析仿真软件是对制造企业物流进行规划分析、辅助设计和评价的最简单、最经济和有效的方法。数字化工厂的物流分析仿真软件可以在工厂规划的初期把拟建设的工程与产品物流相关的原料资源、产品生产加工、产品工艺数据、库存信息、运输等活动有机地结合起来，逼真地在计算机上模拟出制造系统的生产过程和变化的动态，运用系统分析方法对生产物流系统进行模拟仿真数据分析，并可对物流规划设计的结果进行系统的调整和系统能力的评价，从而使工厂的物流设计和运行更加可靠、有效，这样可以降低产品开发的投入，缩短开发周期。这是目前解决现在生产制造业汇总物流成本高的有效方法。

随着数字化的生产，生产系统的数字化设计和仿真变得越来越重要，合理的系统方案不仅可以降低系统运行和维护的成本，还可以提高设备的生产率和系统的生产率，有提高系统快速重组和企业快速响应能力的特征。

4. 智能工厂的数字模型

智能工厂的全生命周期都可以应用数字孪生技术，包括工厂设计、工厂建设、辅助设计仿真、柔性生产规划、生产过程监控、产品运维服务、培训等，如图 6-9 所示。

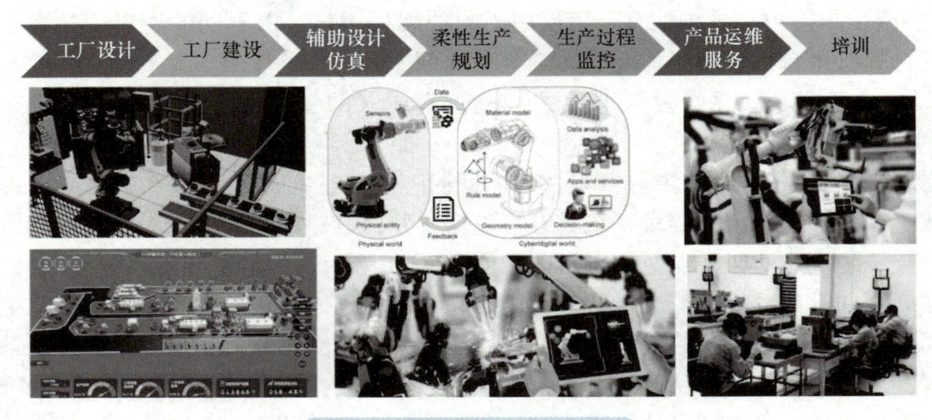

图 6-9　智能工厂全生命周期

工厂数字模型是整改工厂从规划、设计，到施工、运营和维护的全生命周期相关数字化文档的综合。它包括工厂的三维几何模型、各种设计文档、施工文档和维护信息。它的核心技术就是 BIM 技术。

工程师在计算机上建立数字化工厂模型，对模型进行评估、修改和完善，同时也对工厂内部进行优化设计，协调各部分可能存在的冲突，避免因为设计不合理带来的损失。同时，工厂模型使得与车间设备、工艺和物流有关的数据、信息能与工厂厂房实现最佳结合，所有的模型数据和工程文档的数据要完整地保持在统一的数据库中进行集中管理，便于不同部门、不同专业共享信息。

以汽车制造工厂为例，工厂 DMU（数字化电子样车）的构成主要包括两大部分，分别为三维几何模型和工厂相关文档，如图 6-10 所示。

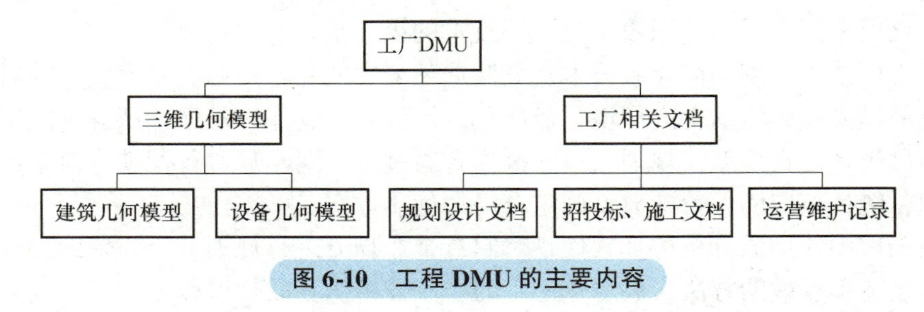

图 6-10　工程 DMU 的主要内容

（1）三维几何模型

三维几何模型主要包括建设设计阶段要完成的建筑几何模型、工厂布局规划阶段要完成的设备几何模型，包含了厂房和厂房内所有的设备模型。

（2）工厂相关文档

工厂相关文档是工程规划设计中产生的设计文档，如招投标文件、施工单位签订的合同文件、施工过程相关的施工文档、厂房运营过程中的维护记录等。

6.3　数字孪生赋能智能制造的核心价值

数字孪生技术在制造业中有广泛的应用，并且承载着重要的价值。它为制造企业提供了实时监测和分析设备、生产过程以及产品运行情况的能力，从而提供了决策支持和深入的洞察力。

以数字孪生技术在制造业中的广泛应用，讲解数字孪生提高生产管控、降本增效、高度协同生产制造价值链和数字化赋能转型升级等核心价值。

1. 实现生产流程可视化，提高生产管控

围绕制造业数字化转型，数字孪生技术应用帮助生产制造企业优化产品生产制造流程，通过满足制造企业的生产需求，制定全方位数字孪生服务，形成生产流程可视化、生产工艺可预测优化、远程监控与故障诊断在生产管控中的高度集成，提升了企业生产质量，提高了对生产制造的管控水平。

智能工厂是以数字化技术为基础的工厂管理模式，其核心是数字化生产流程、智能化设备和实时数据监测。可视化技术可以将工厂内的物理设备和生产流程等信息呈现为逼真的三维图像，更好地支持工厂的管理和决策。

智能工厂可视化技术主要能够实现以下几个方面的应用。

（1）实时监测设备状态

可视化技术可以在数字孪生模型中实现对设备的实时状态监测。一旦发现设备出现故障或异常，管理者可以在虚拟场景中检查原因并进行维修操作。这可以有效降低生产停留时间和管理成本，并提高生产率和用户满意度。

（2）虚拟仿真

在三维可视化数字孪生模型中，工厂管理者可以对生产流程和工艺进行虚拟仿真和实验，使生产流程更加优化和高效，从而降低生产成本，并有效缩短产品开发时间。

（3）生产过程可视化

可视化技术可以将生产过程可视化，并实施实时监测。这样可以更好地组织和调配生产过程，及时发现生产过程中的瓶颈，提高工厂的生产率和产品质量。

可视化技术在智能工厂数字化管理中有着广泛的应用前景，并将逐渐成为数字智慧工厂的核心技术之一。它能够支持企业实现数字孪生技术，通过数字孪生技术使工厂管理更好地在数字模型中模拟潜在问题，同时还有助于提高生产质量和生产率，提升企业竞争力，强化智慧生产的控制力。

2. 建设企业数字业务化，降本增效

利用数字孪生技术，通过深化改革、技术改造和现代管理，实现企业数字业务化，以数据流带动技术流、资金流、人才流、物资流，实现降本增效。在设备方面，数字孪生技术可帮助企业提升设备管理运行效率、降低产品生产设备故障率和设备维护成本等，以降低企业运营成本。

企业数字化可以从人力资源环节实现企业全价值链的降本增效。无论是高科技企业还是传统型企业，人才的成长速度决定企业的发展速度。通过数字化转型，可以“战略目标管理、人才目标管理、营运过程管理”这三个方面助力公司发展，实现降本增效。

数字化转型为企业建立科学的组织架构，搭建多维度职务体系，以流程驱动的员工全生命周期管理，落地人力战略规划，从而实现组织能效提升。

通过数字化系统帮助企业建立一种简单、科学的目标管理方法，以企业战略目标为中心，帮助员工统一思想，建设企业文化，促进部门协同，激励员工思考，实时高效地跟进与沟通，保持公司上下步调一致，从过程到结果全流程跟踪，真正实现战略目标的落地。

数字化转型为企业沉淀数据资产。通过各类型的数据分析，可为市场营销提供准确的方向，减少决策失误，降低试错成本，为员工提供工作路线，使其高效地工作，真正实现降本增效的目的。

数字化转型实现数据驱动决策。通过数字化管理，整合企业内外部数据，企业可以更深入洞察自身的经营、管理情况，一方面可以促进流程优化，另一方面可以驱动智能化决策。通过数字化转型，完成企业由个人经验到智能决策的转变，提升决策的质量和效率。

3. 打造高度协同生产制造价值链，释放价值

数字孪生技术促进上下游企业间数据集成和端到端汇聚，打造高度协同的上下游企业间生产制造链条，优化资源配置，提高企业效率，协同研发制造，推动企业释放更大的价值。

4. 构筑数字孪生运营模式，赋能转型升级

数字孪生深入设计、生产、物流、服务等活动环节，贯穿产品的全生命周期，渗透到设备、车间、企业、产业链各个层级，创造以产业升级、业务创新、全数字化个性化定制为导向的新运营模式，摆脱旧商业模式束缚，触发新型生产模式和商业模式的演进，助力企业升级改造，为传统制造转型升级赋能。

6.4 智能制造数字孪生的关键技术

智能制造有其自身的关键技术，分别为多源异构数据集成技术、多模型构建及互操作技术、多动态高实时交互技术等，接下来对这几种关键技术进行介绍。

6.4.1 多源异构数据集成技术

在信息化建设过程中，由于各业务系统建设和实施数据管理系统的阶段性、技术性，以及其他经济和人为因素等的影响，导致企业在发展过程中积累了大量采用不同方式存储的业务数据，包括采用的数据管理系统也大不相同，从简单的文件数据库到复杂的网络数据库，它们构成了多源异构数据。当企业为完成一项工作，可能需要访问分布在网络不同位置上的多个数据管理系统中的数据时，会对企业的未来规划造成困扰。

在工业实际应用中，工业软件、高端物联设备不具备国产自主可控性，接入的高端设备

的读写不开放，各套信息化系统差异大，因此形成了设备的信息孤岛，数据流通不畅。依托统一的数据标准，采集人员、设备、物料、方法、环境（简称人、机、料、法、环）等要素的数据，并对数据进行归集与标签化，在信息空间中建立数字工厂的镜像，融合了企业的人、机、料、法、环等全域数据。

多源异构数据集成是指将来自不同数据源、不同数据格式、不同数据结构的数据进行整合、清洗、转换、映射等操作，以满足特定的应用需求。这种数据集成面临着数据质量、数据安全、数据一致性、数据冲突等挑战，需要采用多种技术手段来解决，包括数据抽取、数据清洗、数据转换、数据映射、数据匹配、数据融合、数据存储等方面的技术。在实际应用中，还需要考虑数据集成的效率、可扩展性、可维护性等问题。为了解决这些挑战，研究者们提出了许多解决方案，如基于元数据的数据集成、基于本体的数据集成、基于服务的数据集成等。这些方案都有各自的优缺点，需要根据具体场景选择合适的方案。

6.4.2　多模型构建及互操作技术

数字孪生模型具有多要素、多维度、多领域、多尺度模型的特点，以生动、形象的方式展示数字孪生对象“几何-物理-行为-规则”模型的结构属性，实现数字孪生对象模型的构建与刻画。在工业领域中，对数字孪生物理对象和数字空间进行模型构建后，模型间要进行交互转换，实现模型间双向映射、动态交互和实时连接。

1. 多模型构建

多模型构建主要是指建筑模型、组装模型、模型融合、模型验证、模型校正、模型管理的过程。

1）建筑模型。多领域模型通过分别构建物理对象涉及的各领域模型，从而全面地刻画物理对象的热学、力学等各领域特征。通过多维度模型构建和多领域模型构建，可实现对数字孪生模型的精准构建。

2）组装模型。当模型构建对象相对复杂时，需解决如何从简单模型实现复杂模型的难题。数字孪生模型组装是从空间维度上实现数字孪生模型从单元级模型到系统级模型再到复杂系统级模型的过程。模型组装首先要构建模型的层级关系并明确模型的组装顺序，以避免出现难以组装的情况；其次，在组装过程中需要添加合适的空间约束条件，不同层级的模型需关注和添加的空间约束关系存在一定的差异，例如，从零件到部件到设备的模型组装过程，需构建与添加零部件之间的角度约束、接触约束、偏移约束等约束关系，从设备到产线到车间的模型组装过程，则需要构建与添加设备之间的空间布局关系以及生产线之间的空间约束关系；最后，基于构建的约束关系与模型组装顺序实现模型的组装。

3）模型融合。模型融合是针对一些系统级或复杂系统级孪生模型构建，空间维度的模型组装不能满足物理对象的刻画需求时，还需进一步进行模型的融合，即实现不同学科、不同领域模型之间的融合。为实现模型间的融合，需构建模型之间的耦合关系以及明确不同领域模型之间单向或双向的耦合方式。针对不同对象，其模型融合关注的领域也存在一定的差异。以车间的数控机床为例，数控机床涉及液压系统、电气系统、机械系统等多个子系统，不同系统之间存在着耦合关系，因此要实现数控机床数字孪生模型的构建，要将机-电-液多领域模型进行融合。

4）模型验证。在模型构建、组装或融合后，需对模型进行验证以确保模型的正确性和有效性。模型验证是针对不同需求，检验模型的输出与物理对象的输出是否一致。为保证所构建模型的精准性，单元级模型在构建后首先被验证，以保证基本单元模型的有效性。此外，由于在模型组装或融合过程中可能引入新的误差，导致组装或融合后的模型不够精准，因此为保证数字孪生组装与融合后的模型对物理对象的准确刻画能力，需在保证基本单元模型为高保真的基础上，对组装或融合后的模型进行进一步的模型验证。若模型验证结果满足需求，则可将模型进一步应用。若模型验证结果不能满足需求，则需进行模型校正。模型验证与校正是一个迭代的过程，即校正后的模型需重新进行验证，直至满足使用或应用需求。

5）模型校正。模型校正是指模型验证中验证结果与物理对象存在一定偏差，不能满足需求时，需对模型参数进行校正，使模型更加逼近物理对象的实际状态或特征。模型校正首先要选择模型校正参数，合理的校正参数是有效提高校正效率的重要因素之一；其次，对所选择的参数进行校正，在校正参数后，需合理构建目标函数，目标函数即校正后的模型输出结果与物理结果尽可能地接近，基于目标函数选择合适的方法，以实现模型参数的迭代校正。通过模型校正可保证模型的精确度，并能够更好地适应不同应用需求、条件和场景。

6）模型管理。模型管理是指在实现了模型组装融合以及验证与校正的基础上，通过合理分类存储与管理数字孪生模型及相关信息，为用户提供便捷服务。为给用户提供快捷查找、构建、使用数字孪生模型的服务，模型管理需具备多维模型/多领域模型管理、模型知识库管理、多维可视化展示、运行操作等功能，支持模型预览、过滤、搜索等操作；为支持用户快速地将模型应用于不同场景，需对模型在验证以及校正过程中产生的数据进行管理，具体包括验证对象、验证特征、验证结果等验证信息以及校正对象、校正参数、校正结果等校正信息，这些信息将有助于模型应用于不同场景以及指导后续相关模型的构建。

2. 互操作技术

互操作技术是一种能力，是使分布的控制系统设备通过相关信息的数字交换，能够协调工作，从而达到一个共同的目标。数字孪生中的互操作是指数字孪生中的物理对象和数字空间可以双向映射、动态交互和连接，数字孪生具有将物理实体映射到各种数字模型的能力，并且具有在不同数字模型之间相互转换和融合的能力。

6.4.3 多动态高实时交互技术

在智能制造行业中，多动态高实时交互技术指以数据和模型为驱动，利用工业机理算法，驱动生产执行与精准决策，以 3D 数字化呈现的方式将生产过程中的人、机、料、法、环、测的各项数据融入虚拟空间，将物理实体和信息虚体连接为一个有机的整体，使信息与数据得以在各部分间交换传递，实现数字孪生全闭环优化，同时以友好的人机操作方式将控制指令反馈给物理对象，给予用户最直观的交互。

1. 多动态高实时

在智能制造系统中，多动态和高实时是至关重要的，主要体现在以下几个方面。

1）生产流程。动态地改变生产流程，可以在生产过程中发现问题并快速解决，生产流程可以根据实际的情况而进行调整，便于提高生产率和产品的质量。

2）实时监控。实时的监测可以释放系统出现的资源瓶颈，监测生产环境中的潜在问题，及时解决发现的问题。

3）预测和预警机制。为了预防在生产过程中可能发生的问题，智能制造系统应使用预测和预警机制。这些机制可以帮助解决智能制造系统潜在的问题，并在问题发生之前能及时地采取措施。

4）数据分析。在智能制造系统中，利用生产环境中产生的数据，能有效地赋能智能制造系统了解生产流程，对生产过程中各种资源调度进行合理的调整。

5）自主学习技术。智能制造系统可以运用先进的自主学习机制、反馈机制进行不断自我完善，从而提高生产率。

2. 人机交互技术

人机交互是随着人机交互界面进步而发展起来的，智能制造在生产过程中，通过传感器、机器人等智能设备集成，从而实现自动化、智能化的生产，这种生产方式需要借助人机交互设计来进行管理和控制。

在智能工厂中需要人机交互技术来保证整个工厂的自动化，人们通过人机交互界面来对机器设备进行操作和管理，通过可视化的界面，检测生产过程中的数据，保证生产过程的高效性和准确性。同时，通过人机交互能帮助员工更了解和掌握工艺过程，提高员工的工作效率和质量。

人机交互仿真是智能制造中比较重要的应用。通过人机交互界面来真实仿真的过程，使得操作人员能够比较直观地感受到设备运行和生产效果，从而让操作人员能更好地掌握生产知识和技能，提高生产率。同时，人机交互还可以进行培训工作，从而节约人工成本。

智能制造中人机交互可以起到交互式的监控作用。智能制造的人机交互监控可以监控生产过程中的各个环节，确保生产按计划进行，保障产品的质量和效率。同时，人机交互式监控还可以集中检测全球各地的生产设备，合理分配生产任务和资源。

6.5　应用场景

数字孪生智能制造领域主要有设备级、工厂级和产业级数字孪生服务，面向设备的数字孪生应用聚焦设备实时监控，面向工厂的数字孪生聚焦于全过程生产管控，面向产业的数字孪生聚焦于产品全生命周期追溯。这里列举数字孪生在智能制造中的几个典型场景。

6.5.1　设备的实时监控和故障诊断

在智能制造行业中，设备状态监测与故障诊断技术是一种通过使用传感器、数据分析和算法等手段对设备的运行状态进行实时监测、故障诊断和预测的技术。它能够采集设备运行过程中的各种参数数据，通过对这些数据的分析和比对，可识别设备的异常状态和故障原因，以提前采取维修措施，避免设备故障和停机时间的增加。

在工业生产过程中，需要对设备进行实时状态感知和实时状态监控。监控设备数据不仅包含设备生产运行信息、设备监控信息、设备维护信息以及管理信息，还可以根据监控信息对设备生产工艺过程进行可视化，且能针对故障报警进行器件定位，并提供故障及维修案例库，如图 6-11 所示。

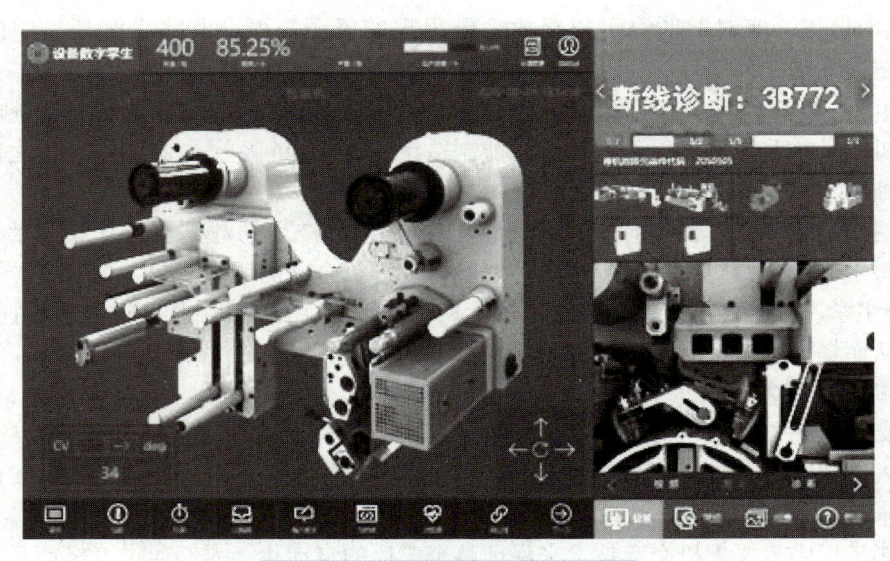

图 6-11 设备实时监控和故障诊断

6.5.2 设备工艺培训

设备工艺培训与智能制造之间存在着密切的关联，二者相辅相成，共同推动制造业向更高技术水平、更高效能和更高质量发展。具体表现在：

1. 技术知识更新与技能提升

智能制造涉及一系列先进的技术和设备，如工业机器人、自动化生产线、物联网设备、智能传感器、数据分析软件等。设备工艺培训旨在传授与这些新技术相关的专业知识和操作技能，使员工能够熟练掌握智能制造环境下所需的新型设备操作、维护、故障诊断和系统集成等技能。通过培训，员工能够理解并应用智能制造的关键技术，如数据采集与分析、预测性维护、远程监控等，从而提升企业的整体技术实力。

2. 工艺流程优化与标准化

在智能制造背景下，设备工艺培训不仅关注单个设备的操作，更强调设备与设备之间、设备与信息系统之间的集成与协同。培训内容会涵盖如何通过自动化、信息化手段优化工艺流程，实现生产过程的无缝衔接和高效流转。同时，培训还会推广智能制造所要求的标准化作业程序，确保在高度自动化的环境中，员工能够按照统一的标准进行操作，减少人为错误，提升生产一致性。

智能制造可以提供可视化的工业设备 3D 智能培训和维修知识库，以 3D 动画的形式，对员工进行生产设备原理、生产工艺等培训，缩短人才培养时间。智能制造可视化培训如图 6-12所示。

3. 质量控制与持续改进

智能制造通过实时数据采集和分析，能够实现对产品质量的精准监控和及时反馈。设备工艺培训会教授员工如何利用智能制造系统进行在线质量检测、异常预警以及基于数据的持续改进方法。

4. 安全生产与合规性

随着智能制造设备的复杂性和自动化程度提高，安全生产和合规性要求也随之提升。设备工艺培训会涵盖智能设备的安全操作规程、应急处理措施、风险评估与防控等内容，确保员工能够在遵守各项法规标准的前提下，安全、规范地操作智能制造设备，避免安全事故，保障企业稳健运营。

图6-12　智能制造可视化培训

6.5.3　设备全生命周期管理

设备全生命周期管理涵盖资产管理和设备管理的双重概念，包含了资产和设备管理的全过程，也渗透了全过程的价值变动过程，不仅要考虑设备全生命周期管理，还需综合考虑设备运营成本和经济效益。

基于工业设备运行管理、维护作业管理和设备零配件全生命周期管理，通过对设备的集中监视，汇总生产过程中的设备实时状况，形成设备运行和管理情况统计、设备运行情况统计、设备运维知识库，可为合理安排设备运行维护，充分发挥设备的利用率，满足设备操作、车间管理和厂级管理的多层需求提供依据。设备全生命周期管理如图6-13所示。

图6-13　设备全生命周期管理

6.5.4 设备远程运维

运用数字孪生技术，探索基于工业设备现场复杂环境下的预测性维护与远程运维管理，通过收集智能设备产生的原始信息，经过后台的数据积累，以及专家库、知识库的叠加复用，进行数据挖掘和智能分析，主动给企业提供精准、高效的设备管理和远程运维服务，可缩短维护响应时间，提升运维管理效率。设备远程运维数字孪生如图 6-14 所示。

图 6-14　设备远程运维数字孪生

设备远程运维服务是新一代信息技术与制造装备融合集成创新和工程应用发展到一定阶段的产物，它打破了人、物和数据的空间与物理界限，是智慧化运维在智能制造服务环节的集中体现。

管理人员可以通过运维系统主动获取设备运行状态信息，设备故障可以产生预警和告警信号，管理人员可以一目了然地看到现场设备状态以及哪些部位需要维护或者保养。企业通过系统可以掌握 80% 以上的故障信息，某些零部件需要更换也可以准确地派出专业售后人员，大大降低设备故障停机时间、提高设备使用效率、提升企业的服务效率和质量，同时也加快了设备用户的设备管理信息化进程。

6.5.5 工厂实时状态监控

在数字信息时代，工厂接入了越来越多的智能制造设备，通过自动化改造实现了企业数字化转型，这些智能设备可以实现实时的数据流，使用户可以实时监控工厂的状态、各种设备的运行状态，从而察觉可能出现的问题，并反馈到生产、管理、运维等多个场景中。

工厂实时状态监控可以通过对制造生产的设备进行实时数据采集、汇聚，建立实体车间/工厂、虚拟车间/工厂的全要素、全流程、全业务数据的集成和融合，通过车间实体与虚体的双向真实映射与实时交互，在数据模型的驱动下，实现设备监控、生产要素、生产活动计划、生产过程等虚体的同步运行，满足设备状态监控、生产和管控最优的生产运行模式，提供辅助数字孪生服务。工厂实时状态数字孪生监控主要包括生产前虚拟数字孪生服务、生产中实时数字孪生服务、生产后回溯数字孪生服务，以确保做到事前准备到位、事中管控到位、事后优化到位，如图 6-15 所示。

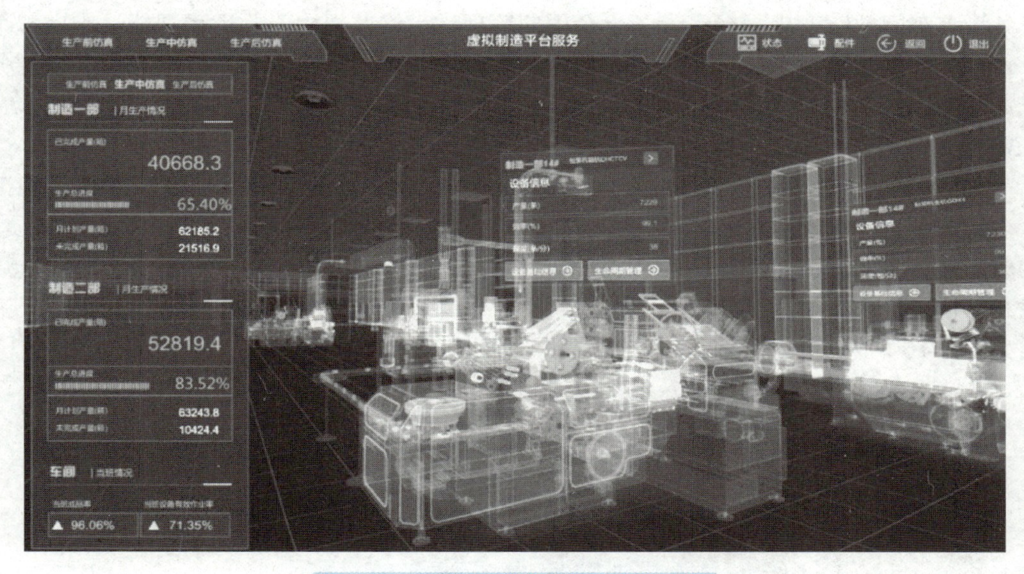

图 6-15　工厂实时状态数字孪生监控

6.6　典型案例

数字孪生赋能智能制造领域，助其数字化转型，接下来介绍医药生产制造业、新能源装备制造业、汽车制造业中的典型案例。

6.6.1　数字孪生助力医药生产制造异地协同管控

1. 应用背景

药品异地生产仅指药品生产企业集团内部为调整产品结构、增加产品产量，而在本集团内其他药品生产企业异地生产，并使用同一药品批准文号，药品委托加工是指拥有药品批准文号的企业委托其他药品生产企业进行药品代加工，药品批准文号不变。药品异地生产和委托加工必须经国家药品监督管理局审批。异地生产和委托加工的药品应是生产工艺成熟、质量稳定、疗效可靠、市场需要的，由中国药典正式标准及中国生物制品规程收载的制剂品种。

为加强医药集团总部对具体业务的管控力度和提高生产的整体灵活性，需改变原来的分布式工厂生产模式，建立异地协同统一平台并集成管控，基于工业互联网的数字孪生成为工厂实现智能生产、经营活动的有效集成、优化运行、优化控制与优化管理的桥梁和纽带作用，通过多系统信息流、异地工厂协同实现从单个设备、单个工艺、单个企业向全要素、全流程、全业务信息全集成，实时感知各个生产基地/工厂的运行状况，提升效率和质量、降低成本。

2. 案例简介

本案例根据医药制造企业生产业务情况，构建数字孪生数字化工厂及运维平台，依托统一的数据标准，采集医药制造企业人员、设备、物料、方法、环境等要素的数据，并对数据进行归集与标签化，在信息空间中建立数字工厂的镜像，实现数字孪生体与实时生产过程管控、设备运行状态管控、过程质量管控和物料管控同步。通过建立统一的数字孪生平台，使其服务涵盖车间数字孪生平台、设备生命周期管理、运维监视中心、远程智能运维虚拟培训等，来打通数据流、信息流，实现不同地区的车间工业生产数据全要素、全流程、全业务的集成式管控，提高生产过程管控优化和各业务资源优化配置。

3. 应用成效

本案例推动企业各环节信息的互联互通和数据共享，通过多系统信息流实现异地工厂信息全集成，时刻感知工厂运行状况，并进行智能化的决策和调整，以提升效率和质量、降低成本。因此，通过运用数字孪生技术，医药制造企业实现了对生产运营状况的感知、优化和产能调配，提高了生产率；通过资源优化，降低了运营成本。医药数字孪生工厂运维如图 6-16 所示。

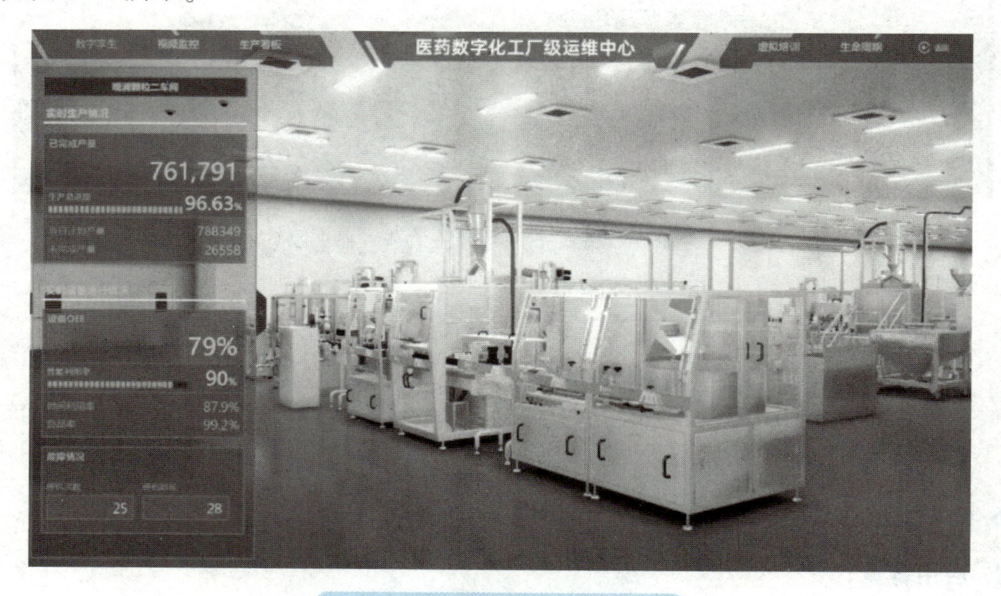

图 6-16　医药数字孪生工厂运维

6.6.2　数字孪生助力新能源装备制造智能化升级

1. 应用背景

新能源装备制造产业是指以新能源为动力的装备制造产业，包括风能、太阳能、水能、生物质能、地热能等可再生能源以及天然气、煤炭等化石能源的装备制造产业。随着全球能源需求的不断增长，新能源装备制造产业也在迅速发展。目前，我国是全球新能源装备制造产业最大的国家，在风能、太阳能等领域的装备制造处于领先地位。欧洲、美国等国家和地区也在新能源装备制造产业中占据重要地位。新能源装备制造产业的发展前景非常广阔。随着全球对气候变化和能源安全的关注度不断提高，新能源装备制造产业将会得到更多的政策支持和投资。

以锂电池制造为例，锂电池的智能制造主要应用在电动汽车、移动设备、智能设备、航空航天等领域。随着电动汽车、移动设备等市场的快速增长，锂电池智能制造成为电池制造领域的重要发展方向。随着我国新能源汽车产销双丰收，锂电池的需求不断攀升。同时，随着手机、电动汽车、电动工具、数码相机等行业的快速发展，锂电池的需求将持续增长，但其生产工艺复杂且工序繁多，同时对成本和性能要求也在不断提升。锂电池生产线的自动化、智能化程度将直接决定锂电池企业在未来的竞争力。近年来，国内一些企业在锂电池装备自动化、信息化和智能化研发上不断开拓创新。在企业数字化转型大势所趋的背景下，新能源装备行业面临着如何促进数字化转型、加强生产过程的集成式管理、提升装备生产制造智能水平的问题。

2. 案例简介

在锂电池智能制造中采用智能机器人、自动化生产线、大数据分析等技术，可以实现生产过程中的智能化管理和控制。通过智能化的生产过程，可以提高生产率，降低生产成本，提高产品质量和一致性。

在锂电池具体的智能生产线上，可以通过单机设备进行数字孪生智能化改造，通过对生产现场“人、机、料、法、环”各类数据的全面采集和深度分析，多维度、全方位管控锂电池原辅料、参数、过程、工艺、质量、批次、在线、离线、人员、状态等信息，应用数字孪生技术实现锂电池生产线电池生产全过程实时动态跟踪与回溯的双向真实映射。本案例实现了人-产品-设备-数据之间的互联互通和全方位集成与贯通，支撑企业全面建立以数据为驱动的数字孪生运营与管理模式，提速新能源锂电池装备的智能化升级。锂电池数字孪生工厂管理平台如图 6-17 所示。

3. 应用成效

目前经过案例实施，已实现了新能源锂电池生产装备的智能化升级，缩短了生产周期，缩短了数据输入时间 36%，减少了交接班记录，缩短了生产提前期，有效提高了产品质量。

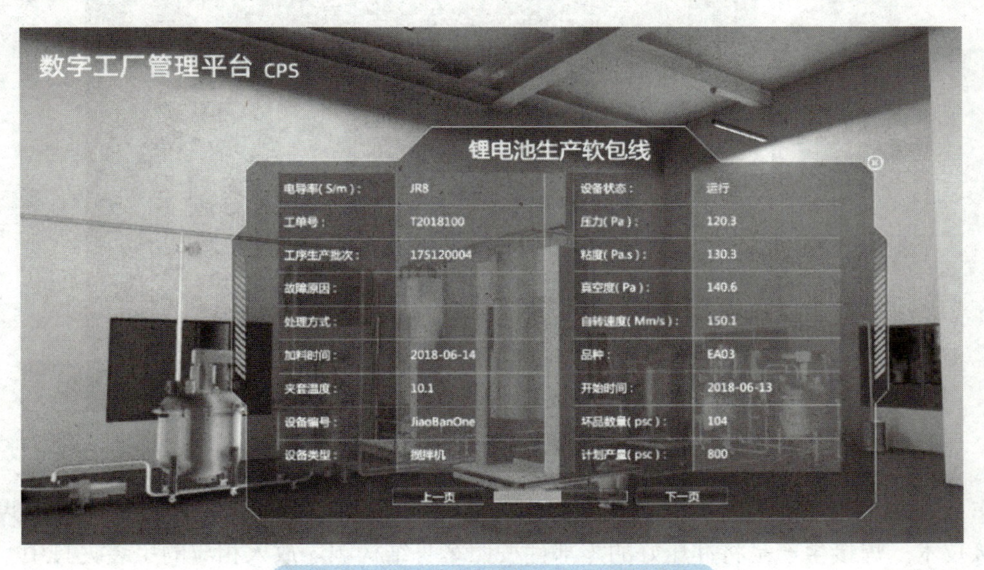

图 6-17　锂电池数字孪生工厂管理平台

6.6.3　数字孪生助力汽车制造全流程数字化管理

1. 应用背景

汽车车身包括车身本体（框架）、车身外观件、车身内饰件、车身电气附件。轿车、客车的车身一般都是整体结构，如图 6-18 所示。货车的车身一般都是由驾驶室和货箱两部分组成。

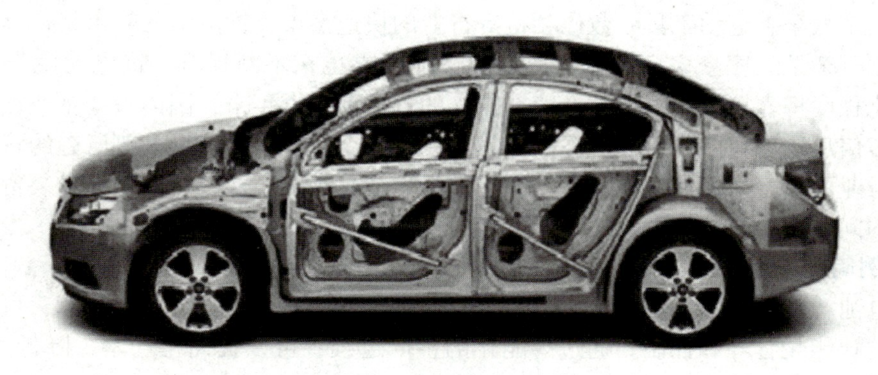

图 6-18　整车结构

汽车的车身制造的四大流程是冲压、焊接、涂装和总装。冲压是汽车制造的第一道工序，冲压生产在冲压车间，将钢板送入自动化的冲压生产线。钢板首先被开卷、校平，然后通过一系列模具进行冲裁、拉伸、弯曲、翻边等操作，将整卷钢板加工成各种形状和尺寸的车身零部件，如车门、翼子板、顶盖、地板等。此过程通常采用高速、高精度的压力机进行连续冲压。冲压车间如图 6-19 所示。

图 6-19　冲压车间

车身焊接主要采用电阻点焊、激光焊、MIG/MAG 弧焊、TIG 焊、螺柱焊、摩擦焊等多种焊接技术。焊接生产是将冲压好的零部件按照车身结构顺序放入相应的工装夹具中，通过自动化焊接机器人或固定式焊接工作站进行精确焊接。焊接过程中，通过计算机控制系统监控焊接参数，确保焊接质量和一致性。焊装车间如图 6-20 所示。

车身在焊装车间焊接完成后，进入涂装环节。涂装的作用是保护车身并起美观作用，车身在涂装车间主要是经过电泳、中漆、面漆三个处理过程。涂装车间如图 6-21 所示。

总装是指对已经焊接好的车身、发动机、变速器等零部件进行组装和调试的过程。总装的质量直接影响汽车的性能和可靠性。总装是将各个零部件装配在车身上的过程。由于所装配零部件较多，且零部件形状各异，工艺复杂，无法实现机械化、自动化，因此总装是四大工艺车间员工最多、工位最多的车间。一般来讲，总装车间按装配内容可分为内饰线、底盘线、组装线、发动机线、四门线、仪表线、电池包线、机能线、淋雨线、品质门等。各个线体承担不同的工作内容，最终将所有零部件汇总到一起，经过加注、程序刷写，组装成一辆合格的汽车。底盘线如图 6-22 所示。

图 6-20　焊装车间

图 6-21　涂装车间

在汽车制造的四大工艺中，焊接和总装的生产现场非常复杂，工艺设计与生产执行缺乏合适的同步仿真与检测手段；由于自动化程度不高，产品的质量信息采集手段往往滞后，无法有效指导质量改进。通过在焊接与总装流程引入数字孪生，以数字化、可视化的方式在虚拟空间呈现物理对象，破除瓶颈工位，及时掌握生产信息，可助力汽车智能制造，推动产业转型升级。

2. 案例简介

打通汽车制造焊接和总装车间中物料、产品、设备、产线等每一个环节的信息瓶颈，将汽车生产车间中的数据在信息空间进行全要素重建，从生产管理、品质管理、计划管理、物料管理等维度对工厂、车间、线体、设备进行信息模型驱动，构建与物理实体信息匹配的虚体生产线，能实现两者之间的交互融合映射，从而实现远程现场巡检。同时，对焊接和总装生产线所有工序的产品质量进行实时监控，针对不同的加工工序与工艺、不同类型加工质量、数据检测等，建立不同的模型数据库，通过在虚拟车间仿真计算，对产品加工质量进行分析和预测。

图 6-22　底盘线

3. 应用成效

通过数字孪生进行生产线可视化工艺仿真，能够对关键设备的健康状况进行管理，对车间能耗进行多维分析与优化，对车间动态生产进行调度，对车间生产过程进行实时监控，解决了车间生产管控和资源调配不及时的难题，提高了生产率，降低了运行成本。数字孪生汽车制造工厂建模如图 6-23 所示。

图 6-23　数字孪生汽车制造工厂建模

6.7　本章小结

本章主要围绕智能制造的数字孪生生态展开，主要包括智能制造与智能工厂、数字孪生赋能智能制造的核心价值、关键技术 、应用场景、典型案例五方面。其中，智能制造与智能工厂主要讲解了智能制造的内涵与定义、智能制造的特征、智能制造系统、数字化工厂，强调智能制造的特征和数字化工厂。数字孪生赋能智能制造的核心价值从实现生产流程可视化、提高生产管控，建设企业数字业务化、降本增效，打造高度协同生产制造价值链、释放价值，构筑数字孪生运营模式、赋能转型升级四个维度讲解了数字孪生赋予智能制造的核心价值。关键技术围绕多源异构数据集成技术、多模型构建及互操作技术、多动态高实时交互技术展开。应用场景主要讲解了数字孪生在设备的实时监控和故障诊断、设备工艺培训、设备全生命周期管理、设备远程运维、工厂实时状态监控等场景中的应用。典型案例以医药生产制造业、新能源装备制造业、汽车制造业中的典型案例展开。通过本章内容的学习，让读者进一步了解和掌握数字孪生在智能制造领域中的应用。

【本章习题】

1. 单项选择题

1）在德国“工业4.0”战略中，智能制造涉及三个集成，横向集成、纵向集成和端到端的集成，使用 X、Y、Z 来区分三个轴向，X 轴为生命周期 & 价值链维度，Y 轴为企业的层次结构维度，Z 轴表示（　　）。

A. 人、机、料、法、环等技术维度　　B. 对象模型

C. 功能级维度　　D. 全生命周期维度

2）工厂数字模型是整改工厂从规划、设计，到施工、运营和维护的全生命周期相关数字化文档的综合。它的核心技术就是（　　）技术。

A. 设计文档　　B. 三维几何模型　　C. BIM　　D. 施工文档

3）以汽车制造工厂为例的工厂数字模型，其构成主要包括两大部分，分别为（　　）和工厂相关文档。

A. 三维几何模型　　B. BIM　　C. 设计文档　　D. 施工文档

4）三维几何模型主要包括建设设计阶段要完成的（　　）、工厂布局规划阶段要完成的设备几何模型。

A. 设计模型　　B. 建筑几何模型　　C. 布局模型　　D. 规划模型

5）可视化技术可以将生产过程可视化，并实施（　　）。这样可以更好地组织和调配生产过程，及时发现生产过程中的瓶颈，提高工厂的生产率和产品质量。

A. 生产率　　B. 可视化　　C. 实时监测　　D. 检测产品质量

2. 多项选择题

1）我国智能制造系统结构中，系统层级包括设备层（　　）和协同层共五层。

A. 物流层　　B. 控制层　　C. 车间层　　D. 企业层

2）智能特征是制造活动具有的自感知、自决策、自执行、自学习、自适应之类功能的表征，包括（　　）和新兴业态五层智能化要求。

A. 互联互通　　B. 融合共享　　C. 资源要素　　D. 系统集成

3）生命周期的各项活动可进行迭代优化，具有可持续发展等特点，不同行业的生命周期构成和时间顺序不尽相同。生命周期是由设计（　　）等一系列相互联系的价值创造活动组成的链式集合。

A. 服务　　B. 销售　　C. 生产　　D. 物流

4）智能工厂的建设可以依据《国家智能制造标准体系建设指南》，该指南明确了国家智能制造标准体系建设的三方面内容，分别为（　　）。

A. 基础共性　　B. 关键技术　　C. 行业应用　　D. 模型

5）在《国家智能制造标准体系建设指南》中，关键技术主要指（　　）智能赋能技术和工业网络六个部分。

A. 智能装备　　B. 智能工厂　　C. 智慧供应链　　D. 智能服务

6）智能工厂建设标准主要包括智能工厂设计、智能工厂交付、智能设计、智能生产（　　）七个部分。

A. 集成优化　　B. 智能服务　　C. 工厂智能物流　　D. 智能管理

7）数字孪生模型具有多要素（　　）特点，以生动、形象的方式展示数字孪生对象“几何-物理-行为-规则”模型的结构属性。

A. 多尺度模型　　B. 多维度　　C. 多领域　　D. 多规则

3. 简答题

1）简述智能制造的定义。

2）智能制造的特征有哪些？

3）简述智能制造中自适应的特征。

4）简述德国“工业 4.0”中参考架构模型。

5）简述工业价值链参考架构。

6）简述我国智能制造系统结构。

7）简述多源异构数据集成技术。

8）简述多模型构建及互操作技术。

9）简述多动态高实时交互技术。

参考文献

[1] 先导研报．艾瑞咨询：2023 年中国数字孪生行业研究报告［R/OL］．［2024-01-19］. https：//www. xdyanbao. com/doc/04246qwahq？bd_ vid = 10507331439890406125.

[2] 张学生，匡嘉智，李忠．物联网 + BIM 构建数字孪生的未来［M］. 北京：电子工业出版社，2021.

[3] 陆剑锋，张浩，赵荣泳．数字孪生技术与工程实践：模型 + 数据驱动的智能系统［M］. 北京：机械工业出版社，2022.

[4] 中国移动．数字孪生技术应用白皮书［R/OL］．［2024-01-19］. https：//www. sgpjbg. com/info/28541. html.

[5] 胡权．数字孪生体：第四次工业革命的通用目的技术［M］. 北京：人民邮电出版社，2021.

[6] 范丽亚，张克发，马介渊，等．AR/VR 技术与应用：基于 Unity 3D/ARKit/ARCore［M］. 北京：清华大学出版社，2020.

[7] 陈根．数字孪生［M］. 北京：电子工业出版社，2020.